"十四五"高等职业教育机电类专业新形态一体化系列教材

单片机应用技术

冯雪莲　孟庆云　代秀珍◎主　编
夏永秋　刘峰巍　郑剑海◎副主编
刘继英◎主　审

中国铁道出版社有限公司
CHINA RAILWAY PUBLISHING HOUSE CO., LTD.

内 容 简 介

本书以项目为载体，以仿真软件 Proteus 为平台，循序渐进地讲述 AT89C51 单片机 C 语言编程方法及其硬件结构和功能应用。全书共分 9 个项目，分别为走进单片机的世界、深入了解单片机、C51 语言基础知识、单片机 I/O 端口的应用、中断系统的应用、单片机的定时/计数器、串行通信技术应用、A/D 与 D/A 转换接口设计、单片机应用系统综合设计。每个项目既独立成篇，又相互关联，具有鲜明的工程应用特色。前 8 个项目层层递进，设置闯关任务。每关先进行必备知识学习，再挑战关卡任务，完成技能训练，同时关卡难度逐步提升，内容不断更新。最后以电子抢答器的设计开发与实施作为终极关卡，综合运用此前所学知识。所有闯关任务都有详细的应用说明和程序设计流程，读者既可按本书内容进行实物制作，又可利用 Proteus 进行仿真操作，切实将职业能力和职业素质的训练融入实际的教学实施过程。

本书适合作为高等职业院校电子与信息大类、装备制造大类等专业单片机应用课程教材，也可作为单片机应用能力培训用书，还可供广大从事单片机系统开发应用的工程技术人员以及对单片机应用感兴趣的读者参考。

图书在版编目（CIP）数据

单片机应用技术 / 冯雪莲，孟庆云，代秀珍主编. 北京 ：中国铁道出版社有限公司, 2025. 2. -- (“十四五”高等职业教育机电类专业新形态一体化系列教材).
ISBN 978-7-113-31413-2

Ⅰ. TP368.1

中国国家版本馆 CIP 数据核字第 2025W5J927 号

书　　名：单片机应用技术
作　　者：冯雪莲　孟庆云　代秀珍

策　　划：王春霞　　　　**编辑部电话：**（010）63551006
责任编辑：王春霞　彭立辉
封面设计：付　巍
封面制作：刘　颖
责任校对：刘　畅
责任印制：赵星辰

出版发行：中国铁道出版社有限公司（100054，北京市西城区右安门西街 8 号）
网　　址：https://www.tdpress.com/51eds
印　　刷：天津嘉恒印务有限公司
版　　次：2025 年 2 月第 1 版　2025 年 2 月第 1 次印刷
开　　本：850 mm×1 168 mm 1/16　**印张：**15.5　**字数：**426 千
书　　号：ISBN 978-7-113-31413-2
定　　价：52.00 元

前　言

党的二十大报告明确指出："推动战略性新兴产业融合集群发展，构建新一代信息技术、人工智能、生物技术、新能源、新材料、高端装备、绿色环保等一批新的增长引擎。"战略性新兴产业代表新一轮科技革命和产业变革方向，是推动经济发展质量变革、效率变革、动力变革的关键力量。芯片技术、物联网技术、新兴制造产业的高速发展，不仅为加快建设制造强国、科技强国和数字中国提供了坚实的支撑，而且将有力促进百行千业转型升级，为推动我国经济高质量发展增添新动能。

单片机是物联网设备不可或缺的组成部分，使得城市智能化、数字化成为可能。单片机自问世以来，经过不断的发展与改进，已经具备了集成度高、体积小、可靠性高、开发性能好、控制功能强、低功耗、低电压、具有掉电保护功能、通用性和灵活性好、高性价比等显著的特点，广泛应用于人们生产生活的各个领域，成为现代电子系统中最重要的智能化工具。单片机的广泛应用也使得社会对单片机开发使用方面的人才有大量的需求。另外，单片机技术门槛较低，是一种适合大众掌握的先进技术，学习单片机只需要具备基本的电子基础知识。因此，在我国许多本科院校、高职院校、职业高中、职业技术学校的众多专业中都开设有单片机原理及应用技术相关课程。对于学生而言，掌握单片机应用技术无论从增强职业技能还是增强就业竞争力来说，都具有非常重要的意义。

本书采用C51语言作为单片机应用开发的基本语言，将单片机仿真软件Proteus和Keil的使用引入教材中，通过实例仿真演示和仿真实验练习，使单片机学习内容更加丰富生动。本书主要具有以下特点：

1. 全方位融入课程思政，将立德树人根本任务贯穿教材始终

本书精心选取典型工作任务，以润物细无声的方式将"实践精神""工匠精神""科技报国"等思政内容有机融入。每个项目设置学习目标和素质目标，在延伸阅读环节，以"画龙点睛"的方式引导学生了解我国新技术、新知识，科技发展现状与趋势，培养学生的使命感与责任感，将价值教育、能力教育、知识教育融为一体，把立德树人根本任务贯穿教材始终。

2. 设置了前置性学习问题

教材的每一个项目都以前置性学习任务开始，提出待解决的问题，让学生带着问题进行预习和学习。学习的过程就是解决问题的过程，通过对问题的解决进而掌握这一部分的重要知识点，也培养了学生发现问题、分析问题、解决问题的能力。

3. 设计游戏关卡式的分层次教学

教材中设计不同难易程度的任务，以游戏关卡的形式出现，顺应学生的喜好，激发学生的兴趣，层层递进、精彩不断，让学生在游戏体验中轻松掌握知识，获得成就感。关卡分为闯关任务、更新任务和进阶任务，学生可以按照自己的能力和知识水平，进行闯关。一个项目的通关，代表掌握了所有的知识点，这样可以满足不同层次学生个性化的需求。

说明：

游戏关卡式的分层教学具体为：根据学生的差异性，采用游戏关卡式的分层任务，将课程任务分成基础、加强和提高三个层次。

基础部分：适用于理解能力及动手能力较弱的学生，这部分学生按照游戏攻略（即指导）完成游戏的主线任务（即闯关任务）。

加强部分：适用于理解能力及动手能力稍强的学生，这部分学生在完成必做任务的基础上可以有选择地完成游戏的分支任务（即关卡更新任务）。加强任务是在必做任务的基础上由学生略微修改程序或电路，或者出现新的知识点，这一部分的指导为简略的指导。

提高部分：适用于理解能力及动手能力都很强的学生，这部分学生可以挑战游戏的高难度任务，也就是在提示性的指导下，学生自行设计制作完成任务（即关卡进阶任务）。

有个别项目还设计了拓展任务，供学有余力的同学挑战自我，追求卓越。

任务设计成游戏关卡式，以此来激发学生的学习兴趣，营造现代年轻人喜欢的学习模式。

4. 提供丰富的教材配套资源

本书提供丰富的电子资源，包括教材案例源程序代码和仿真电路图、知识点课件及微课、实践指导微课、教学课件、习题及答案等，可从中国铁道出版社教育资源数字化平台 https://www.tdpress.com/51eds 下载。

本书由包头铁道职业技术学院冯雪莲、孟庆云、代秀珍任主编，夏永秋、刘峰巍和北京杰创永恒科技有限公司郑剑海任副主编，包头铁道职业技术学院刘继英担任主审。具体编写分工如下：刘峰巍编写了项目一，夏永秋编写了项目二和项目五，代秀珍编写了项目三、项目四（第四关），孟庆云编写了项目四（第五关、第六关、第七关）、项目八，冯雪莲编写了项目六、项目七、项目九，郑剑海负责教材中的部分闯关任务。全书由冯雪莲统稿。

由于编写时间仓促，加上编者水平有限，书中难免存在疏漏与不妥之处，期望读者批评指正。

编　者

2024 年 12 月

目　录

项目一

走进单片机的世界

本项目从一个简单的单片机闯关任务入手，首先让读者对单片机概念、发展、特点及应用有初步的了解；然后介绍 Keil C51 软件及 Proteus 软件的使用。通过对任务的实施让读者了解单片机应用系统的开发流程及两个工具软件的具体使用方法。

学习目标

- 理解单片机的基本概念、发展、特点和应用领域。
- 掌握不同数制的特点及其转换方法。
- 具备使用 Keil 软件进行单片机程序编写、编译的能力。
- 具备使用 Proteus 软件进行电路设计与单片机仿真的技能。
- 理解并遵守编程和电路设计的技术规范和标准。
- 通过解决实际编程和仿真中遇到的问题，提高分析问题和解决问题的能力。
- 具备探索单片机的多种应用的能力。
- 具备自主学习和深入探究单片机技术的能力。
- 具备团队合作和沟通能力。
- 认识到技术的快速发展，具备不断学习和更新知识的能力。

导　学

待解决的问题

① 什么是单片机?

② 单片机有什么特点?

③ 单片机中的数是如何表示的?

④ 单片机开发工具的基本使用。

内容结构图

- 走进单片机的世界
  - 认识单片机
    - 单片机的概念
    - 单片机的发展
    - 单片机的特点
    - 单片机的应用
  - 数制及其转换
    - 数制
      - 十进制数
      - 二进制数
      - 十六进制数
    - 数制间的转换
      - 二、十六进制转换成十进制
      - 十进制转换成二、十六进制
      - 二进制与十六进制的转换
  - 单片机开发环境的建立
    - Keil C51的使用
      - Keil C51软件简介
      - Keil C51软件的使用步骤
        - 启动Keil C51软件
        - 建立工程
        - 编辑源文件
        - 将源程序文件添加到工程中
        - 设置Keil工程目标选项
        - 源程序汇编
    - Proteus 仿真软件的使用
      - 软件概况
      - Proteus ISIS窗口界面
      - Proteus ISIS基本操作
        - 新建设计文件
        - 元器件的选取
        - 放置元件
        - 编辑元件属性
        - 连线
        - 添加.hex仿真文件
        - 仿真运行

第一关　点亮 LED 灯

闯关要求

使用 AT89C51 单片机点亮一盏 LED 灯，需要有相应的硬件和软件程序。涉及软件程序调试，需要学习 Keil C51 软件的使用，硬件电路的设计采用 Proteus 仿真软件来实现。

闯关必备

视频

认识单片机

一、认识单片机

1. 单片机的概念

单片机是单芯片微型计算机（single chip microcomputer）的简称，是指在一块半导体硅片上集成了计算机基本功能部件的微型计算机。它的基本功能部件包括中央处理器（CPU）、存储器（memory）、输入/输出（input/output，I/O）接口电路、定时/计数器和中断系统等。

单片机实质上是一个芯片，具有集成度高、结构简单、功能强、体积小、使用方便、可靠性高、价格低等特点。单片机技术作为计算机技术的一个重要分支，广泛地应用于工业控制、智能仪器仪表、数据采集和处理、通信、家用电器、电子玩具等各个领域。科技越发达，智能化的东西就越多，使用单片机的场合就越多。因此，学习单片机技术越来越成为社会发展的需求。

2. 单片机的发展

单片机诞生于 20 世纪 70 年代，大体经历了 SCM、MCU、SoC 三个阶段。

① SCM（single chip microcomputer）即单片微型计算机阶段，主要是寻求单片形态嵌入式系统的最佳体系结构。在开创嵌入式系统独立发展的道路上，Intel 公司功不可没，奠定了 SCM 与通用计算机完全不同的发展道路。这一阶段最有代表性的产品是 Intel 公司的 8 位 MCS-51 系列单片机。

② MCU（micro controller unit）即微控制器阶段，主要技术发展方向是：不断增加各种外围电路和接口电路，以满足嵌入式应用的需求，并增强其智能化控制能力。在这个阶段，Philips 公司以其在嵌入式应用方面的巨大优势，将 MCS-51 从单片微型计算机迅速发展到微控制器。

③ SoC（system on chip）即片上系统阶段，主要的技术发展方向是：寻求应用系统在芯片上的最大化解决方案。因此，专用单片机的发展自然形成了 SoC 化趋势。随着微电子技术、IC 设计、EDA 工具的发展，基于 SoC 的单片机应用系统设计会有较大的发展。

3. 单片机的特点

① 集成度高，体积小，便于携带。

② 抗干扰性强，可靠性高。

③ 低功耗、低电压，具有掉电保护功能。

④ 通用性和灵活性好，操作方便。

⑤ 处理系统强大。

⑥ 具有良好的性价比。

4. 单片机的应用

单片机的应用范围非常广泛，几乎涵盖了人们生产生活的各个领域，尤其是科技含量高的行业。主要应用领域如下：

① 家用电器领域：几乎所有现代家用电器，如电饭煲、电冰箱、电风扇、洗衣机、空调、液晶电视以及音响设备等，都使用了单片机进行智能控制。

② 医用设备领域：单片机在医用设备中的应用同样广泛，包括测温仪、电子体温计、分析仪、呼吸机、监护仪、超声诊断设备等。

③ 工业控制领域：单片机应用于工厂流水线的智能化管理、电梯智能化控制、数据采集系统、各种报警系统等，也能与计算机联网构成二级控制系统。

④ 智能仪器仪表领域：单片机与传感器结合，实现电压、功率、频率、湿度、温度、压力等物理量的测量，推动仪器的数字化、智能化、微型化。

⑤ 计算机网络通信领域：现代单片机普遍具备通信接口，可以与计算机进行数据通信，应用于手机、远程监控交换机、自动通信呼叫系统、无线对讲机等。

⑥ 大型电器中的模块化应用：单片机也用于实现特定功能的大型电器模块化应用，如音乐集成单片机等。

⑦ 智能交通领域：单片机在智能交通信号灯、智能停车系统等智能交通管理中发挥作用，提高交通效率和安全性。

⑧ 国防和航空领域：在国防部门，单片机应用于复杂电子武器系统中，如反坦克导弹、地对空导弹以及军方使用的枪支等。

⑨ 教育和玩具领域：电子玩具和教育产品，如迷你机器人玩具、遥控车、直升机等，也利用了单片机的智能化控制。

⑩ 其他领域：单片机还广泛应用于金融、商业产品、智能窗帘控制、智能安防系统、电力系统、水利控制系统等多个领域。

单片机因其低功耗、强控制功能、高可靠性等优点，在现代社会的各个领域中扮演着越来越重要的角色。随着技术的不断进步，单片机的应用范围还将继续扩大。

二、数制及其转换

1. 数制

计算机中常用的数制有以下几种：

(1) 十进制数

十进制数是人们日常生活中最常用的数制，符合人类的计数习惯，十进制的基数为 10，组成十进制数的数码包括：0~9 共 10 个数码。十进制数的规则为：逢十进一，表示十进制数的后缀为 D 且可以省略，例如 123D 或 123，代表的都是十进制数。

可以把一个十进制数用加权展开式来表示。例如：

$$1\,568=1\times10^3+5\times10^2+6\times10^1+8\times10^0$$

(2) 二进制数

二进制数是计算机唯一能识别的数制，是计算机系统内部处理和存储数据的基础数制，二进制数的基数为 2，由两个数码 0 和 1 组成，其规则为：逢二进一，二进制数的后缀为 B 且不能省略，例如 1100B。

一个二进制数可以用加权展开式表示。例如：

$$1101B=1\times2^3+1\times2^2+0\times2^1+1\times2^0$$

(3) 十六进制数

十六进制数基数为 16，由 0~9、A~F 组成，其规则为：逢十六进一，十六进制数的后缀为 H 且不可以省略，例如 256H。每 1 位十六进制数可以代表 4 位二进制数，因此常用于简化二进制数的表示，在编写程序时通常使用十六进制数，便于阅读。

一个十六进制数可以用加权展开式表示。例如：

$$8FA6H=8\times16^3+15\times16^2+10\times16^1+6\times16^0$$

提示： C51 编程语言中用前缀 0x 表示十六进制数。例如，十六进制数 7FH，在 C51 语言中的表示方法为 0x7F。

2. 数制间的转换

常用数制 0~15 对照表见表 1-1。

表 1-1 常用数制对照表

十 进 制	十 六 进 制	二 进 制
0	0	0000
1	1	0001
2	2	0010
3	3	0011
4	4	0100
5	5	0101
6	6	0110
7	7	0111
8	8	1000
9	9	1001
10	A	1010
11	B	1011

续表

十 进 制	十 六 进 制	二 进 制
12	C	1100
13	D	1101
14	E	1110
15	F	1111

(1) 二、十六进制转换成十进制

二进制或十六进制转换成十进制的方法是按进制的加权展开式展开，然后按照十进制数运算求和。例如：

$$1101B=1\times2^3+1\times2^2+0\times2^1+1\times2^0=8+4+1=13$$

$$8FA6H=8\times16^3+15\times16^2+10\times16^1+6\times16^0=36774$$

(2) 十进制转换成二、十六进制

转换方法：除 2（或 16）取余，采用短除的方式，直至商为 0，每除一次取一个余数，从低位排向高位。例如：

十进制的 62 转换成二进制：

余数
2 | 62 …… 0
2 | 31 …… 1
2 | 15 …… 1
2 | 7 …… 1
2 | 3 …… 1
 | 1 …… 1
0

结果为：111110。

(3) 二进制与十六进制的转换

参照表 1-1 进行十六进制与二进制之间的转换。

每 4 位二进制对应 1 位十六进制，从低位起，从右到左，左边不足 4 位补 0。例如：

$$\underline{0001}\ \underline{1010}\ \underline{0101}\ \underline{1101}=1A5DH$$

1 A 5 D

$$489BH=\underline{0100}\ \underline{1000}\ \underline{1001}\ \underline{1011}=100100010011011B$$

4 8 9 B

视频 Keil软件的使用

三、单片机开发环境的建立

1. Keil C51 的使用

(1) Keil C51 软件简介

Keil C51 软件是目前最流行的开发 51 单片机的工具软件，掌握这一软件的使用方法，对

于 51 单片机的开发人员十分必要。Keil 软件集成了工程管理、源程序编辑、MAKE 工具（汇编/编译、连接）、程序调试和仿真等功能；支持汇编、C 等程序设计语言，简单易学。

(2) Keil C51 软件的使用步骤

① 启动 Keil C51 软件。在桌面上双击 Keil μVision5 图标，即可启动 Keil C51，进入如图 1-1 所示的工作界面。

图 1-1　Keil C51 工作界面

② 建立工程。使用 Keil 进行单片机应用项目开发时，要求为此项目建立工程。选择菜单栏中的 Project→New μVision Project 命令（见图 1-2），弹出如图 1-3 所示对话框，为项目取名为 lx1 并选择合适的路径，单击“保存”按钮。随即弹出 Select Device for Target ‘Target 1’ 对话框，如图 1-4 所示，此对话框要求选择用于工程的单片机型号。这里 Atmel，会看到 Atmel 公司生产的各种型号的单片机，选中其中的 AT89C51 单击“OK”按钮，弹出如图 1-5 所示的询问对话框，单击“否”按钮即可。

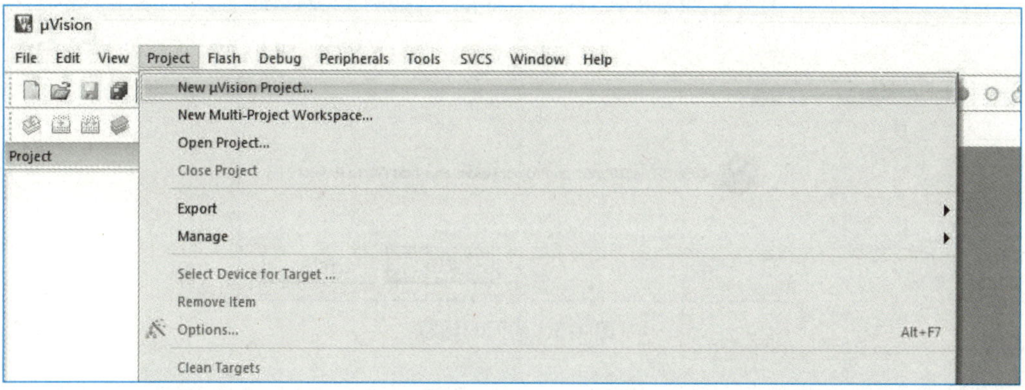

图 1-2　新建工程命令

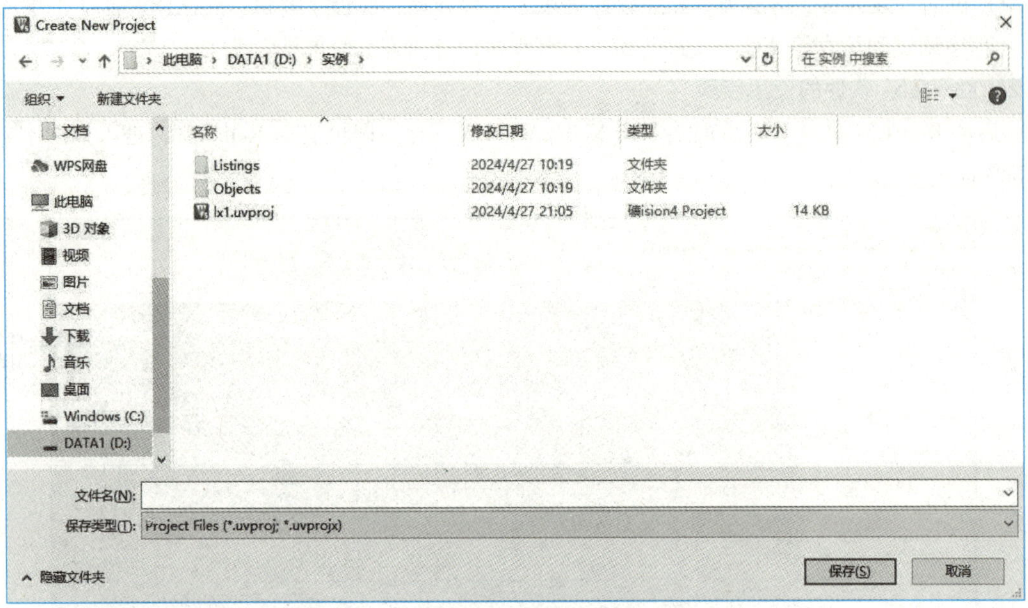

图 1-3　新建工程对话框

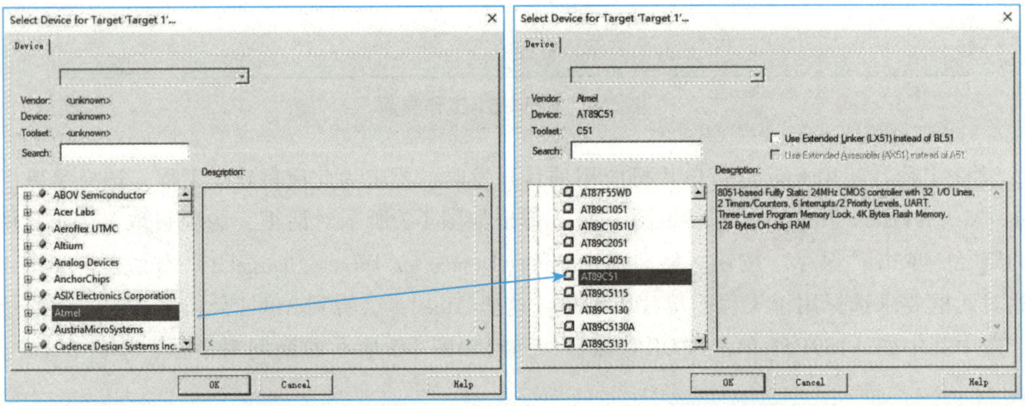

图 1-4　Select Device for Target ‘Target 1’ 对话框

图 1-5　询问对话框

③ 编辑源文件。工程建立完成后，选择 File→New 命令，弹出一个文本编辑窗口，单击工具栏中的“保存”按钮，弹出保存对话框，选择好路径，将文件保存为 led. c，注意文件的扩展名“. c”必

须添加，单击“保存”按钮，如图 1-6 所示。然后，在此窗口中就可以编辑源程序，如图 1-7 所示。

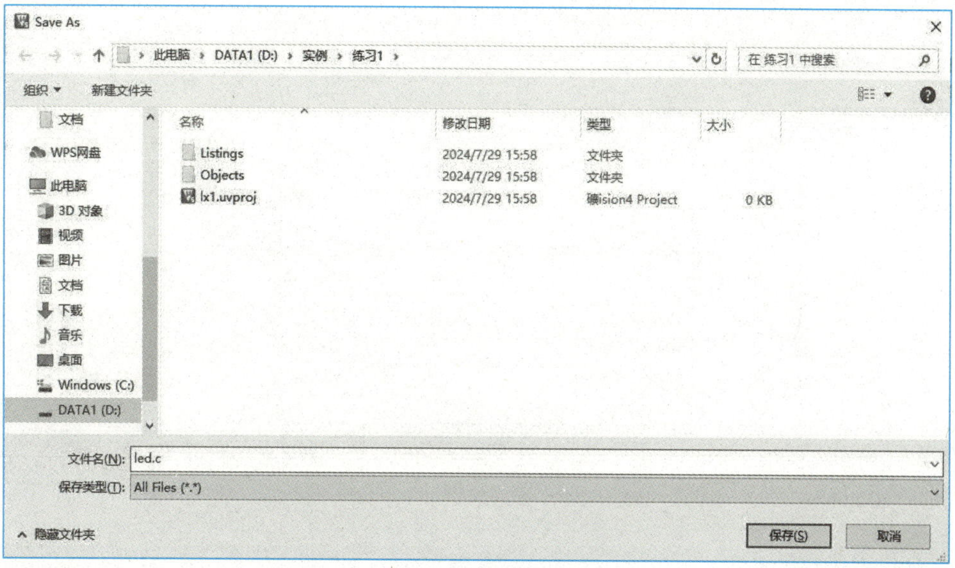

图 1-6　保存源文件

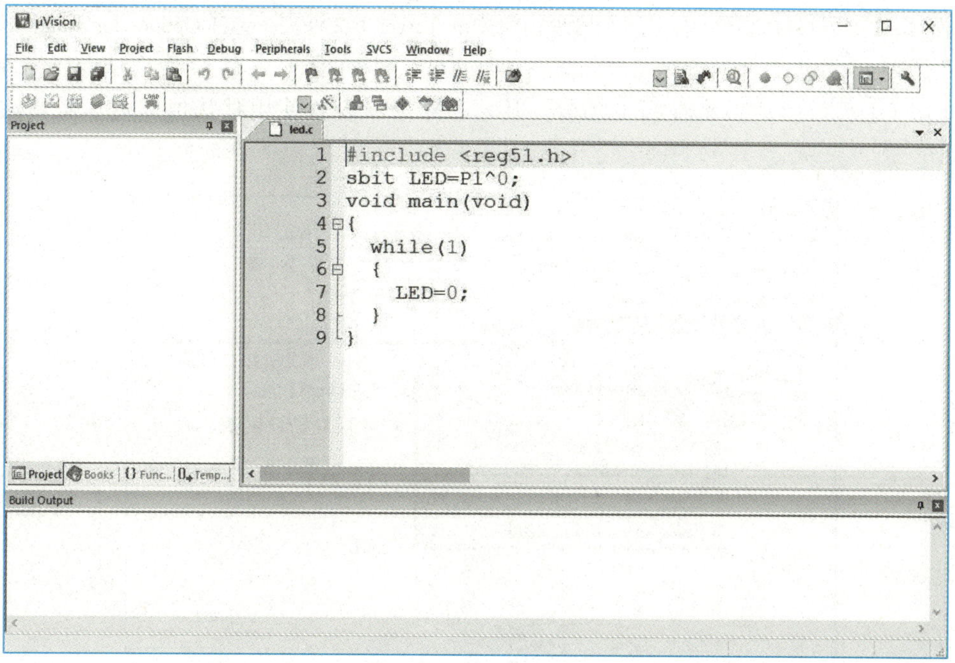

图 1-7　编辑源程序

④ 将源程序文件添加到工程中。单击工程管理窗口中的文件夹 Target 1，出现下一层文件夹 Source Group 1，双击此文件夹，弹出 Add Files to Group ‘Source Group 1’ 对话框，选择源文件 led. c，单击 Add 按钮，再单击 Close 按钮，文件 led. c 就添加到了工程 lx1 中，如图 1-8 所示。

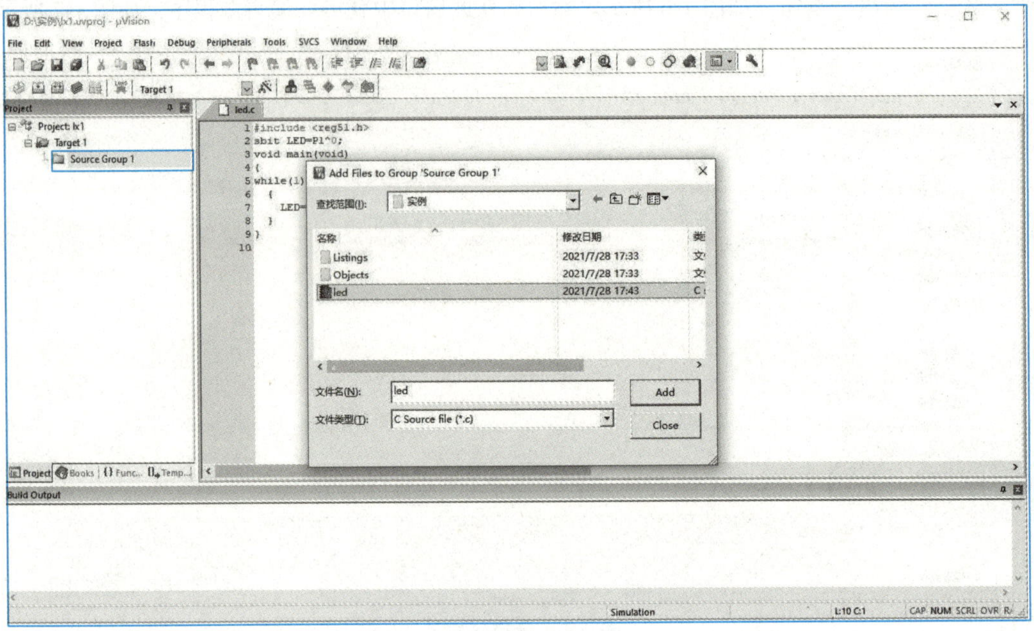

图 1-8　添加源程序文件到工程中

⑤ 设置 Keil 工程目标选项。右击工程管理窗口中的 Target 1 文件夹，选择 Options for Target ‘Target 1’命令（见图 1-9），弹出工程设置对话框，如图 1-10 所示。该对话框中有 11 个选项卡，当前选项卡为 Target。Keil 工程目标选项设置相当复杂，但大部分选项设置使用默认值即可。需要注意以下几项：

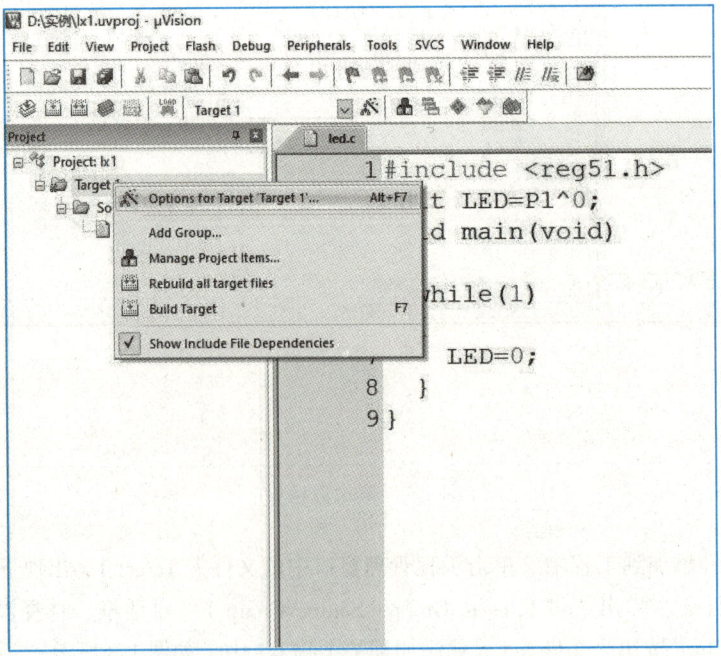

图 1-9　工程管理窗口

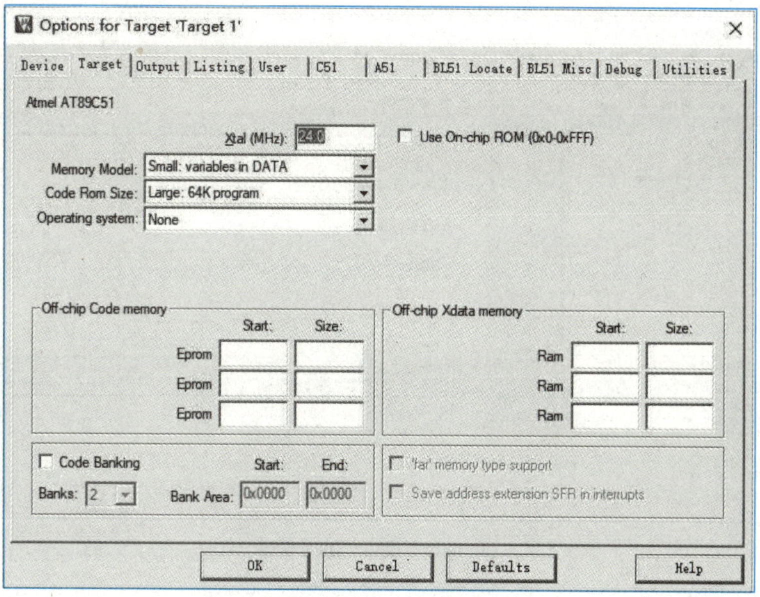

图 1-10　工程设置对话框

●Target 选项卡：Xtal（MHz）文本框中填写的是 AT89C51 的工作频率，其最高工作频率为 24 MHz，根据项目实际使用的振荡频率填写即可（有时为 12 MHz）。

●Output 选项卡：此选项卡中需要选中 Create HEX File 复选框，设置输出 HEX 文件格式，如图 1-11 所示。设置后，汇编生成的目标代码文件为 lx1. hex。

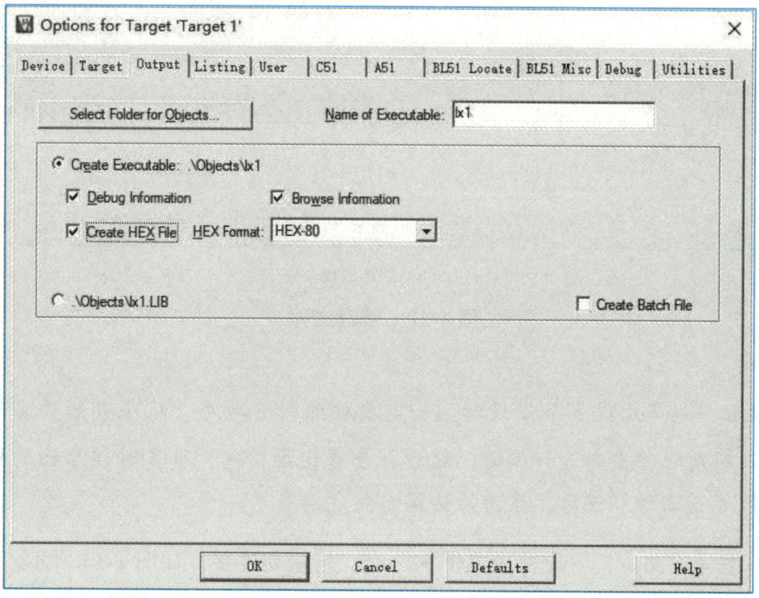

图 1-11　Output 选项卡

⑥ 源程序汇编。单击工具栏中的两个按钮之一，进行源程序汇编。两个按钮的功能如下：

●：编译源文件以检查是否有语法错误，如图 1-12 所示。

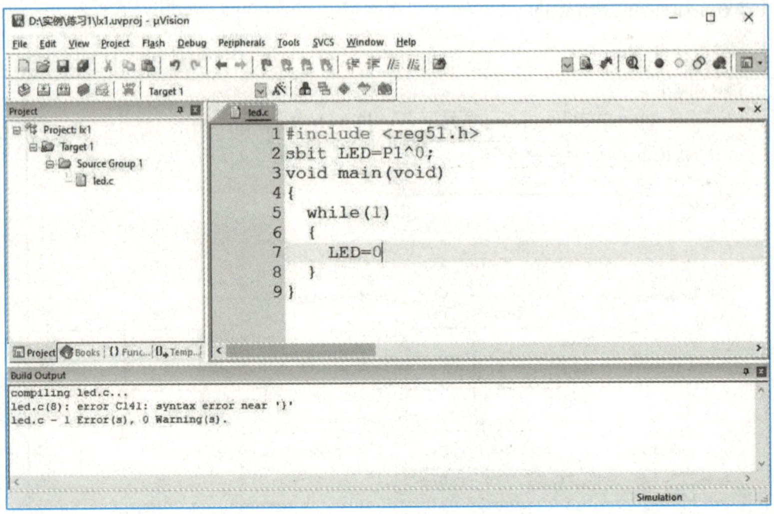

（a）编译不成功，有1处错误

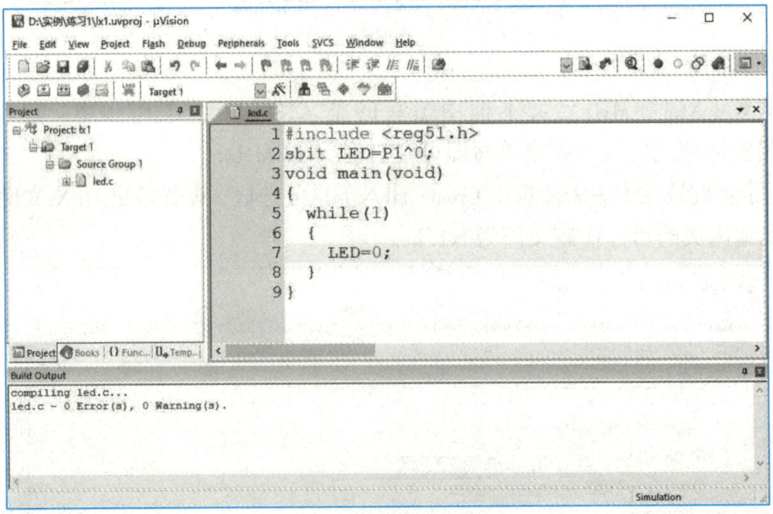

（b）编译成功

图 1-12　编译文件

提示： 当程序编译出现多个错误时，一定要按照行号顺序，从头开始检查修改错误，一个错误改正后，要及时对程序重新进行编译，然后再查看错误信息，很多时候后面的错误是由前面的错误引起的，修改了前面的错误后，后面的错误自然就消失了。

- ：源文件编译成功后，生成目标文件 *.hex，并建立连接，如图 1-13 所示。

至此，已经成功地使用 Keil 软件编写了程序，只需把 hex 文件下载到单片机中就可以完成对单片机的控制。

(3) 总结

在 Keil 软件中编写程序的一般步骤如下：

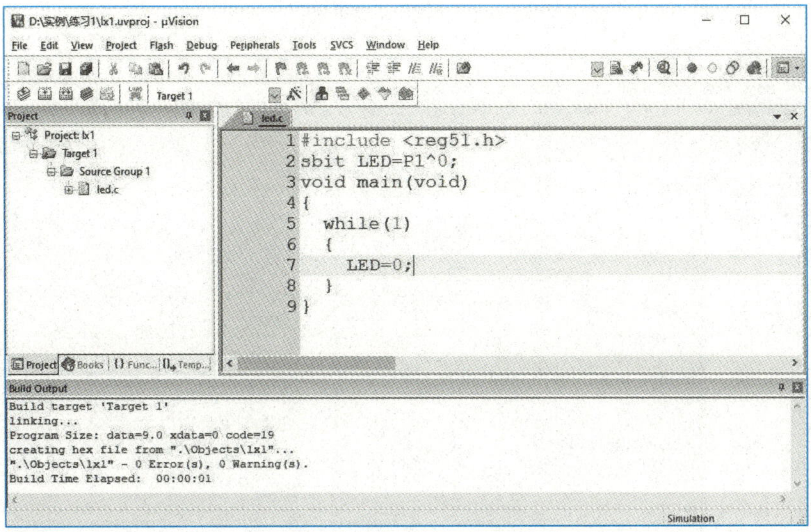

图 1-13　成功生成 hex 文件

① 新建工程。

② 选择单片机型号。

③ 新建源程序文件。

④ 将其保存为 .c 文件并编辑。

⑤ 将源程序文件添加到工程。

⑥ 修改工程配置。

⑦ 进行程序编译。

⑧ 连接生成 HEX 文件。

经过上述步骤，在成功生成 HEX 目标文件后，需要把文件加载到单片机中运行就能看到程序的执行结果。

2. Proteus 仿真软件的使用

视 频

Proteus软件的使用及第一关点亮一盏灯

(1) 软件概况

Proteus ISIS 是一款常用的仿真软件，运行于 Windows 操作系统之上，具有原理图绘制、电路及单片机仿真等特色功能，是单片机学习的重要软件工具。该软件具有以下特点：

① 实现了单片机仿真和 SPICE 电路仿真的结合。具有模拟电路仿真、数字电路仿真、单片机及其外围电路组成的系统仿真、RS232 动态仿真、I^2C 调试器、SPI 调试器、键盘和 LCD 系统仿真等功能；有各种虚拟仪器，如示波器、逻辑分析仪、信号发生器等。

② 支持主流单片机系统的仿真。

③ 提供软件调试功能。支持第三方的软件编译和调试环境，如 Keil C51 µVision5 等软件。

④ 具有强大的原理图绘制功能。

(2) Proteus ISIS 窗口界面

双击桌面上的 ISIS 7 Professional 图标或在“开始”菜单中选择 Proteus 7 Professional→ISIS 7 Professional 命令，就可以打开 Proteus ISIS 软件，进入如图 1-14 所示的工作界面。

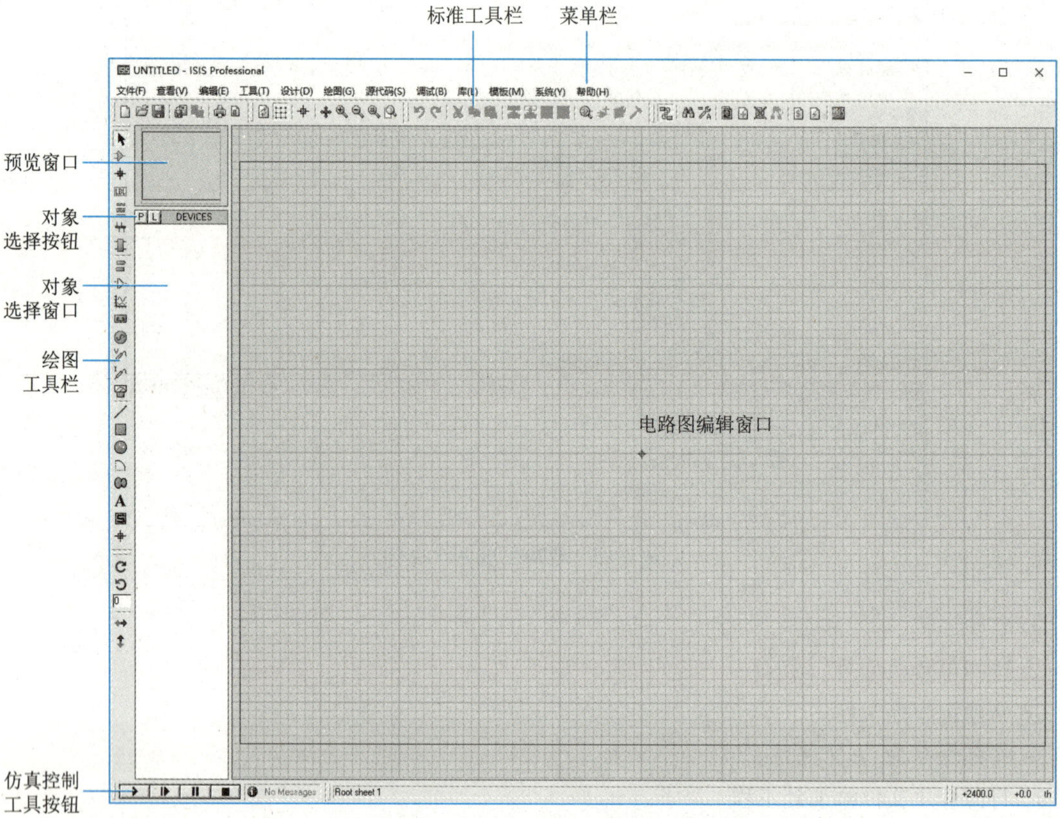

图 1-14　Proteus ISIS 工作界面

可以看出，ISIS 的工作界面由菜单栏、标准工具栏、绘图工具栏、预览窗口、对象选择按钮、仿真控制工具按钮、对象选择窗口、电路图编辑窗口等几部分组成。

常用绘图工具栏说明如图 1-15 所示。

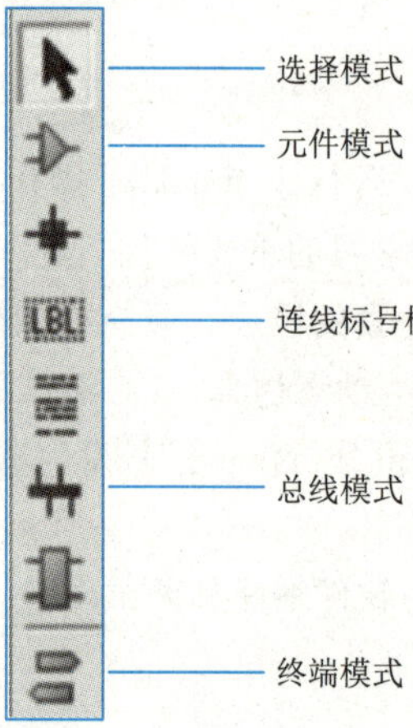

图 1-15　常用绘图工具栏

(3) Proteus ISIS 基本操作

① 新建设计文件：启动 Proteus ISIS 的同时就会创建一个新的设计文件。

② 元器件的选取：根据所要设计的电路图，先选取电路图中所需要用到的元器件。单击图 1-14 左侧绘图工具栏中的“元件模式”按钮和对象选择按钮“P”，弹出 Pick Devices 元件选择窗口，如图 1-16 所示。

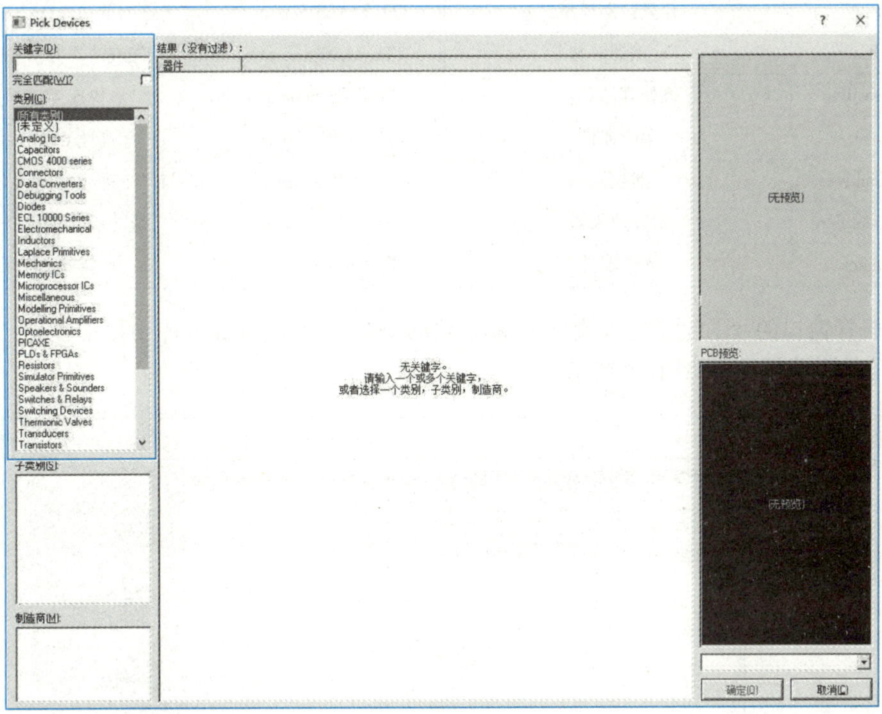

图 1-16　元件选择窗口

由于大部分电路是由库中的元器件通过连线来完成的，而库元器件的调用是画电路图的第一步，如何快速、准确地找到元器件是绘制电路图的关键。Proteus ISIS 的库元器件是按类存放的，即大类→子类→元器件。对于常用的元器件需要记住器件本身的名字，通过直接输入名称来查找。表 1-2 所示为 ISIS 元件库的英文类别与中文元件类别的对应关系，可以据此查找所需元件。

表 1-2　ISIS 中的元件类别对应关系

Category（类）	含　义	Category（类）	含　义
Analog ICs	模拟集成器件	PLDs and FPGAs	可编程逻辑器件和现场可编程门阵列
Capacitors	电容	Resistors	电阻
CMOS 4000 series	CMOS 4000 系列	Simulator Primitives	仿真器
Connectors	接头	Speakers and Sounders	扬声器和声响
Data Converters	数据转换器	Switches and Relays	开关和继电器
Debugging Tools	调试工具	Switching Devices	开关器件
Diodes	二极管	Thermionic Valves	热离子真空管
ECL 10000 Series	ECL 10000 系列	Transducers	传感器

续表

Category（类）	含　义	Category（类）	含　义
Electromechanical	电机	Transistors	晶体管
Inductors	电感	TTL 74 Seriers	标准 TTL 系列
Inplace Primitives	拉普拉斯模型	TTL 74ALS Seriers	先进的低功耗肖特基 TTL 系列
Memory ICs	存储器芯片	TTL 74AS Seriers	先进的肖特基 TTL 系列
Microprocessor ICs	微处理器芯片	TTL 74F Seriers	快速 TTL 系列
Miscellaneous	湿杂器件	TTL 74HC Seriers	高速 CMOS 系列
Modelling Primitives	建模源	TTL 74HCT Seriers	与 TTL 兼容的高速 CMOS 系列
Operational Amplifiers	运算放大器	TTL 74LS Seriers	低功耗肖特基 TTL 系列
Optoelectronics	光电器件	TTL 74S Seriers	肖特基 TTL 系列

在元件选择窗口的“关键字”检索框中输入 AT89C51，系统会在元件库中搜索查找，并将搜索结果显示在“结果”栏中，如图 1-17 所示。

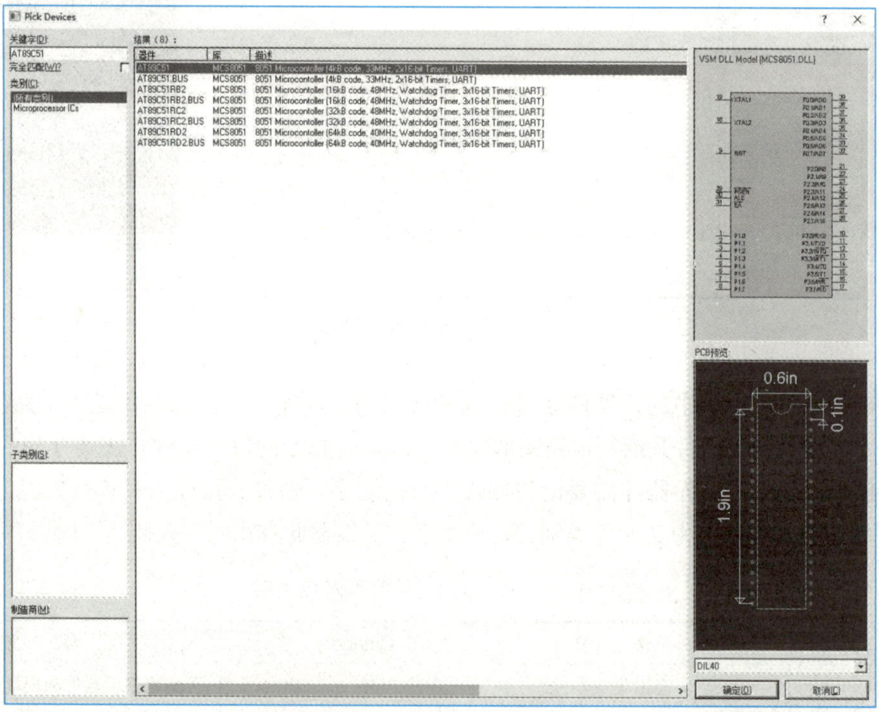

图 1-17　元件搜索结果

双击列出的元件名可将其放入对象选择窗口，用同样的方法可以选取所需要的全部元器件。单击“确定”按钮，返回主界面，如图 1-18 所示。

③ 放置元件：以放置 AT89C51 为例，单击对象选择列表中的 AT89C51，在预览窗口出现 AT89C51 图形。单击编辑窗口，AT89C51 元件以粉红色轮廓图形出现，拖动鼠标移至合适的位置，单击即可固定元件的位置。若需要调整元件的位置，可单击元件图形使其处于选中状态，拖动鼠标移到合适位置后松开。

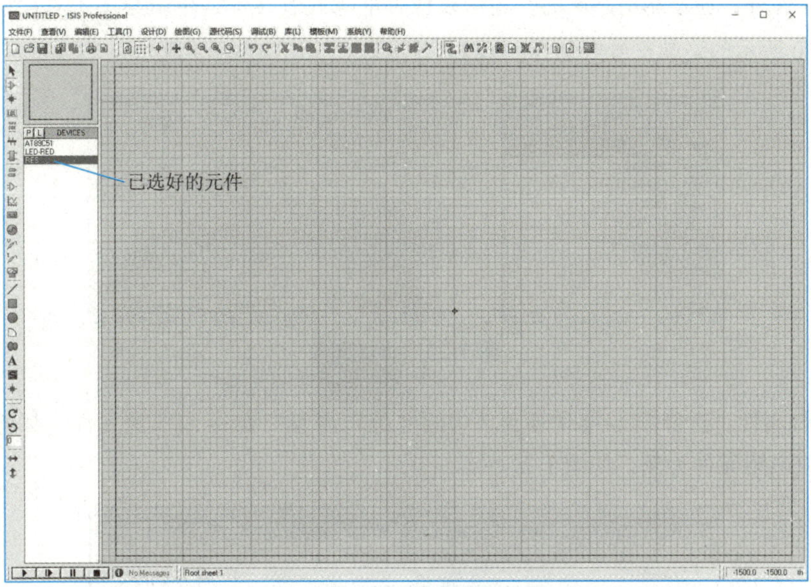

图 1-18　元件选择后返回主界面

在元件图形上右击，弹出快捷菜单，可以对元件图形进行顺时针旋转、逆时针旋转、180°旋转、X-镜像、Y-镜像等操作，如图 1-19 所示。完成后单击空白处，即可撤销选中状态。菜单中的“拖曳对象”“删除对象”命令也可以用于元件摆放过程的调整。

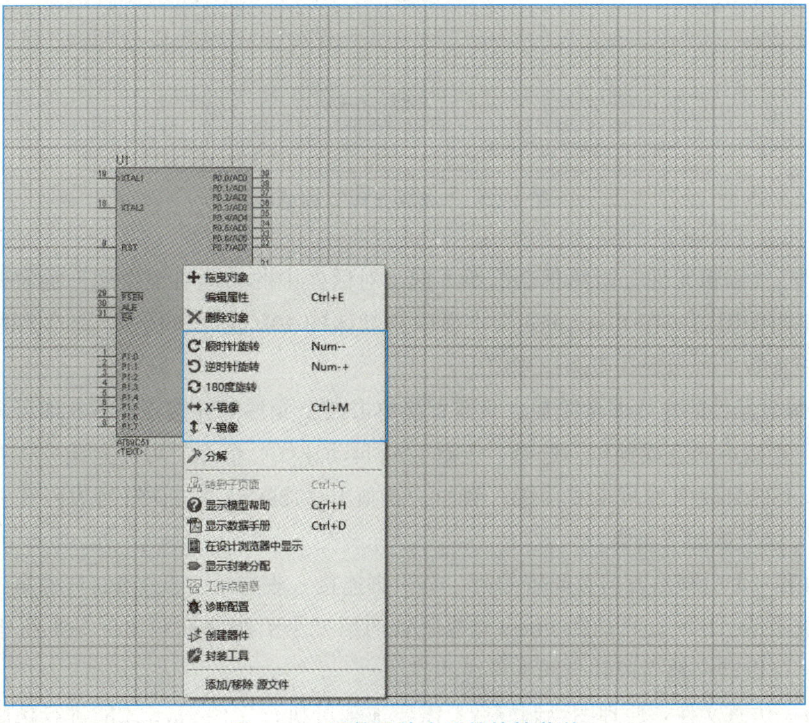

图 1-19　调整元件方位的快捷菜单

除了放置元件外，在绘制电路图时，还需要放置电源或者接地，单击绘图工具栏中的“终端”按钮，从图 1-20 所示的终端符号中选择 POWER（电源）、GROUND（地）。

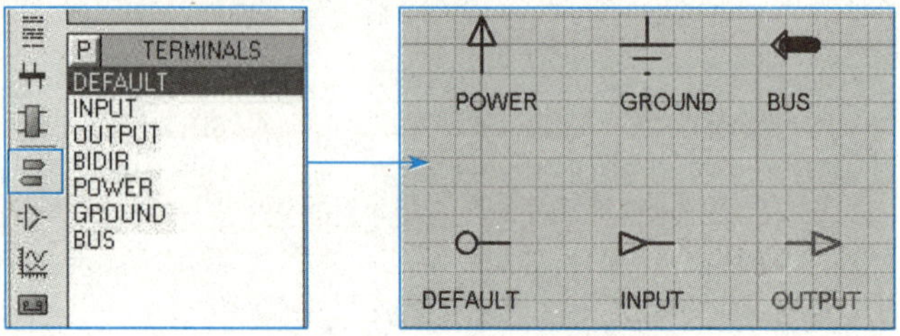

图 1-20 终端符号

④ 编辑元件属性：选择图 1-19 快捷菜单中的“编辑属性”命令或双击元件，都可弹出“编辑元件”对话框，以电阻元件为例，如图 1-21 所示。

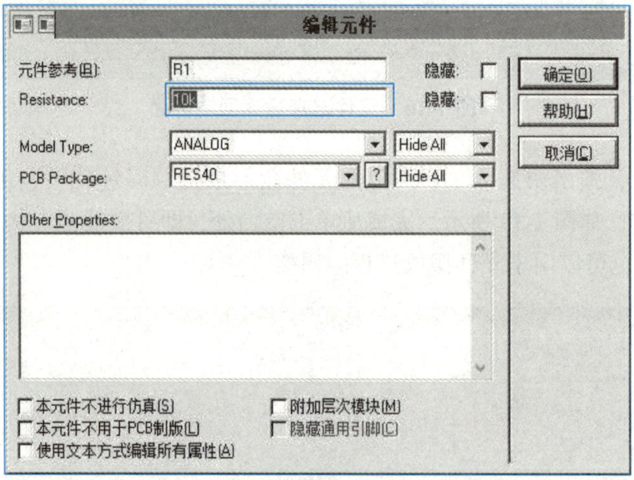

图 1-21 “编辑元件”对话框

不同的元件，“编辑元件”对话框会有所不同，对话框中的选项可根据用户的需要进行更改，例如，可以修改电阻的阻值，在 Resistance 文本框中将默认的 10k 改为 300；勾选或撤销“隐藏”复选框，可决定相应参数是否出现在电路原理图中。

⑤ 连线：两个元件的连线非常简单，只需直接单击两个元件的连接点，ISIS 即可自动给出走线的路径并完成两个连接点的连线操作。选择“工具”→“自动连线”命令，可使走线方式在自动和手动之间切换。此外，ISIS 还具有重复画线功能。例如，要画出 AT89C51 的 P0 口与数码管之间的 7 条导线（见图 1-22），可以采取如下步骤：

从 P0 口的第一个引脚出发向数码管的第一个引脚连接一根导线，双击 P0 口的第二个引脚，重复画线功能就会被激活，ISIS 会自动在 P0 口与数码管的第二个引脚之间画出一条平行于之前画出的导线。依此类推，可以轻松地完成其余同类导线的连接。

⑥ 添加 .hex 仿真文件：原理图绘制好后，需要加载可执行文件 .hex 才能进行仿真运行，双击原理图中的 AT89C51 元件，弹出“编辑元件”对话框，如图 1-23 所示。

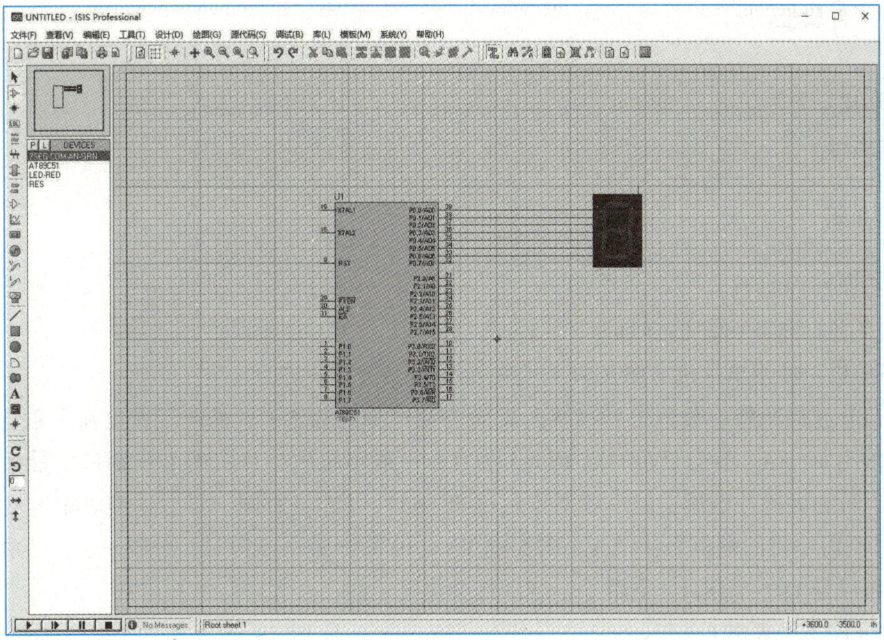

图 1-22　连线

单击 Program File 文本框右侧的文件夹按钮，找到经过程序编译后生成的 lx1. hex 文件，单击“确定”按钮即可完成文件的加载。

⑦ 仿真运行：单击 ISIS 主界面左下角的仿真控制工具按钮，可进行仿真运行。如图 1-24 所示，图中的 4 个仿真控制按钮从左至右依次为“运行”、“单步”、“暂停” 和 “停止”。

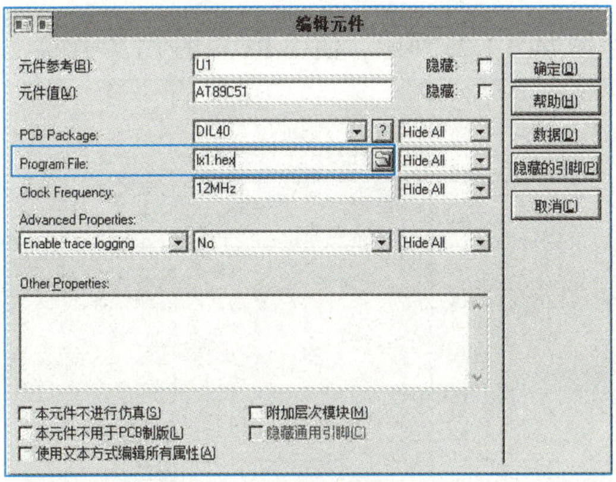

图 1-23　“编辑元件”对话框

图 1-24　仿真控制工具按钮

(4) 总结

使用 Proteus 进行单片机仿真实验的一般步骤如下：

① 新建设计文件。

② 选取元件。

③ 放置元件。

④ 设置元件属性。

⑤ 连线。

⑥ 加载 HEX 文件。

⑦ 仿真运行。

开始闯关

闯关任务及过程如下：

① 闯关任务：点亮一盏 LED 灯。

② 任务分析：使用单片机 AT89C51 点亮一个发光二极管（LED）。

说明：LED 正向压降一般为 1.5~2 V，反向击穿压降约为 5 V。正向工作电流一般为 5~20 mA，最大电流一般为 40 mA。静态显示时取 10 mA 为宜。一般不超出单片机的 I/O 端口的最大电流。动态扫描显示时，可加大脉冲电流，但一般不要超过 40 mA。以静态为例，要想达到额定电流，由于电源电压为 5 V，则需要接的电阻为：[5 V-(1.5~2 V)]/10 mA=300~350 Ω，扩展一下，一般情况下限流电阻的范围可以是 150~700 Ω，电阻小，LED 灯会更亮一些。

③ 所用元件，见表 1-3。

表 1-3　点亮一盏灯电路所需的主要元件

元件名称	属性值	说明	数量
AT89C51	—	单片机	1
LED-GREEN	—	绿色 LED 灯	1
RES	300 Ω	电阻	1

④ 电路设计：单片机点亮一个 LED 的电路图如图 1-25 所示，使用 P1 口的 P1.0 连接 1 个 LED。

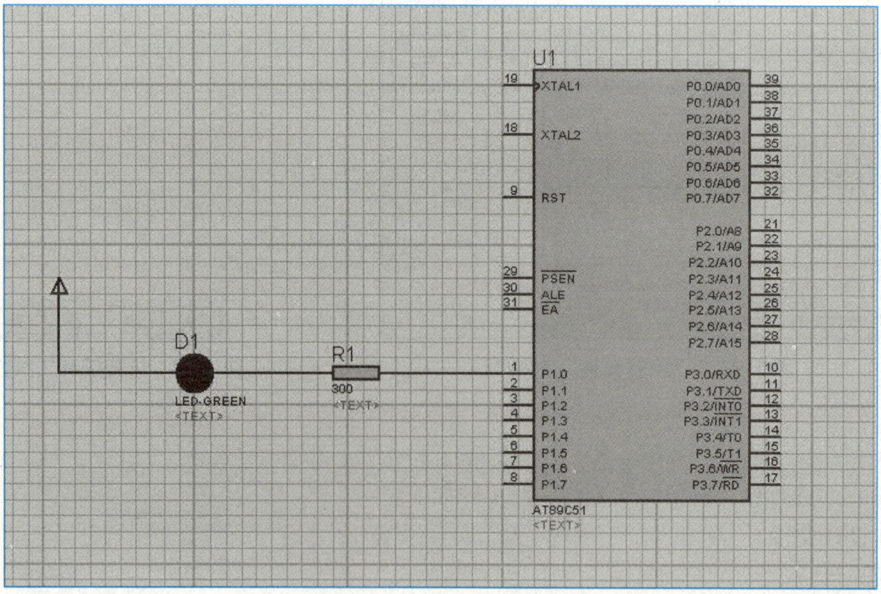

图 1-25　点亮一个 LED 灯

⑤ 源程序设计：

```
#include <reg51.h>
sbit LED=P1^0;              //定义位变量 LED,P1^0 表示单片机的 P1.0 引脚
void main(void)
{
    while(1)                //进入死循环
    {
        LED=0               //使用 P1.0 引脚输出低电平,从而使 LED 发光
    }
}
```

⑥ 闯关评价：

考核内容及配分	技 术 要 求	评 分 标 准	得分
1. 纪律与出勤：10 分	遵守实验室秩序、不迟到不早退	违反纪律视情况扣分	
2. Keil 软件中新建、保存一个工程文件：15 分	能够正确新建一个工程文件、选取正确的单片机型号并保存到指定位置	不会建立工程、单片机型号选取错误且没有保存到指定位置不得分	
3. 新建一个源代码文件并加载到工程中：5 分	能够正确新建一个源代码文件并加载到工程里	不会建立文件、没有加载到工程中不得分	
4. 编辑源程序，调试并生成 hex 文件：20 分	运行调试程序，正确生成 . hex 文件	程序有错且不能生成 . hex 文件不得分	
5. Proteus 软件中新建一个设计文件并保存到指定位置：15 分	使用 Proteus 正确新建一个设计文件	不能新建一个设计文件并保存到指定位置不得分	
6. 根据需要画出电路图：15 分	正确选择、放置元件、设置元件属性并画出原理图	画错酌情扣分	
7. 仿真调试：20 分	正确显示项目预期效果	灯不亮不得分	

关卡更新

使用单片机点亮三盏 LED 灯，分别用 P1、P2、P3 各接一盏 LED 灯，电路图如图 1-26 所示。

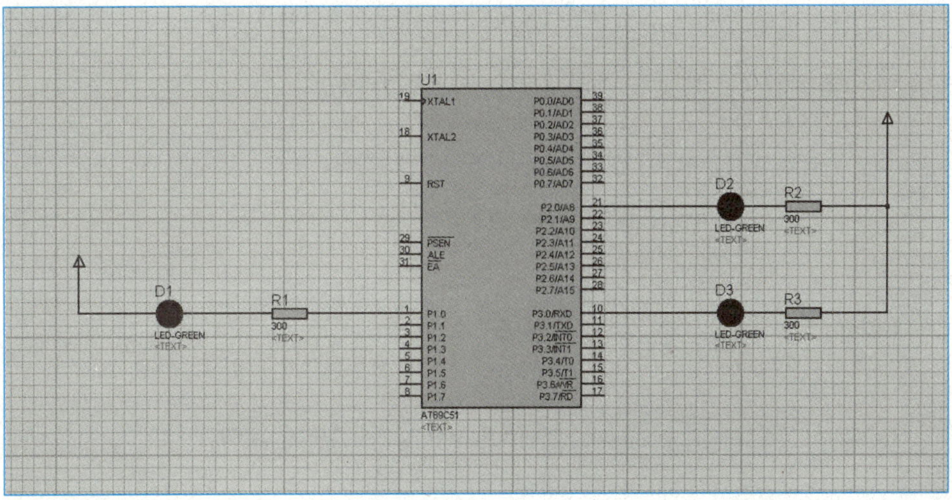

图 1-26　点亮三盏 LED 灯

程序代码：

```
#include <reg51.h>
sbit LED=P1^0;                //定义位变量 LED,P1^0 表示单片机的 P1.0 引脚
sbit LED1=P2^0;
sbit LED2=P3^0;
void main(void)
{
    while(1)                  //进入死循环
    {
        LED=0;                //使用 P1.0 引脚输出低电平,从而 LED 发光
        LED1=0;
        LED2=0;
    }
}
```

关卡难度进阶

使用单片机控制一盏灯的亮灭，即制作一个 LED 的闪烁控制系统。电路图与图 1-25 相同。

本任务在第一关的基础上，增加了使用单片机控制 LED 灯熄灭，一亮一灭循环不断就形成了闪烁。详细分解，就是让 LED 先亮然后延时很短的时间，再让发光二极管熄灭，再延时很短的时间，重复亮灭。这就比第一关多了两个控制：让 LED 灯熄灭和延时。

程序代码：

```
#include <reg51.h>
sbit LED=P1^0;
//函数名:delay
//函数功能:实现软件延时
//形式参数:无符号整型变量 i,控制空循环的次数
//返回值:无
void delay(unsigned int i)          //定义延时函数,其形式参数为 i
{
    unsigned int k;                 //定义无符号整型变量 k
    for(k=0;k<i;k++);               //for 循环语句
}
void main()
{
    while(1)
    {
        LED=0;                      //点亮发光二极管
        delay(10000);               //调用延时函数,实际参数为 10000
        LED=1;                      //熄灭发光二极管
        delay(10000);               //调用延时函数,实际参数为 10000
    }
}
```

经验总结及提高

本项目主要介绍了单片机的基本概念、单片机的分类、特点及应用领域，然后介绍了开发单片机项目的两款软件：Keil C51 和 Proteus ISIS。通过制作使用单片机点亮一个 LED，让读者了解单片机应用系统的开发流程及所使用的工具，再通过关卡更新和关卡难度进阶进一步巩固单片机应用系统的开发思路及两个相关开发工具的使用。

延伸阅读

芯片到底是什么

芯片通常指的是集成电路（integrated circuit，IC），是一种将大量微型电子元件（如晶体管、电阻、电容等）集成在一块小型半导体材料（如硅片）上的高科技产品。这些元件通过导线相互连接，共同实现特定的电路功能。可以说芯片的本质是半导体+集成电路。

芯片的制造过程非常复杂，需要经过设计、制造、封装等多个步骤。首先，工程师会根据芯片的功能需求，设计出电路图和版图。然后，在无尘车间，通过光刻、蚀刻、沉积等一系列工艺步骤，将设计好的电路图案转移到硅片上。最后，将制造好的芯片切割、封装，形成常见的芯片产品。

芯片广泛应用于各种电子产品中，如计算机、手机、电视、汽车等，极大地推动了电子设备的小型化、智能化和高性能化。例如，CPU（中央处理器）负责执行程序和处理数据；内存芯片用于存储数据；而各种传感器芯片则可以检测环境信息，如温度、湿度、压力等。

芯片是现代电子信息产业的核心，是推动科技进步和社会发展的重要力量。随着科技的不断发展，芯片技术也在不断进步，未来将为人们带来更多的便利和惊喜。

我国在芯片领域的研究进展显著，近年来取得了一系列重要成果，以下是一些关键点：

① 光学卷积处理芯片：中国科学院半导体研究所李明研究员、祝宁华院士团队研制了一款超高集成度光学卷积处理芯片，有效缓解了光计算芯片规模扩展的难题，创造了光计算芯片最高算力密度纪录。

② 忆阻器存算一体芯片：清华大学钱鹤、吴华强研究团队实现了全系统集成、支持高效片上学习的忆阻器存算一体芯片，提供了一种新的高能效解决方案，适用于边缘端人工智能硬件平台。

③ 光电智能计算芯片：清华大学戴琼海、方璐、乔飞、吴嘉敏合作攻关，研制了全模拟光电智能计算芯片 ACCEL，算力和能效大幅提升，将在无人系统和智能大模型等领域实现应用。

④ 可重构数字存算一体 AI 芯片：清华大学尹首一教授、魏少军教授及香港科技大学涂锋斌教授团队设计出面向通用云端高算力场景的存算一体 AI 芯片 ReDCIM，支持高精度浮点与整数计算，满足数据中心级的应用场景需求。

⑤ 光量子计算芯片：北京大学王剑威研究员、龚旗煌教授课题组研制了基于超大规模集成硅基光子学的图论“光量子计算芯片”——“博雅一号”，实现了片上多光子高维度量子纠缠态的制备与调控，为量子计算领域提供了重要进展。

⑥ 龙芯 CPU：新一代国产 CPU——龙芯 3A6000 的发布，标志着我国自主研发的 CPU 在自主可控程度和产品性能方面达到新高度。它采用了我国自主设计的指令系统和架构，无须依赖任何国外授权技术。

习　题

一、选择题

1. 以下（　　）不是构成单片机的部件。

A. 中央处理器（CPU）　　B. 存储器

C. I/O 接口电路　　D. 打印机

2. 下列不是单片机总线的是（　　）。

A. 地址总线　　B. 控制总线

C. 输出总线　　D. 数据总线

3. 在家用电器中使用单片机应属于微型计算机的（　　）。

A. 数据处理应用　　B. 数值计算应用

C. 辅助设计应用　　D. 测量、控制应用

4. 下面的（　　），不属于单片机的应用范围。

A. 家用电器控制　　B. 汽车电子设备

C. 数据库管理　　D. 工业控制

5. AT89C51 是以下（　　）公司的产品。

A. Intel　　B. PHILIPS　　C. AMD　　D. ATMEL

6. AT89C51 单片机的 CPU 是（　　）位的。

A. 8　　B. 4　　C. 16　　D. 准 16

7. 8 位单片机是（　　）为 8 位。

A. 内部并行处理的字宽　　B. 地址总线

C. 控制总线　　D. 数据总线

8. CPU 由（　　）组成。

A. 运算器和译码器　　B. 运算器和加法器

C. 加法器和寄存器　　D. 运算器和控制器

9. 单片机实质上是一个（　　）。

A. 电路板　　B. C51 软件　　C. 程序　　D. 芯片

10. 单片机能够直接运行的程序是（　　）。

A. 汇编源程序　　B. 高级语言程序

C. 机器语言源程序　　D. C 语言源程序

二、数制转换练习

1. 将下列十进制数转换为二进制数。

（1）56　　（2）78　　（3）123

2. 将下列二进制数转换成十进制数及十六进制数。

（1）100110010　　（2）1100110110　　（3）101101　　（4）10010010

3. 将下列十六进制数转换成二进制数。

（1）45　　（2）7A　　（3）8CE　　（4）963F

三、简答题

1. 什么是单片机？
2. 单片机的发展有哪几个阶段？
3. 简要说明单片机的应用领域。
4. 在众多单片机类型中，8 位单片机为何能占据单片机应用的主导地位？
5. 二进制数的位与字节是什么关系？51 单片机的字长是多少？

项目二

深入了解单片机

本项目以单片机控制节日彩灯为实例，主要介绍了单片机的内部结构、外部引脚、并行I/O端口、存储结构及单片机最小系统，带领读者深入了解单片机。

学习目标

- 了解AT89C51单片机的内部结构。
- 掌握AT89C51的主要硬件组成部分。
- 了解并识别AT89C51单片机各引脚的功能。
- 掌握AT89C51的存储器配置：4个物理空间、3个逻辑空间。
- 理解并能够搭建单片机的最小系统电路。
- 了解AT89C51的并行I/O端口结构及工作原理。
- 应用所学知识，设计并实现节日彩灯控制系统。
- 通过完成节日彩灯控制系统，熟悉单片机的编程方法和调试技巧，熟悉单片机接口电路的设计与搭建。
- 通过动手实践，提高学生的操作技能和解决实际问题的能力。
- 了解电子设计和开发过程中应遵守的工程伦理和安全规范。
- 在电路搭建和程序调试过程中，具备较强的观察力和对细节的关注能力。
- 能够在节日彩灯设计中发挥创新，设计具有个性的效果。

导　学

待解决的问题

① 单片机的内部结构包括什么？

② 单片机有多少个引脚？

③ 单片机的存储器结构有什么特点？

④ 单片机的最小系统组成是什么？

⑤ 单片机的并行I/O端口各自的功能和特点是什么？

内容结构图

- 深入了解单片机
  - 内部结构
    - 8位CPU
    - 振荡器和时钟电路
    - 程序存储器ROM
    - 数据存储器RAM
    - 2个16位定时/计数器
    - 4个8位并行I/O端口
    - 1个串口
    - 5个中断源
  - 引脚
    - 封装方式
      - DIP封装
      - 方形封装
    - 40根引脚
      - 电源及晶振引脚
      - 控制、选通和复位引脚
      - 多功能I/O端口引脚
  - 存储器结构
    - 普林斯顿结构和哈佛结构
    - 4个物理空间
      - 片内ROM
      - 片外ROM
      - 片内RAM
      - 片外RAM
    - 3个逻辑空间
      - 片内RAM
        - 高128 B，21个特殊功能寄存器
        - 低128 B
          - 工作寄存器区
          - 位寻址区
          - 用户RAM区
      - 片外RAM
      - ROM
        - EA引脚接高电平，片内片外共同构成64 KB
        - EA引脚接低电平，片内禁用，64 KB都在片外
  - 单片机的最小系统
    - 复位电路
      - 复位条件　两个机器周期的高电平
      - 复位方式
        - 上电复位
        - 按键复位
    - 时钟电路
      - 内部时钟方式
      - 外部时钟方式
    - 时序
      - 节拍
      - 状态
      - 机器周期
      - 指令周期
  - 并行I/O端口
    - P0口
      - 使用时需外接上拉电阻　准双向I/O端口
      - 地址线低8位/数据线
    - P1口
      - 准双向I/O端口
    - P2口
      - 准双向I/O端口
      - 地址线高8位
    - P3口
      - 准双向I/O端口
      - 第二功能

第二关　节日彩灯的制作

闯关要求

使用 AT89C51 单片机的 P2 口，接 8 只 LED 灯，编写程序，使 8 只灯同时亮，间隔一会儿，再使 8 只灯同时灭，重复循环。8 只 LED 灯可选取不同的颜色，以达到节日彩灯的效果。

闯关必备

视频

单片机的内部结构

一、单片机的内部结构

AT89C51 是一款低功耗、高性能的 CMOS 8 位单片机，它属于 51 系列单片机。AT89C51 单片机的内部结构设计紧凑，功能丰富，适用于各种控制应用。AT89C51 的内部结构如图 2-1 所示，包含了作为微型计算机所必需的基本功能部件：

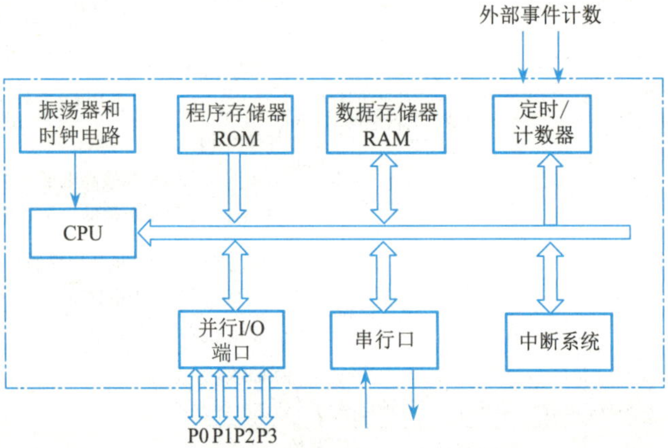

图 2-1　AT89C51 单片机的内部结构

① 1 个 8 位 CPU，是单片机的核心，负责执行程序指令和控制其他内部部件。

② 1 个片内振荡器和时钟电路，提供时钟信号给 CPU 和其他需要同步的部件。

③ 4 KB 片内程序存储器 ROM，用来存储用户编写的程序代码。

④ 256 B 的片内 RAM，用于存储临时数据。

⑤ 2 个 16 位定时/计数器，可以用于测量时间间隔或计数外部事件。

⑥ 4 个 8 位可编程并行 I/O 端口（P0、P1、P2、P3），可以用于连接外围设备和传感器。

⑦ 1 个全双工串行通信口，可以用于与其他设备进行串行数据通信。

⑧ 5 个中断源，包括 2 个外部中断、2 个定时器中断和 1 个串行口中断，支持中断优先级，允许外部或内部事件快速响应。

此外，随着电子技术的发展，许多 51 单片机产品内部还包含模拟-数字转换器（ADC），用于将模拟信号转换成数字信号。

二、 单片机的引脚

AT89C51 单片机共有 40 个引脚，常用封装方式有 DIP（双列直插式封装，见图 2-2）和方形封装（包括 PLCC 即带引线的塑料芯片载体、TQFP 即薄塑封四角扁平封装和 PQFP 即塑封方形扁平封装），如图 2-3 所示。

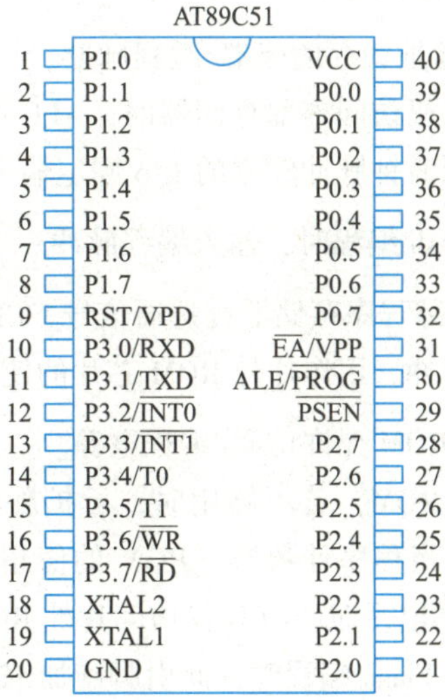

图 2-2　双列直插式

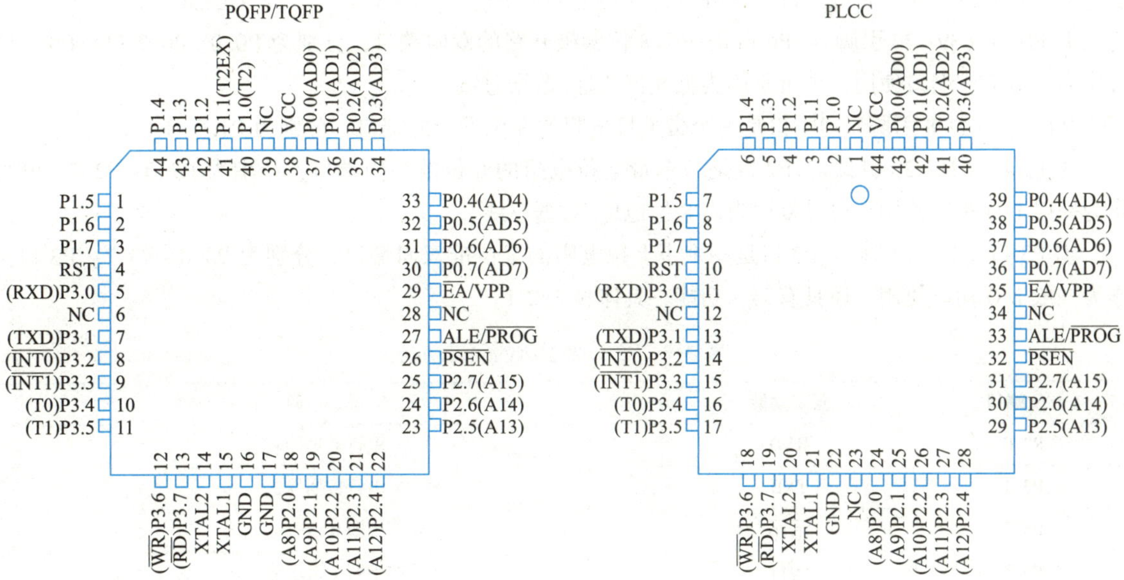

图 2-3　方形封装

方形封装中的 PQFP/TQFP 虽然有 44 个引脚，但有效引脚都为 40 个。按功能划分，可分为以下 3 类：

1. 电源及晶振引脚

① V_{cc}（第 40 脚）：+5 V 电源引脚。

② V_{ss}（第 20 脚）：接地引脚。

③ XTAL1（第 19 引脚）和 XTAL2（第 18 引脚）：外接晶振的两个引脚。

2. 控制、选通和复位引脚

① RST（第 9 引脚）：复位信号输入端，单片机上电后，其内部各寄存器都处于随机状态。当振荡器工作时，RST 引脚出现两个周期以上高电平将使单片机复位。

② ALE/$\overline{PROG}$（第 30 引脚）：地址锁存使能端/编程脉冲。

- 地址锁存使能端 ALE：当单片机访问外部存储器时，ALE 可用作低 8 位地址锁存控制信号。当不访问外部存储器时，ALE 引脚仍以时钟脉冲频率的 1/6 固定输出正脉冲。
- 编程脉冲输入端$\overline{PROG}$：在 Flash 编程时，输入编程脉冲。

③ $\overline{PSEN}$（第 29 引脚）：访问外部程序存储器读选通信号。CPU 在从片外 ROM 取指令时，该引脚在每个机器周期内产生两次负跳变脉冲，用作片外 ROM 芯片的使能信号。

④ $\overline{EA}/V_{pp}$（第 31 引脚）：外部 ROM 允许访问/编程电源。

AT89C51 单片机有 4 KB 的片内 ROM，若不够用时，可扩展片外 ROM。当 EA 端保持高电平时，则 CPU 从片内 ROM 开始读取指令。当程序计数器（PC）的值超过 4 KB 地址范围时，将自动转向执行片外 ROM 的指令。当 EA 端保持低电平时，CPU 仅访问片外 ROM。

V_{pp}为 Flash 编程电压。在对片内 Flash 编程时，此引脚施加 12 V 编程允许电压。

3. 多功能 I/O 端口引脚

AT89C51 共有 4 个 8 位并行 I/O 端口，分别为 P0、P1、P2、P3 口，共 32 个引脚。

① P0 口（39~32 引脚）：P0 口是一个 8 位漏极开路的双向端口，分别为 P0.0~P0.7 口。P0 口既可作为一般 I/O 端口使用，也可复用为低 8 位地址/数据总线。

②P1 口（1~8 引脚）：P1 口是一个带上拉电阻的 8 位准双向端口，分别为 P1.0~P1.7。

③ P2 口（21~28 引脚）：P2 口是一个带上拉电阻的 8 位准双向端口，分别为 P2.0~P2.7，既可作为一般 I/O 端口使用，也可复用为高 8 位地址/数据总线。

④ P3 口（10~17 脚）：P3 口是一个带上拉电阻的 8 位准双向端口，分别为 P3.0~P3.7。P3 口可作为一般 I/O 端口使用，还具有第二功能，具体见表 2-1。

表 2-1　P3 口各引脚的第二功能

I/O 端口	第二功能	说　明
P3.0	RXD	串行数据接收
P3.1	TXD	串行数据发送
P3.2	$\overline{INT0}$	外部中断 0 请求输入端
P3.3	$\overline{INT1}$	外部中断 1 请求输入端
P3.4	T0	定时/计数器 0 外部信号输入端
P3.5	T1	定时/计数器 1 外部信号输入端
P3.6	$\overline{WR}$	外部 RAM 写控制信号输出端
P3.7	$\overline{RD}$	外部 RAM 读控制信号输出端

三、单片机的存储结构

计算机的存储器地址空间有两种结构形式：普林斯顿结构和哈佛结构。

普林斯顿结构也称冯·诺依曼结构，是一种将 ROM 和 RAM 统一编址的存储器结构，即 ROM 和 RAM 位于同一存储空间的不同物理位置上，每个存储单元都对应唯一的地址。

哈佛结构是一种将 ROM 和 RAM 单独编址的存储器结构，即 ROM 和 RAM 位于不同的存储空间。存储单元的地址不是唯一的。51 系列单片机采用的就是这种结构。

AT89C51 单片机的存储器在物理结构上可分为 4 个存储空间：片内程序存储器、片外程序存储器、片内数据存储器及片外数据存储器。从用户使用的角度来看，分为 3 个逻辑空间：片内外统一编址的 64 KB 程序存储器（ROM）地址空间 0000H~0FFFFH、256 B 的片内数据存储器（内 RAM）地址空间 00H~0FFH、64 KB 外部数据存储器（外 RAM）地址空间 0000H~0FFFFH。AT89C51 单片机存储器的结构如图 2-4 所示。

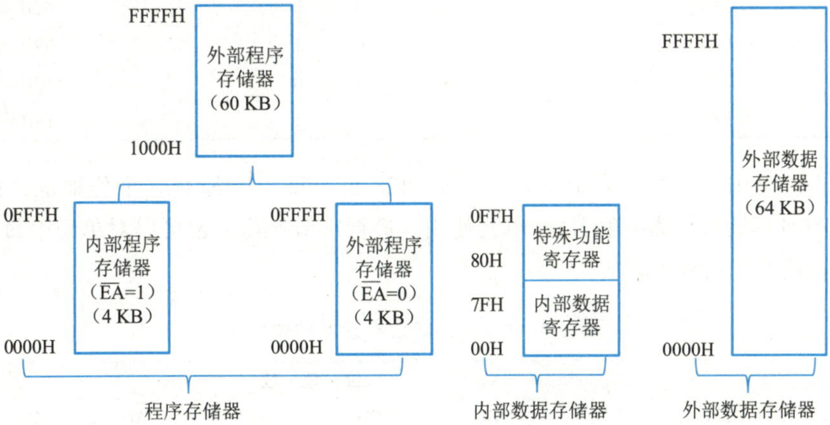

图 2-4　AT89C51 单片机的存储器结构

1. 片内数据存储器

AT89C51 单片机片内数据存储器共 256 个单元，由低 128 B（00H~7FH）的内部数据寄存器区和高 128 B（80H~0FFH）的特殊功能寄存器区组成。

(1) 内部数据存储器低 128 B（DATA 区）

片内 RAM 的低 128 B 用于存放程序执行过程中的各种变量和临时数据，称为 DATA 区。其配置情况见表 2-2。片内 RAM 低 128 B 是单片机的真正 RAM 存储器，按其用途划分为工作寄存器区、位寻址区和用户 RAM 区 3 个区域。

表 2-2　片内 RAM 低 128 B 的配置

序　号	区　域	地　址	功　能
1	工作寄存器区	00H~07H	第 0 组工作寄存器（R0~R7）
		08H~0FH	第 1 组工作寄存器（R0~R7）
		10H~17H	第 2 组工作寄存器（R0~R7）
		18H~1FH	第 3 组工作寄存器（R0~R7）

续表

序　号	区　域	地　址	功　能
2	位寻址区	20H~2FH	位寻址区，位地址为：00H~7FH
3	用户 RAM 区	30H~7FH	用户 RAM 区（堆栈、数据缓冲）

① 工作寄存器区（00H~1FH）：由 32 个数据存储单元组成，分为 4 组，每组 8 个单元，编号均为 R0~R7。在任一时刻，CPU 只能使用其中一组寄存器，并且把正在使用的那组寄存器称为当前寄存器组。不用的工作寄存器组可用来作为一般 RAM 使用。当前工作寄存器到底是哪一组，由程序状态字 PSW 中的 RS1 和 RS0 位来决定，工作寄存器选择见表 2-3。

表 2-3　工作寄存器区选择

当前工作寄存器组	RS1	RS0	地　址
第 0 组	0	0	00H~07H
第 1 组	0	1	08H~0FH
第 2 组	1	0	10H~17H
第 3 组	1	1	18H~1FH

② 位寻址区（20H~2FH）：共有 16 个单元、128 位，每一位都有一个位地址，位地址范围为 00H~7FH。位寻址区既可作为一般 RAM 单元使用，进行字节操作，也可以对单元中每一位进行位操作。位寻址区的位地址见表 2-4。

表 2-4　片内 RAM 位寻址区的位地址

单元地址	位地址							
2FH	7FH	7EH	7DH	7CH	7BH	7AH	79H	78H
2EH	77H	76H	75H	74H	73H	72H	71H	70H
2DH	6FH	6EH	6DH	6CH	6BH	6AH	69H	68H
2CH	67H	66H	65H	64H	63H	62H	61H	60H
2BH	5FH	5EH	5DH	5CH	5BH	5AH	59H	58H
2AH	57H	56H	55H	54H	53H	52H	51H	50H
29H	4FH	4EH	4DH	4CH	4BH	4AH	49H	48H
28H	47H	46H	45H	44H	43H	42H	41H	40H
27H	3FH	3EH	3DH	3CH	3BH	3AH	39H	38H
26H	37H	36H	35H	34H	33H	32H	31H	30H
25H	2FH	2EH	2DH	2CH	2BH	2AH	29H	28H
24H	27H	26H	25H	24H	23H	22H	21H	20H
23H	1FH	1EH	1DH	1CH	1BH	1AH	19H	18H
22H	17H	16H	15H	14H	13H	12H	11H	10H
21H	0FH	0EH	0DH	0CH	0BH	0AH	09H	08H
20H	07H	06H	05H	04H	03H	02H	01H	00H

③ 用户 RAM 区（30H~7FH）：在内部 RAM 低 128 B 中，工作寄存器区占 32 B，位寻址区占用 16 B，剩下 80 B 是供用户使用的一般 RAM 区。对用户 RAM 区的使用没有任何规定或限制，但在一般

应用中常把堆栈开辟在此区中。

(2) 内部数据存储器高 128 B

高 128 B 供特殊功能寄存器（special function register，SFR）使用，也称为专用寄存器，单元地址为 80H~0FFH。特殊功能寄存器的地址分配见表 2-5。

表 2-5　AT89C51 单片机的特殊功能寄存器地址

序号	特殊功能寄存器名称	符　号	字节地址	位　地　址							
1	P0 口锁存器	P0	80H	87H	86H	85H	84H	83H	82H	81H	80H
				P0.7	P0.6	P0.5	P0.4	P0.3	P0.2	P0.1	P0.0
2	堆栈指针	SP	81H	不可位寻址							
3	数据地址指针（低 8 位）	DPL	82H	不可位寻址							
4	数据地址指针（高 8 位）	DPH	83H	不可位寻址							
5	电源控制寄存器	PCON	87H	不可位寻址							
6	定时/计数器控制寄存器	TCON	88H	8FH	8EH	8DH	8CH	8BH	8AH	89H	88H
				TF1	TR1	TF0	TR0	IE1	IT1	IE0	IT0
7	定时/计数器方式控制寄存器	TMOD	89H	不可位寻址							
8	定时/计数器 0（低 8 位）	TL0	8AH	不可位寻址							
9	定时/计数器 0（高 8 位）	TH0	8BH	不可位寻址							
10	定时/计数器 1（低 8 位）	TL1	8CH	不可位寻址							
11	定时/计数器 1（高 8 位）	TH1	8DH	不可位寻址							
12	P1 口锁存器	P1	90H	97H	96H	95H	94H	93H	92H	91H	90H
				P1.7	P1.6	P1.5	P1.4	P1.3	P1.2	P1.1	P1.0
13	串行口控制寄存器	SCON	98H	9FH	9EH	9DH	9CH	9BH	9AH	99H	98H
				SM0	SM1	SM2	REN	TB8	RB8	TI	RI
14	串行口锁存器	SBUF	99H	不可位寻址							
15	P2 口锁存器	P2	A0H	A7H	A6H	A5H	A4H	A3H	A2H	A1H	A0H
				P2.7	P2.6	P2.5	P2.4	P2.3	P2.2	P2.1	P2.0
16	中断允许控制寄存器	IE	A8H	AFH	AEH	ADH	ACH	ABH	AAH	A9H	A8H
				EA	—	—	ES	ET1	EX1	ET0	EX0
17	P3 口锁存器	P3	B0H	B7H	B6H	B5H	B4H	B3H	B2H	B1H	B0H
				P3.7	P3.6	P3.5	P3.4	P3.3	P3.2	P3.1	P3.0
18	中断优先级控制寄存器	IP	B8H	BFH	BEH	BDH	BCH	BBH	BAH	B9H	B8H
				—	—	—	PS	PT1	PX1	PT0	PX0
19	程序状态字寄存器	PSW	D0H	D7H	D6H	D5H	D4H	D3H	D2H	D1H	D0H
				CY	AC	F0	RS1	RS0	OV	F1	P
20	累加器	A	E0H	E7H	E6H	E5H	E4H	E3H	E2H	E1H	E0H
21	B 寄存器	B	F0H	F7H	F6H	F5H	F4H	F3H	F2H	F1H	F0H

AT89C51 单片机有 21 个特殊功能寄存器，其中有 11 个 SFR 具有位地址，可按位寻址，对应位也有位名称。不可位寻址操作的 SFR 只有字节地址。另外，还有一个不可寻址的专用寄存器，即程序计数器 PC，它不占 RAM 单元，在物理上是独立的。

下面对几个常用的专用寄存器功能进行简单说明：

① 程序计数器（PC）：一个 16 位计数器，其内容为下一条将要执行指令的地址，寻址范围为 64 KB。PC 有自动加 1 功能，从而控制程序的执行顺序。PC 没有物理地址，是不可寻址的，因此用户无法对它进行读/写。系统复位后，PC 的内容会被自动赋值为 0000H，这表明复位后 CPU 将从程序存储器的 0000H 地址处的指令开始运行。

② 程序状态字寄存器（PSW）：一个 8 位寄存器，用于存放程序运行中的各种状态信息。PSW 各位定义如下：

PSW7	PSW6	PSW5	PSW4	PSW3	PSW2	PSW1	PSW0
CY	AC	F0	RS1	RS0	OV	F1	P

- CY（PSW7）：进位标志位。在进行加或减运算时，如果操作结果最高位有进位或借位，CY 由硬件置 1，否则清 0。
- AC（PSW6）：辅助进位标志位，在进行加或减运算时，如果操作结果的低 4 位数向高 4 位有进位或借位，AC 由硬件置 1，否则清 0。
- F0（PSW5）：用户标志位，由用户利用软件方法置位或复位。
- RS1、RS0（PSW4、PSW3）：工作寄存器选择位，用于选择 CPU 当前工作的寄存器组，可由用户程序改变。上电或复位后，RS1 RS0＝00。
- OV（PSW2）：溢出标志位，可以指示运算过程中是否发生了溢出，由硬件自动形成。
- F1（PSW1）：保留位，未使用。
- P（PSW0）：奇偶标志位，存放累加器 A 中数据的二进制形式中含“1”个数的奇偶性。一般用于异步串行通信中的奇偶校验。

2. 片外数据存储器

AT89C51 单片机最多可扩充片外数据存储器 64 KB，称为 XDATA 区。

3. 程序存储器

程序存储器主要用来存放程序代码及程序中用到的常数。在程序调试运行成功后，由编程器将程序代码写入 ROM 中。由于其只读特性，保存在 ROM 里的程序或数据不会因掉电而丢失。

51 单片机片外最多能扩展 64 KB 程序存储器，片内外的 ROM 是统一编址的。根据单片机$\overline{EA}$引脚的不同电位，可对片内和片外两种 ROM 的低 4 KB（0~0FFFH）地址进行选择。

当$\overline{EA}$引脚接高电平时，4 KB 以内的地址是在片内 ROM 中，大于 4 KB 的地址是在片外 ROM 中，即由两者共同构成 64 KB 空间。

当$\overline{EA}$引脚接低电平时，片内 ROM 被禁用，全部 64 KB 地址都在片外 ROM 中。

程序存储器中有 6 个特殊地址单元是专为复位和中断功能而设计的。其中，0000H 为程序的首地址，单片机复位后程序将从这个单元开始运行。

其余 5 个特殊单元分别对应 5 个中断源的中断服务程序的入口地址：

① 0003H 为外部中断 0 入口地址。

② 000BH 为定时/计数器 0 中断入口地址。

③ 0013H 为外部中断 1 入口地址。

④ 001BH 为定时/计数器 1 中断入口地址。

⑤ 0023H 为串行口中断入口地址。

四、 单片机的最小系统

视频

单片机的最小系统

单片机的工作就是执行用户程序，指挥各部分硬件完成既定任务。单片机的最小系统，是指用最少的元件可以工作的单片机系统。最小系统一般包括单片机、时钟电路和复位电路。

时钟电路为单片机工作提供基本时钟，复位电路用于将单片机内部各电路的状态恢复到初始值。单片机的最小系统电路如图 2-5 所示。

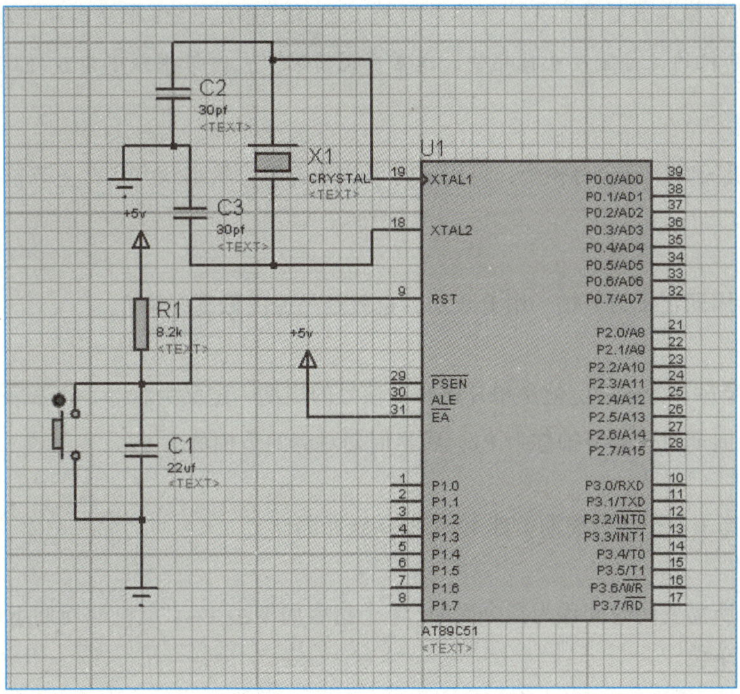

图 2-5 单片机最小系统电路图

1. 单片机时钟电路

单片机是一个复杂的同步时序电路，为了保证同步工作方式的实现，电路应在唯一的时钟信号控制下严格地按时序进行工作。时钟电路用于产生单片机工作所需要的时钟信号。

单片机的时钟信号可以由两种方式产生，即内部时钟方式和外部时钟方式。

单片机内部有一个用于构成振荡器的高增益反相放大器，引脚 XTAL1 和 XTAL2 分别是此放大器的输入和输出端。单片机的这个放大器与作为反馈元件的片外晶体或陶瓷谐振器一起构成了稳定的自激振荡器，发出的脉冲直接送入内部的时钟电路。图 2-6（a）所示为 AT89C51 单片机的内部时钟电路，C1 和 C2 对频率有微调作用，其值通常选择 30 pF。

在由多片单片机组成的系统中，为使各单片机之间的时钟信号严格同步，应当采用公用外部脉冲信号作为单片机振荡脉冲。这时，外部脉冲信号接至 XTAL1 引脚，而 XTAL2 悬空，如图 2-6（b）所示。

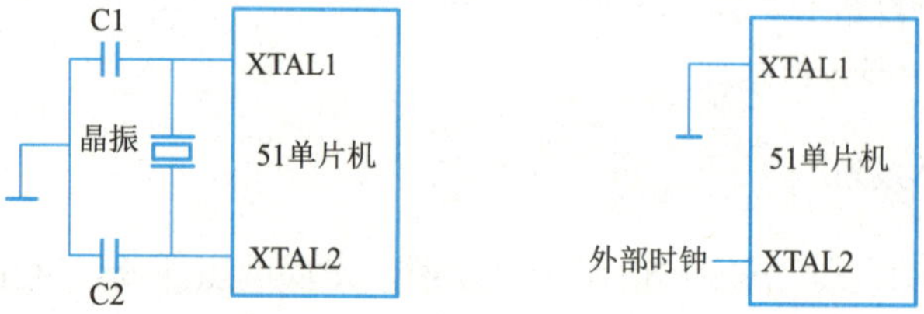

（a）内部时钟方式　　（b）外部时钟方式

图 2-6　时钟电路

提示：晶体振荡器简称晶振，频率范围是 1.2~12 MHz。晶体振荡器频率越高，系统的时钟频率也越高，单片机的运行速度也就越快，通常应用情况下，时钟振频率为 6~12 MHz。

2. 单片机时序

关于 51 单片机的时序概念有 4 个，可用定时单位来说明，从小到大依次是节拍、状态、机器周期和指令周期。

（1）节拍

把振荡脉冲的周期定义为节拍，用 P 表示，也就是晶振的振荡频率 f_{osc}。

（2）状态

振荡频率 f_{osc} 经过二分频后，就是单片机时钟信号的周期，定义为状态，用 S 表示。一个状态包含两个节拍，其前半周期对应的节拍称为 P1，后半周期对应的节拍称为 P2。

（3）机器周期

1 个机器周期等于 6 个状态周期，即 12 个振荡脉冲周期。

（4）指令周期

执行一条指令所需要的时间称为指令周期。1 个指令周期由 1~4 个机器周期组成，指令周期是单片机中最大的时序单位。

提示：若晶振频率为 12 MHz，则一个机器周期为 1 μs；当晶振频率为 6 MHz 时，一个机器周期为 2 μs。

3. 单片机复位电路

复位是使 CPU 和系统中其他部件都处于一个确定的初始状态，并从这个状态开始工作。单片机复位的条件是，必须使 RESET 引脚加上持续两个机器周期以上的高电平。

单片机的复位电路常见的有上电复位电路和按键复位电路，如图 2-7 所示。

图 2-7（a）为上电复位电路。它利用电容充电来实现复位，在单片机上电的瞬间，RESET 端的电位与 VCC 相同。随着充电电流的减小，RESET 端的电位将逐渐下降。只要保证 RESET 为高电平的时间大于两个机器周期，便能正常复位。

图 2-7（b）为按键复位电路。当按键压下时，串联电阻 R 上的分压可使 RESET 端产生高电平，按键抬起时产生低电平。只要按键动作产生的复位脉冲宽度大于复位时间即可保证按键复位的发生。

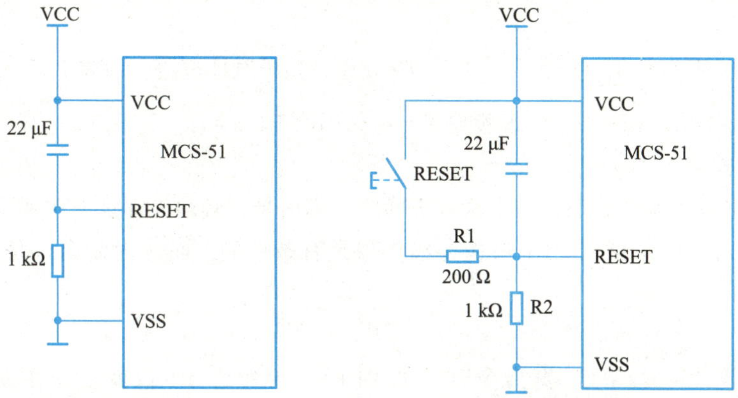

（a）上电复位电路　　（b）按键复位电路

图 2-7　单片机的复位电路

实际应用中，常采用上电复位与按键复位结合的复合复位法。

复位后，单片机内部的各专用寄存器的状态见表 2-6。

表 2-6　复位时片内各专用寄存器的初始值

寄存器名称	复位默认值	寄存器名称	复位默认值
PC	0000H	TMOD	00H
A	00H	TCON	00H
PSW	00H	TH0	00H
B	00H	TL0	00H
SP	07H	TH1	00H
DPTR	0000H	TL1	00H
P0~P3	FFH	SCON	00H
IP	* * *00000B	SBUF	不确定
IE	0 * *00000B	PCON	0 * * *0000B

说明：*代表无关位，H 表示十六进制数，复位默认值中的 B 表示二进制数。

视频

单片机输入输出端口

五、并行 I/O 端口

AT89C51 有 4 个 8 位并行 I/O 端口，分别用 P0、P1、P2、P3 表示。每个端口都有锁存器、输出驱动器和输入缓冲器，但结构有差异，功能与用途各有异同。每个 I/O 端口既可以按位操作，也可以按字节操作。

1. P1 口

图 2-8 所示为 P1 口结构图，包含输出锁存器（P1. x）、输入缓冲器 1（读锁存器）、缓冲器 2（读引脚）及由场效应管 VT0 和上拉电阻组成的输出驱动器。P1 口由 8 个这样的电路组成，可以作为通用 I/O 端口使用，具有输出、读引脚、读锁存器 3 种工作方式。

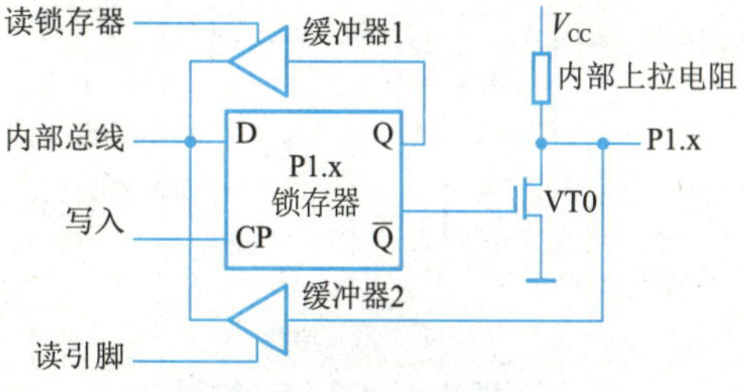

图 2-8　P1 口结构图

(1) 输出方式

内部总线输出 0 时，D=0，Q=0，$\overline{Q}$=1，VT0 导通，漏极对地短路，引脚 P1. x=0。内部总线输出 1 时，D=1，Q=1，$\overline{Q}$=0，VT0 截止，漏极电平=V_{cc}，引脚 P1. x=1。

(2) 读引脚方式

读引脚就是读芯片引脚的状态，为了读入正确的引脚信号，必须先保证 VT0 截止，这就需要先向电路中的锁存器写入“1”。可见，P1 口作为输入口是有条件的，而作为输出口是无条件的，因此，P1 口称为准双向口。

(3) 读锁存器

当单片机执行“读—改—写”类指令时（如 P1++；指令），P1 口就工作在读锁存器方式。在“读锁存器”控制下，Q 端电平经过缓冲器 1 读入内部总线→在运算器中进行+1 运算→结果重新写到 Q 端（同时也输出到 P1. x）。

2. P3 口

图 2-9 所示为 P3 口其中一位的结构原理图，与 P1 口相比，P3 口结构中多了与非门和缓冲器 0 两个元件。P3 口除具有通用 I/O 端口功能外，还具有第二功能。

当“第二输出功能”端保持“1”状态时，与非门对锁存器 Q 端是畅通的，此时 P3 口工作在通用 I/O 方式，即 P3. x 具有与 P1. x 相同的输出、读引脚和读锁存器功能，且仍为准双向口。

当锁存器 Q 端保持“1”状态时，与非门对“第二输出功能”端是畅通的，此时 P3 口工作在第二功能状态。

P3. x 引脚的输出电平与“第二输出功能”端保持一致，即“第二输出功能”端分别为 1 和 0 时，P3. x 分别输出 1 和 0。

“第二输入功能”端的输入值与经由缓冲器 0 的 P3. x 引脚电平保持一致，即 P3. x 分别为 1 和 0 时，“第二输入功能”端也分别为 1 和 0。

3. P0 口

图 2-10 所示为 P0 口结构图，P0 口兼有数据线/地址线低 8 位输出功能。P0 口的输出驱动电路由上拉场效应管 VT2 和驱动场效应管 VT1 组成。控制电路比 P1 口多了一个多路选择开关 MUX、一个与门和一个非门。

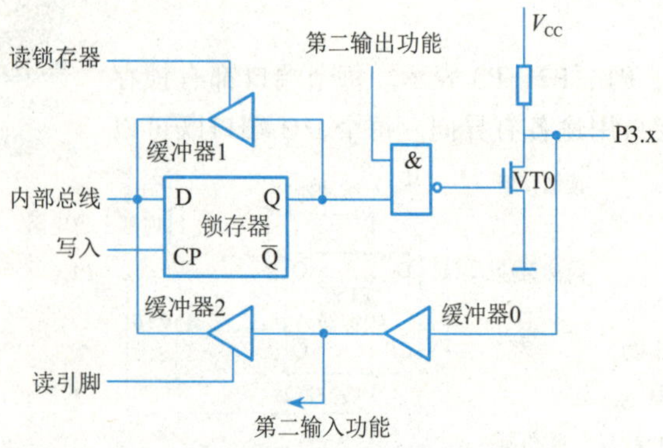

图 2-9 P3 口结构图

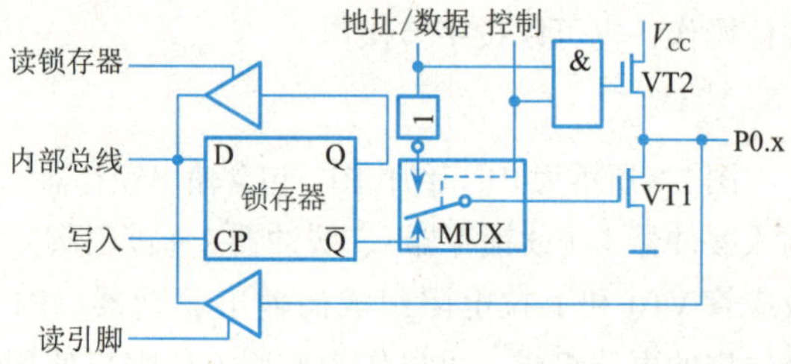

图 2-10 P0 口结构图

P0 口作为通用 I/O 端口使用时，输出电路是漏极开路电路，此时 P0 口与 P1 口一样，有输出、读引脚和读锁存器 3 种工作方式，且也是准双向通用 I/O 端口，但由于 VT2 漏极开路，必须外接上拉电阻才能有高电平输出。上拉电阻一般为 4.7 kΩ 或 10 kΩ。

P0 作地址/数据线使用时，内部信号“控制”端置 1，同时多路选择开关 MUX 向上接通。这时，VT2 的输入信号就是地址/数据线信号，VT1 的输入信号是地址/数据线信号取反后的信号，而 P0. x 的信号与地址/数据线信号一致。

提示： P0 作为 I/O 口使用时，需要外接上拉电阻，P0 作为地址/数据总线时，不能进行位操作，不需要外接上拉电阻。

4. P2 口

图 2-11 所示为 P2 口结构图。P2 口兼有地址总线高 8 位输出功能。与 P1 口相比，P2 口中多了一个多路开关 MUX。

P2 口用作通用 I/O 端口时，在“控制”端的作用下，多路开关 MUX 转向锁存器 Q 端，构成一个准双向口，并具备输出、读引脚和读锁存器 3 种工作方式。

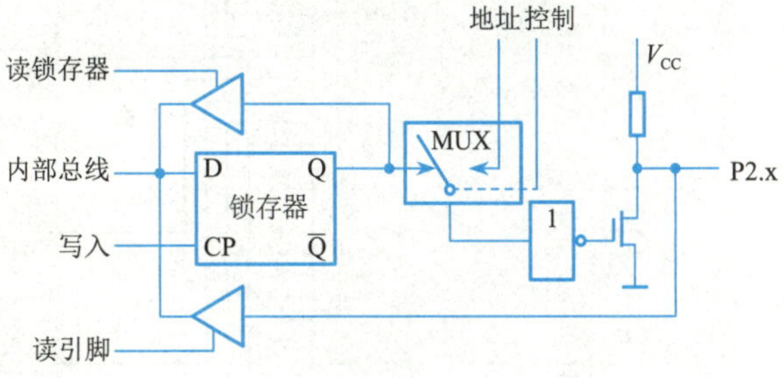

图 2-11　P2 口结构图

P2 口输出的高 8 位地址可以是片外 ROM、RAM 高 8 位地址，与 P0 口输出的低 8 位地址共同构成 16 位地址线，从而可分别寻址 64 KB 的程序存储器和片外数据存储器。地址线以字节为操作单位，不能进行位操作。

开始闯关

视频

八个灯的闪烁

① 闯关任务：使 8 个 LED 灯闪烁。

② 任务分析：使用单片机 AT89C51 控制 8 个 LED 灯闪烁，即 8 个灯同时亮、同时灭。

③ 所用元件，见表 2-7。

表 2-7　8 个 LED 灯闪烁电路所用元件

元件名称	属性值	说明	数量
AT89C51	—	单片机	1
LED-GREEN	—	绿色 LED 灯	2
LED-RED	—	红色 LED 灯	2
LED-BLUE	—	蓝色 LED 灯	2
LED-YELLOW	—	黄色 LED 灯	2
RES	300 Ω	电阻	8

④ 电路设计：单片机控制 8 个 LED 灯闪烁的电路图如图 2-12 所示，使用 P2 口的 P2. 0~P2. 7 分别连接 8 个 LED 灯。

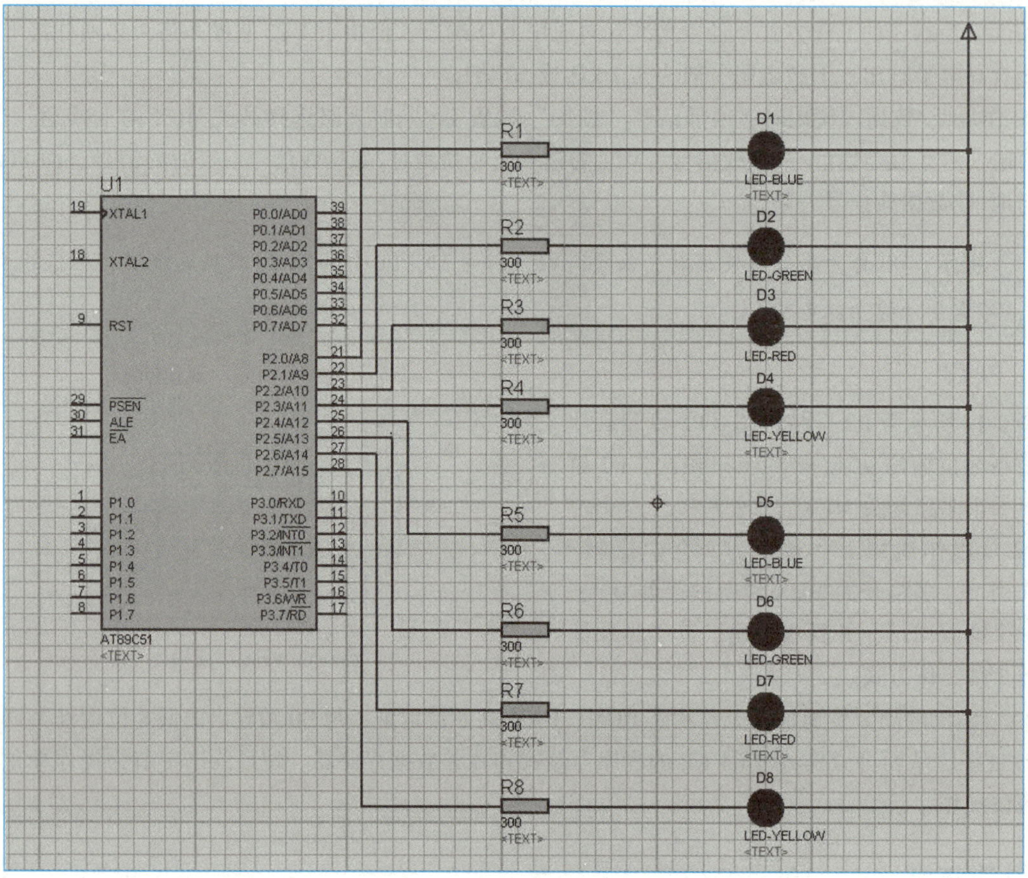

图 2-12　8 个 LED 灯同时闪烁电路图

⑤ 源程序设计：P2 口输出低电平时 8 个灯同时亮，P2 口输出高电平时 8 个灯同时灭。源程序如下：

```
//程序:led8.c
//功能:控制 8 个 LED 灯闪烁
#include <reg51.h>                  //包含头文件
  void delay(unsigned int i )       //延时函数
  {
      unsigned int m,n;
      for(m=0;m<i;m++)
      for(n=0;n<110;n++);
  }
  void main()                       //主函数
  {
      while(1)                      //while 循环语句,无限循环
      {
          P2=0x00;                  //8 个 LED 灯同时点亮
          delay(200);               //调用延时函数
```

```
        P2=0xff;                     //8 个 LED 灯同时熄灭
        delay(200);                  //调用延时函数
    }
}
```

⑥ 闯关评价：

考核内容及配分	技术要求	评分标准	得分
1. 纪律与出勤：10 分	遵守实验室秩序、不迟到不早退	违反纪律视情况扣分	
2. Keil 软件中新建、保存一个工程文件：5 分	能够正确新建一个工程文件、选取正确的单片机型号并保存到指定位置	不会建立工程、单片机型号选取错误且没有保存到指定位置不得分	
3. 新建一个源代码文件并加载到工程中：5 分	能够正确新建一个源代码文件并加载到工程里	不会建立文件、没有加载到工程中不得分	
4. 编辑源程序，调试：20 分	运行调试程序	程序有错酌情扣分	
5. 设置工程选项，对源程序进行编译，并生成 HEX 文件：10 分	正确生成 . hex 文件	工程选项设置不对，不能生成 . hex 文件不得分	
6. Proteus 软件中新建一个设计文件并保存到指定位置：5 分	使用 Proteus 正确新建一个设计文件	新建一个设计文件没有保存在指定位置不得分	
7. 根据需要画出电路图：25 分	正确选择、放置元件、设置元件属性并画出原理图	画错酌情扣分，电路图不清晰，元件位置不整齐、连线混乱酌情扣分	
8. 仿真调试：20 分	正确显示项目预期效果	8 盏灯正确闪烁，得 20 分；有个别不亮或是闪烁速度太快等情况酌情扣分	

关卡更新

使用单片机控制 8 个 LED 灯，间隔闪烁，即 D1、D3、D5、D7 同时亮同时灭，而 D2、D4、D6、D8 始终处于熄灭状态。

提示： 通过修改 P2 的值来控制灯的变化，P2 端口的 8 位控制 8 个 LED 灯，要想让灯亮则给对应位低电平（即 0），要想让灯灭则给对应位高电平（即 1）。

程序只需修改 while 循环体，修改如下：

```
P2=0xaa;                 //D1、D3、D5、D7 亮，D2、D4、D6、D8 灭
delay(200);
P2=0xff;                 //所有灯灭
delay(200);
```

关卡难度进阶

使用单片机控制 8 个 LED 灯，间隔轮换闪烁，即先让 D1、D3、D5、D7 亮，这 4 个灯灭的同时让 D2、D4、D6、D8 亮，循环交替闪烁。

程序只需修改 while 循环体，修改如下：

```
P2=0xaa;                 //D1、D3、D5、D7 亮,D2、D4、D6、D8 灭
delay(200);
P2=0x55;                 //D1、D3、D5、D7 灭,D2、D4、D6、D8 亮
delay(200);
```

经验总结及提高

本项目主要让读者了解单片机的组成结构，包括单片机的内部结构和引脚、存储器结构、I/O 端口及最小系统电路。

本项目主要训练了如何使用单片机的 I/O 端口来控制点亮和熄灭 LED 灯。注意延时函数的编写。

延伸阅读

中国芯片

近年来，中国芯片产业在国家政策的大力支持和市场需求的推动下，取得了显著的发展和进步。

中国芯片涵盖了从设计、制造到封装测试的全产业链。在设计领域，中国拥有华为海思、紫光集团等知名企业，它们的芯片产品广泛应用于通信、计算、存储等多个领域。在制造环节，中芯国际、长江存储等公司代表了中国芯片制造的高水平，不断推动制程技术（制程技术，通常指的是在半导体制造领域中，用于生产集成电路的一系列工艺流程和技术。这些技术涵盖了从设计、制造、测试到封装的整个生产过程，包括但不限于光刻、蚀刻、沉积、离子注入、金属化、清洗、检测等多个步骤）的升级和产能的扩大。封装测试作为芯片生产的后道工序，在中国也形成了完整的产业链。

中国芯片产业的发展，不仅提升了国家的科技实力和产业竞争力，也促进了相关领域的技术创新和应用拓展。面向未来，中国将继续加大对芯片产业的投入，推动产业向高端化、智能化方向发展，力争在全球芯片产业中占据更重要的位置。同时，中国也在积极布局量子芯片、光子芯片等前沿技术，以期在未来的科技竞争中取得优势。

中国芯片产业在技术创新方面取得了一些显著的突破，包括以下具体的进展：

① 移动通信芯片：华为的海思半导体开发了具有竞争力的麒麟系列移动处理器，广泛应用于华为的智能手机中。

② AI 芯片：随着人工智能技术的发展，中国企业如地平线机器人、寒武纪等公司开发了专门用于 AI 计算的芯片，用于图像识别、语音处理等任务。

③ 服务器芯片：紫光集团旗下的展讯通信开发了用于服务器的处理器，提升了国产服务器芯片的技术水平。

④ 存储技术：长江存储科技有限责任公司成功研发并量产了 64 层 3D NAND 闪存，这是存储技术领域的重要里程碑。

⑤ 光刻技术：中国在光刻机技术方面正在努力寻求新的突破，力图尽快解决瓶颈问题。

⑥ 集成电路设计：中国的芯片设计企业数量快速增长，一些企业已经能够设计出具有自主知识产权的高性能芯片。

⑦ 5G 技术：在 5G 通信领域，中国芯片企业积极参与 5G 标准的制定，并开发出相关的通信芯片。

⑧ 物联网芯片：随着物联网技术的普及，中国企业开发了多种低功耗、高集成度的芯片，用于智能家电、智慧城市等应用。

⑨ 汽车电子：在汽车电子领域，中国芯片企业也在开发用于车联网、自动驾驶等技术的芯片。

这些突破显示了中国芯片产业在技术创新方面的决心和能力，尽管挑战依然存在，但中国芯片产业正逐步提升其在全球半导体市场中的地位。

习　题

一、选择题

1. AT89C51 单片机的 VCC（40）引脚是（　　）引脚。

A. 主电源+5 V　　B. 接地
C. 备用电源　　D. 访问片外存储器

2. 51 单片机的 CPU 主要组成部件包括（　　）。

A. 加法器、寄存器　　B. 运算器、指令译码器
C. 运算器、寄存器　　D. 运算器、控制器

3. 在单片机中，通常将一些中间计算结果放在（　　）中。

A. 数据存储器　　B. 控制器
C. 程序存储器　　D. 累加器

4. 在 CPU 内部，反映程序运行状态或反映运算结果一些特征的寄存器是（　　）。

A. A　　B. PSW　　C. PC　　D. SP

5. 单片机 4 组通用工作寄存器的地址范围是（　　）。

A. 00H~1FH　　B. 00H~FFH
C. 00H~7FH　　D. 20H~2FH

6. 单片机复位后，累加器 A、PC、PSW 的内容为（　　）。

A. A = 07H　PC = 0000H　PSW = FFH
B. A = FFH　PC = 00H　PSW = FFH
C. A = 00H　PC = 00H　PSW = 00H
D. A = 00H　PC = 0000H　PSW = 00H

7. 单片机的 XTAL1 和 XTAL2 引脚是（　　）引脚。

A. 外接定时器　　B. 外接中断
C. 外接晶振　　D. 外接串行口

8. 以下（　　）不是控制器的部件。

A. 程序计数器　　B. 指令寄存器
C. 累加器　　D. 指令译码器

9. 对于 DIP40 封装的 51 单片机，电源 VCC 对应的引脚号是（　　）。

A. 1　　B. 10　　C. 40　　D. 20

10. 当 51 单片机上电正常工作后，ALE 引脚不断向外输出正脉冲信号，此频率为振荡器频率 f_{osc} 的（　　）。CPU 访问片外存储器时，ALE 输出信号作为锁存低 8 位地址的控制信号。

A. 1/12　　B. 1/8　　C. 1/3　　D. 1/6

11. 程序状态字中 CY、OV、P 分别为（　　）。

A. 进位/借位、有符号数溢出、A 累加器 1 的奇偶标志位

B. 无符号数的溢出、有符号数的溢出、奇标志

C. 有符号数的溢出、无符号数的溢出、奇标志

D. 进位/借位、溢出、奇偶标志位

12. PSW = 18H 时，则当前工作寄存器是（　　）。

A. 0 组　　B. 1 组　　C. 2 组　　D. 3 组

13. AT89C51 单片机的 CPU 是（　　）位的。

A. 1　　B. 2　　C. 4　　D. 8

14. AT89C51 单片机的程序计数器 PC 是（　　）位的。

A. 4　　B. 8　　C. 16　　D. 32

15. 位寻址区在（　　）。

A. 20H~2FH　　B. 30H~3FH

C. 20H~FFH　　D. 30H~FFH

16. 51 单片机复位的条件是（　　）。

A. 复位引脚上有 1 个机器周期以上的高电平

B. 复位引脚上有 2 个机器周期以上的低电平

C. 复位引脚上有 2 个机器周期以上的高电平

D. 复位引脚上有 1 个机器周期以上的低电平

17. AT89C51 单片机复位后，片内 SP、PC、P0~P3 中内容分别为（　　）。

A. 00H、0000H、FFH　　B. 07H、0000H、FFH

C. 07H、0000H、00H　　D. 00H、FFFFH、FFH

18. 下列（　　）并行口既可以作为输入/输出口又可以作为高 8 位地址口。

A. P1　　B. P0　　C. P2　　D. P3

19.（　　）口是一个漏极开路的 8 位准双向 I/O 端口。

A. P2　　B. P0　　C. P3　　D. P1

20. 51 单片机的（　　）口具有第二引脚功能。

A. P3　　B. P1　　C. P2　　D. P0

二、简答题

1. 什么是单片机？它由哪几部分组成？

2. 什么是复位？单片机复位方式有哪几种？复位条件是什么？

3. 什么是时钟周期和指令周期？当振荡频率为 12 MHz 时，一个机器周期为多少微秒？

4. 简述存储器的两种结构形式，51 单片机的物理存储空间和逻辑存储空间。
5. 简述低 128 B 的片内 RAM 的 3 种不同区间及各自特点。
6. 简述高 128 B 片内 RAM 的特点。
7. 什么是单片机的最小系统？最小系统包含哪些电路？
8. P3 的第二功能是什么？

项目三

C51语言基础知识

本项目主要介绍单片机的常用编程语言C51，包括C51的基本数据类型、结构化编程语句、C51变量、函数、数组等。

学习目标

- 掌握C51语言的基本概念，理解C51语言在单片机编程中的作用和重要性。
- 掌握C51的各种数据类型及其在内存中的存储方式。
- 熟悉并能够灵活运用C51的基本执行语句。
- 理解C51中的函数定义和调用。
- 了解C51数组的使用。
- 掌握在C51中声明和使用变量。
- 学会使用Keil软件编写、调试C51程序，确保程序的正确性。
- 通过C51语言的学习，锻炼逻辑思维和抽象思维能力。
- 具备团队合作和沟通协调能力。
- 通过项目实践，提高将理论知识应用到工程实践的能力。
- 了解程序编写中的安全规范。

导 学

待解决的问题

① 编写控制程序时可以使用什么语言？

② C51语言的变量如何使用？

③ C51语言有哪些基本语句？

内容结构图

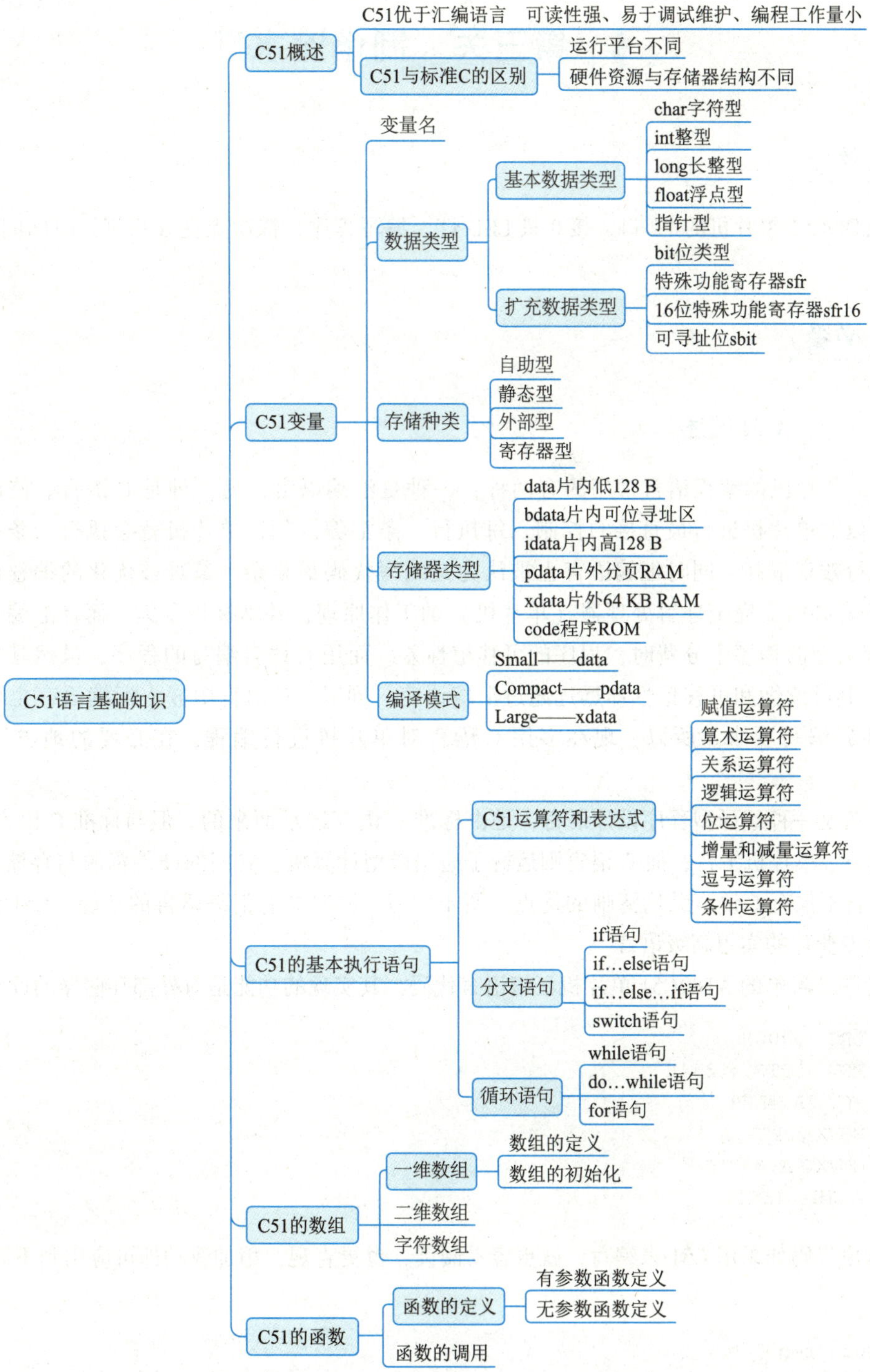
C51语言基础知识
C51概述
C51优于汇编语言　可读性强、易于调试维护、编程工作量小
C51与标准C的区别
运行平台不同
硬件资源与存储器结构不同
C51变量
变量名
数据类型
基本数据类型
char字符型
int整型
long长整型
float浮点型
指针型
扩充数据类型
bit位类型
特殊功能寄存器sfr
16位特殊功能寄存器sfr16
可寻址位sbit
存储种类
自助型
静态型
外部型
寄存器型
存储器类型
data片内低128 B
bdata片内可位寻址区
idata片内高128 B
pdata片外分页RAM
xdata片外64 KB RAM
code程序ROM
编译模式
Small——data
Compact——pdata
Large——xdata
C51的基本执行语句
C51运算符和表达式
赋值运算符
算术运算符
关系运算符
逻辑运算符
位运算符
增量和减量运算符
逗号运算符
条件运算符
分支语句
if语句
if…else语句
if…else…if语句
switch语句
循环语句
while语句
do…while语句
for语句
C51的数组
一维数组
数组的定义
数组的初始化
二维数组
字符数组
C51的函数
函数的定义
有参数函数定义
无参数函数定义
函数的调用

第三关　制作流水灯

闯关要求

使用AT89C51单片机的P2口，接8只LED灯，编写程序，依次点亮8只灯，时间间隔为0.2 s。重复循环。

闯关必备

视频

C51简介

一、C51概述

单片机的编程语言常用的有两种：一种是汇编语言，另一种是C语言。使用汇编语言可以对单片机进行最直接的控制，每执行一条汇编语句，单片机就会执行一条指令，代码执行效率很高。同时汇编语言也被认为是编写代码最复杂、最难被优化的编程语言，因为使用汇编语言必须要完全理解处理器（单片机）的工作原理，并掌握指令集，而且汇编语言编写程序尤其是较大型的程序十分费时，程序的可移植性差。而用C语言编写的程序，虽然其机器代码效率稍低，但其可读性和可移植性却远远超过汇编语言。同时，C语言中嵌入汇编语言也可以解决高实时性的代码编写要求。所以，现在多用C语言对单片机进行编程，在必要的地方用汇编语言实现。

C51语言是一种编译型程序设计语言，是由标准C语言继承而来的。但与标准C语言不同的是，C51语言运行于单片机平台，而C语言则运行于通用微型计算机，它们的硬件资源与存储器结构不一样。C51语言不仅有C语言结构清晰的优点，便于学习，同时具有汇编语言的功能。C51语言日趋成熟，已成为专业化的实用高级语言。

下面是一段简单的AT89C51单片机汇编语言代码，其实现的功能是对外部存储器的读/写操作。

```
      ORG   0000H
      MOV   DPTR,#1234H
      MOV   A,#ABH
      MOVX @DPTR,A
      MOVX  A,@DPTR
LOOP:A JMP  LOOP
```

上面这段代码如果用C51来编写，就更容易阅读，也更直观，稍加改动即可应用到不同的系统中。代码如下：

```
#include<reg51.h>
#include<absacc.h>
#define PORT XBYTE[0x1234]
void main (void)
{
```

```
    PORT=0xAB;
    ACC=PORT;
}
```

可见使用 C51 语言开发系统可以大幅缩短开发周期，明显增加程序的可读性，易于调试维护和移植，编程工作量小，可缩短开发时间。

C51 语言与汇编 ASM-51 语言相比，有如下优点：

① 要想掌握 C51 语言编程，不要求了解单片机的指令系统，仅需要对单片机的存储器结构有所了解。

② 寄存器分配、不同存储器的寻址及数据类型等细节可由编译器管理。

③ 程序有规范的结构，可分成不同的函数，这种方式可使程序结构化。

④ 提供了丰富的数据类型和函数库，极大地提高了编程效率。

⑤ 具有方便的模块化编程技术，易于程序的移植。

⑥ 中断服务程序的现场保护及恢复、中断向量表的填写等直接与单片机有关的都由 C51 编译器代为处理。

二、 C51 变量

视频

C51变量

1. 变量名

变量是一种在程序执行过程中值不断变化的量，变量在使用前必须先定义。变量的定义格式如下：

```
[存储种类]数据类型[存储器类型] 变量名
```

其中，存储种类和存储器类型是可选项。

变量的命名规则：

- 变量名是由字母、数字和下画线构成，开头字符必须是字母或下画线。
- 变量名区分大小写。
- 命名应当简单明了、含义清晰，便于理解，如 sum 表示合计值。

2. 数据类型

使用一个变量前必须为其声明一个合适的类型，以便让编译器在单片机内存中为其分配合适的空间。C51 的数据类型分为基本数据类型和扩充数据类型，首先介绍一下基本数据类型。

(1) C51 的基本数据类型

C51 的基本数据类型见表 3-1。

表 3-1 C51 的基本数据类型

数据类型	说明符	长度	数值范围
无符号字符型	unsignedchar	1 B	0~255
有符号字符型	signed char	1 B	−128~+127
无符号整型	unsigned int	2 B	0~65 535
有符号整型	signedint	2 B	−32 768~32 767

续表

数据类型	说明符	长度	数值范围
有符号长整型	signedlong	4 B	-214 783 648~214 783 647
无符号长整型	unsigned long	4 B	0~4 294 967 295
单精度浮点型	float	4 B	1. 18E-38~ 3. 40E38
指针型	*	1~3 B	对象的地址

① char 字符类型：长度是 1 B，通常用于定义处理字符数据的变量或常量。它分无符号字符类型 unsigned char 和有符号字符类型 signed char，默认值为 signed char 类型。unsigned char 类型用字节中所有的位来表示数值，所能表达的数值范围是 0~255。signed char 类型用字节中最高位字节表示数据的符号，“0”表示正数，“1”表示负数，负数用补码表示。所能表示的数值范围是-128~+127。unsigned char 类型常用于处理 ASCII 字符或用于处理小于或等于 255 的整型数。例如：

```
char a;                //定义一个有符号字符变量 a
unsigned char b;       //定义一个无符号字符型变量 b
```

提示：正数的补码与原码相同，负二进制数的补码等于它的绝对值按位取反后加 1。

② int 整型：长度为 2 B，用于存放一个双字节数据。int 整型分有符号整型数（signed int）和无符号整型数（unsigned int），默认值为 signed int 类型。signed int 类型表示的数值范围是-32 768~+32 767，字节中最高位表示数据的符号，“0”表示正数，“1”表示负数。unsigned int 类型表示的数值范围是 0~65 535。例如：

```
int i,j;               //定义两个整型变量 i 和 j
unsigned int m,n;      //定义两个无符号整型变量 m 和 n
```

③ long 长整型：长度为 4 B，用于存放一个 4 B 数据。long 长整型分有符号长整型（signed long）和无符号长整型（unsigned long），默认值为 signed long 类型。signed long 类型表示的数值范围是-2 147 483 648~+2 147 483 647，字节中最高位表示数据的符号，“0”表示正数，“1”表示负数。unsigned long 类型表示的数值范围是 0~4 294 967 295。例如：

```
long a,b;              //定义两个长整型变量 a 和 b
```

④ float 浮点型：在十进制中具有 7 位有效数字，是符合 IEEE 754 标准的单精度浮点型数据，占用 4 B。例如：

```
float c,d;             //定义两个浮点型变量 c 和 d
```

⑤ 指针型：指针型变量用来指向变量或数据的地址，它本身就是一个变量，在这个变量中存放的是指向另一个变量或数据的地址。指针变量要占据一定的内存单元，对不一样的处理器长度也不尽相同。在 C51 语言中指针型变量的长度一般为 1~3 B。

(2) C51 的扩充数据类型

C51 的扩充类型并不是标准 C 语言的数据类型，而是 Keil 编译器为了能直接访问 51 单片机中的特殊功能寄存器而提供的数据类型。表 3-2 所示为 C51 的扩充数据类型。

表 3-2　C51 的扩充数据类型

位 类 型	bit	1b	0 或 1
特殊功能寄存器	sfr	1B	0~255
16 位特殊功能寄存器	sfr16	2B	0~65 535
可寻址位	sbit	1b	0 或 1

① bit 位类型：C5l 语言编译器的一种扩充数据类型，利用它可定义一个位变量，但不能定义位指针，也不能定义位数组。它的值是一个二进制位，不是 0 就是 1，类似一些高级语言中的 boolean 类型中的 True 和 False。

② 特殊功能寄存器 sfr：51 单片机内部定义了 21 个特殊功能寄存器，不连续地分布在片内 RAM 的高 128 B 中。sfr 也是一种扩充数据类型，占用一个内存单元，取值范围 0~255。利用它能访问 51 单片机内部的所有 8 位特殊功能寄存器。例如：

```
sfr P0 = 0x80;          //定义 P0 为 P0 端口在片内的寄存器,P0 端口地址为 0x80
```

用 sfr 定义特殊功能寄存器地址的格式为：

```
sfr 特殊功能寄存器=特殊功能寄存器地址;
```

③ 16 位特殊功能寄存器 sfr16：与 sfr 不同的是 sfr16 用来定义 16 位特殊功能寄存器，占用两个内存单元，取值范围为 0~65 535。例如：

```
sfr16 T2=0xcc;          //定义定时器 T2,其地址为 T2L:0xcc,T2H:0xcd
```

④ 可寻址位 sbit：sbit 类型也是 C51 的一种扩充数据类型，利用它可以访问单片机内部 RAM 中的可寻址位或特殊功能寄存器中的可寻址位。51 单片机中有 11 个特殊功能寄存器具有位寻址功能。例如：

```
sbit LED=P1^0;          //用 LED 表示 P1 口中的 P1.0 引脚
```

3. 存储种类

变量的存储方式可分为静态存储和动态存储两大类。静态存储变量通常在变量定义时就分配存储单元并一直保持不变，直至整个程序结束。动态存储变量在程序执行过程中使用它时才分配存储单元，使用完毕立即释放。

因此，静态存储变量是一直存在的，而动态存储变量则时而存在、时而消失。

(1) 自动型（auto）

具有 auto 属性的变量称为自动型变量，是 C 语言中使用最广泛的一种类型。自动型变量的作用域在定义该变量的函数体或语句组内。当函数调用结束或语句组执行完毕时，自动型变量所占用的存储单元就被释放。自动型是存储种类的默认选项，定义变量时如果省略存储种类则变量就是自动型变量。

(2) 静态型（static）

具有 static 属性的变量称为静态型变量。静态型变量的作用域是定义它的函数体、程序文件或语句组。静态型变量具有变量的隐藏性、存储持久性和默认 0 初值 3 个特点。

(3) 外部型（extern）

具有 extern 属性的变量称为外部型变量。凡是在所有函数之前，在函数外部定义的变量都是外部变量。如果变量的定义与使用不在同一个作用域内，则用 extern 声明后就能将原作用域扩展到声明所在的位置，从而将变量值带到新的作用域内。变量被声明为 extern 后可分配固定的存储单元，并在程序的整个执行期内始终有效。

(4) 寄存器型（register）

具有 register 属性的变量称为寄存器型变量。寄存器型变量存放在 CPU 的寄存器中，使用它时不需要访问内存，而直接从寄存器中读/写，这样可提高效率。但是，随着编译器技术不断优化，现在编译器已经能将数据交换过于频繁的变量自动放入寄存器中，因而进行 register 声明的必要性已经不大。

4. 存储器类型

定义变量时，还可以说明变量的存储器类型，指定该变量的存储空间位置。为了合理使用 51 单片机的存储空间，C51 将 3 个物理存储空间细分成 6 个存储类型区。片内低 128 B RAM 空间被划分成 data 和 bdata 两个存储区，高 128 B RAM 被作为 idata 存储区，片内外统一 ROM 空间被作为 code 存储区，片外 RAM 空间被划分成 xdata 和 pdata 两个存储区。不同存储区各有特点，适合不同类型的变量。C51 存储器类型及 51 单片机存储器结构的关系见表 3-3。

表 3-3　C51 存储器类型

存储器类型	存 储 空 间	功 能 描 述
data	片内低 128 B	直接寻址的内部数据存储器，访问速度最快
bdata	片内可位寻址区	可位寻址的内部数据存储器，允许位和字节混合访问
idata	片内高 128 B	间接访问的内部数据存储器，允许访问全部地址空间
pdata	片外分页 RAM	分页寻址的外部数据存储器
xdata	片外 64 KB RAM	外部数据存储器
code	程序 ROM	程序存储器

如表 3-3 所示，每个变量可准确地赋予不同的存储器类型。访问内部数据存储器（idata）要比访问外部数据存储器（xdata）相对快一些，因此，可将经常使用的变量置于内部数据存储器中，而将较大及很少使用的数据单元置于外部数据存储器中。

变量的存储器类型可以和变量的数据类型一起使用。例如：

```
int data i;          //整型变量 i 定义在内部数据存储器中
int xdata j;         //整型变量 j 定义在外部数据存储器中
```

5. 编译模式

实际应用中，用户对单片机存储器的需求差别很大，小型系统只需要使用片内 RAM 即可满足要求，而大型系统则需要扩展片外 RAM 才能满足需求，为此，C51 编译器中设立了 3 种编译模式供用户选择，包括小型编译模式（small）、精简编译模式（compact）和大型编译模式（large），C51 编译器支持的存储器模式见表 3-4。

表 3-4 C51 编译器支持的存储模式

存储器模式	功 能 描 述
small	参数及局部变量直接放入可直接寻址的内部存储器，默认类型为 data
compact	参数及局部变量分页放入外部存储器，默认类型为 pdata
large	参数及局部变量直接放入外部存储器，默认类型为 xdata

(1) small 模式

所有变量默认位于内部数据存储器，这和使用 data 存储器类型标识符明确声明是相同的。该模式变量访问非常有效且速度非常快，但所有数据对象和堆栈必须放在内部 RAM 中，堆栈空间面临溢出的危险。使用堆栈空间决定于不同函数嵌套的深度，因而对堆栈的尺寸要求严格。

(2) compact 模式

此模式下所有变量被定义在分页寻址的外部数据存储器（256 B）内，具体的页数由 P2 口指定。采用这种编译模式，变量的高 8 位地址由 P2 口确定，低 8 位地址由 R0 或 R1 的内容决定。这与使用 pdata 存储器类型标识符明确声明是相同的。该模式的效率不如 Small 模式的效率高，变量的访问速度也不如 Small 模式的访问速度快，但是比 Large 模式的访问速度快。

(3) large 模式

在此模式下，所有变量默认位于外部数据存储器（最大可达 64 KB），这和使用 xdata 存储器类型标识符明确声明是相同的。寻址使用数据指针（DPTR）寻址，但是通过 DPTR 进行存储器的变量访问效率低，特别是对多字节变量操作尤为明显。该模式的数据访问比 small 模式和 compact 模式生成的代码多，但存储效率比这两种模式都低。

因此，small 模式的使用较为优先，它可生成最快、最紧凑和最有效的代码。通常可以明确指定变量的存储位置。仅当该模式不适合应用或操作时才会选择 compact 模式和 large 模式。

C51 的存储模式确定了用于函数自变量、自动变量和无明确存储类型变量的默认存储器类型，用存储器类型标识符明确声明一个变量，优先于默认存储器类型。

三、 C51 的基本执行语句

1. C51 运算符和表达式

(1) 赋值运算符

在 C51 程序中，符号“=”称为赋值运算符，由“=”连接的式子称为赋值表达式。其一般形式为：

```
变量=表达式
```

赋值运算符的功能是计算表达式的值再赋予左边的变量。例如：

```
a=1;                //将 1 赋给变量 a
b=0x75;             //将十六进制数 0x75 赋予变量 b
c=a+b;              //将表达式 a+b 的值赋予 c
```

在 C 语言程序设计中，经常使用复合赋值运算符对变量进行赋值。复合赋值运算符就是在赋值运算符“=”之前加上其他运算符，见表 3-5。

表 3-5　复合赋值运算符

运 算 符	功　能	示　例	说　明
+=	加法赋值	a+=20	a=a+20
-=	减法赋值	a-=20	a=a-20
*=	乘法赋值	a*=20	a=a*20
/=	除法赋值	a/=20	a=a/20
%=	取余赋值	a%=20	a=a%20

在程序中使用复合赋值运算符，可以简化程序，有利于编译处理，提高编译效率并产生质量较高的目标代码。

(2) 算术运算符

C51 基本算术运算符有+、-、*、/和%。以算术运算符、变量、常量和括号构成的式子称为算术表达式。算术运算符见表 3-6。

表 3-6　算术运算符

运 算 符	功　能	示　例	说　明
+	加	C=A+5	将 A 的值与 5 相加的和赋予 C 变量
-	减	C=A-B	A 变量的值减去 B 变量的值，将结果赋予 C 变量
*	乘	C=A*B	将变量 A 和 B 相乘的结果赋予 C 变量
/	除	C=A/B	A 变量的值除以 B 变量的值，将商赋予 C 变量
%	取余	C=A%B	A 变量的值除以 B 变量的值，将余数赋予 C 变量

其中，加、减和乘法都符合一般的算术运算规则，但除法和取余有所不同。如果两个整数相除，其结果为整数，则舍去小数部分；如果是两个浮点数相除，则其结果为浮点数。取余运算要求两个运算对象均为整型数据。例如：

```
int a,b,c;
a=7;
b=3;
c=7/3;          //c=2
c=7%3;          //c=1
```

(3) 关系运算符

关系运算符用于处理数值的大小关系，用关系运算符将两个表达式连接起来称为关系表达式。C51 的关系运算符见表 3-7。

表 3-7　关系运算符

运 算 符	功　能	示　例	说　明
>	大于	A>B	变量 A 的值大于变量 B 的值则结果为 1，否则为 0
<	小于	A<B	变量 A 的值小于变量 B 的值则结果为 1，否则为 0
>=	大于或等于	A>=B	变量 A 的值大于或等于变量 B 的值则结果为 1，否则为 0

续表

运　算　符	功　　能	示　　例	说　　明
<=	小于或等于	A<=B	变量 A 的值小于或等于变量 B 的值则结果为 1，否则为 0
==	相等	A==B	变量 A 和 B 的值相等时结果为 1，否则为 0
!=	不相等	A!=B	变量 A 和 B 的值不相等时结果为 1，否则为 0

提示： 关系表达式的结果是一个逻辑值，即真假值，1 代表真，0 代表假。当指定的条件满足时，结果为 1，不满足时结果为 0。

例如：

```
int a,b,c,d;
a=5;
b=3;
c=a>b;              //执行后 c=1
d=a<b;              //执行后 d=0
```

(4) 逻辑运算符

C51 中有以下 3 种逻辑运算符，见表 3-8。用逻辑运算可将关系表达式或逻辑量连接起来，称为逻辑表达式。

表 3-8　逻辑运算符

符　　号	功　　能	示　　例	说　　明
‖	逻辑或	(A>5)‖(B<0)	当变量 A 的值大于 5 或者变量 B 的值小于 0 时结果为 1，否则为 0
&&	逻辑与	(A>0)&&(B>0)	当变量 A 的值大于 0 并且变量 B 的值大于 0 时结果为 1，否则为 0
!	逻辑非	!(A>B)	变量 A 的值大于变量 B 的值则结果为 0，否则为 1

逻辑运算符“!”的优先级最高，其次为“&&”，最低为“‖”。与其他运算符比较，优先级从高到低的排列顺序如下：

!→算术运算符→关系运算符→&&→‖→赋值运算符

(5) 位运算符

在 51 单片机应用系统设计中，对 I/O 端口的操作是非常频繁的，因此往往要求程序在位（bit）一级进行运算或处理，因此，编程语言要具有强大灵活的位处理能力。C51 语言直接面对 51 单片机硬件，提供了强大灵活的位运算功能，使得 C 语言也能像汇编语言一样对硬件直接进行操作。

C51 提供了 6 种位运算符，位运算符的作用是按位对变量进行运算，但不能用来对浮点型数据进行操作，见表 3-9。

表 3-9　位运算符

符　　号	功　　能	示　　例	说　　明
&	与	C=A&B	将 A 和 B 变量的每一位进行与运算，将结果放入 C 变量
|	或	C=A|B	将 A 和 B 变量的每一位进行或运算，将结果放入 C 变量

续表

符　号	功　能	示　例	说　明
^	异或	C=A^B	将 A 和 B 变量的每一位进行异或运算，将结果放入 C 变量
~	取反	A=~B	将变量 B 的每一位进行取反，并将结果存入 A
<<	左移	B=A<<4	将变量 A 的值左移 4 位，并将结果存入 B
>>	右移	B=A>>4	将变量 A 的值右移 4 位，并将结果存入 B

位运算符的真值表见表 3-10。

表 3-10　位运算符的真值表

位变量 1	位变量 2	位　运　算				
a	b	~a	~b	a & b	a | b	a ^ b
0	0	1	1	0	0	0
0	1	1	0	0	1	1
1	0	0	1	0	1	1
1	1	0	0	1	1	0

按位与运算通常用来对某些位清零或保留某些位，按位或运算经常用于把指定位置 1、其余位不变的操作。例如，要保留 P1 口的 P1.0 及 P1.1 两位，可以让 P1 和 0x03（即二进制数 00000011B）做与（&）运算；要清除 P1 口的 P1.4~P1.7 位，可以让 P1 和 0x0f（即二进制数 00001111B）做与运算；而要将 P1 的高 4 位即 P1.4~P1.7 置 1，则需要将 P1 和 0x0f 做或运算。

左移运算符“<<”的运算规则是高位舍弃，低位补 0。例如：

```
int a=00100110,b;
b=a<<3;        //将 a 向左移 3 位的值赋予 b,执行此语句后 b=00110000
```

右移运算符“>>”的运算规则是将“>>”左边的操作数的各二进制数全部右移若干位，移动的位数由“>>”右边的常数指定。进行右移运算时，如果是无符号数，则总是在其左端补“0”；对于有符号数，在右移时，符号位将随同移动。当为正数时，最高位补 0，而为负数时，符号位为 1，最高位是补 0 还是补 1 取决于编译系统的规定。例如，a=0x95，如果 a 为无符号数，则 a>>2 表示把 10010101B 右移两位得到 00100101B；如果 a 为有符号数，则 a>>2 表示把 10010101B 右移两位得到 11100101B。

(6) 增量和减量运算符

C51 还提供一种特殊的运算符，即++（增量）和--（减量）运算符，见表 3-11。

表 3-11　增量和减量运算符

运　算　符	功　能	示　例	说　明
++	加 1	i++	i 的值加 1
--	减 1	i--	i 的值减 1

增量和减量运算符只能用于变量，不能用于常数或表达式。而且在使用时还要注意运算符的位置。例如，“++i”与“i++”的意义不同，前者为在使用 i 前先使 i 的值加 1，而后者则是在使用 i 之后使 i 的值加 1。例如：

```
int a,b,c,d;
a=2;
b=3;
c=a++;              //执行此语句后 c=2,a=3
d=++b;              //执行此语句后 d=4,b=4
```

(7) 逗号运算符

逗号运算符用于将几个表达式连接在一起，其一般形式如下：

```
表达式 1,表达式 2,…,表达式 n
```

逗号运算符的运算顺序为从左到右，整个逗号表达式的值是最右边表达式的值。例如：

```
x=(y=3,y+7);          //执行结果是 y=3,x=y+7=10
```

(8) 条件运算符

条件运算符“?:”有 3 个运算对象，用此运算符可以将 3 个表达式连接构成一个条件表达式。其一般形式如下：

```
逻辑表达式?表达式 1:表达式 2
```

首先计算逻辑表达式，其值为真时，整个表达式的值为表达式 1 的值，如果条件为假，则整个表达式的值为表达式 2 的值。例如：

```
int a,b,max;
a=7;
b=15;
max=(a>b)?a:b;
```

执行结果：max=15

视 频

C51分支语句

2. 分支语句

(1) if 语句

第一种形式：

```
if(表达式) 语句;
```

其语义是：如果表达式的值为真，则执行其后的语句，否则不执行该语句，语句执行过程如图 3-1 所示。

例如：

```
if(a==0)
   P1=0xff;
```

第二种形式为：

```
if(表达式)
   语句 1;
else
   语句 2;
```

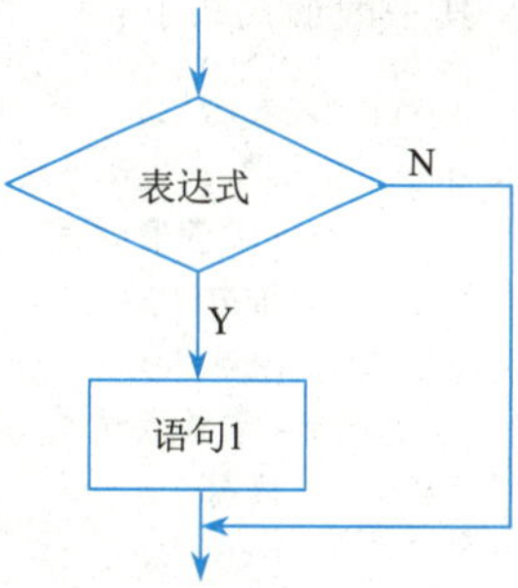

图 3-1　if 语句的执行过程

其语义是：如果表达式的值为真，则执行语句 1，否则执行语句 2，语句执行过程如图 3-2 所示。

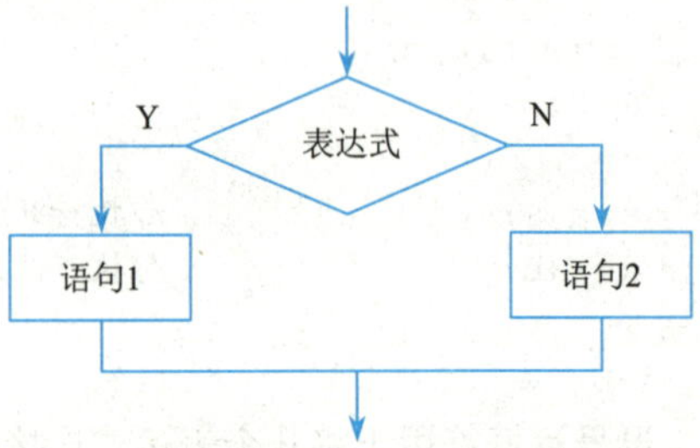

图 3-2　if...else 语句的执行过程

例如，求两个变量的最大值。

```
if(a>b)
    max=a;
else
    max=b;
```

第三种形式：

```
if(表达式 1)
    语句 1;
else if(表达式 2)
    语句 2;
else if(表达式 3)
    语句 3;
…
else if(表达式 n)
    语句 n;
else
    语句 n+1;
```

其语义是：依次判断表达式的值，当出现某个值为真时，则执行其对应的语句。然后，跳到整个 if 语句之外继续执行程序。如果所有的表达式均为假，则执行语句 n+1。然后继续执行后续程序。语句执行过程如图 3-3 所示。

例如，求 3 个变量的最大值。

```
if(a>b)
  max=a;
  else if(b>a)
     max=b;
       else if (c>max)
         max=c;
```

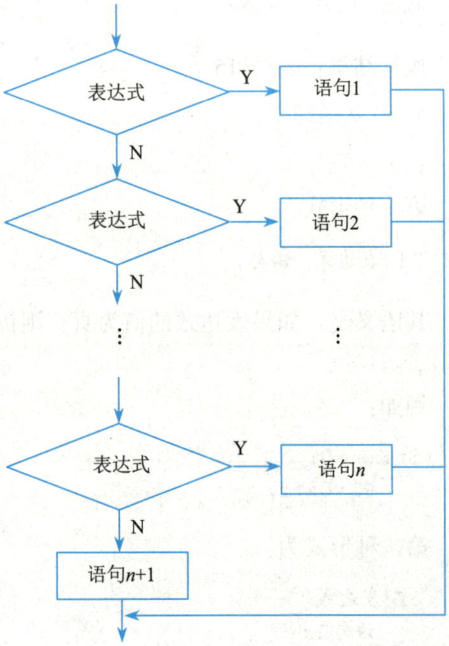

图 3-3　if...else...if 语句的执行过程

(2) switch 语句

C 语言还提供了另一种用于多分支选择的 switch 语句。其一般形式如下：

```
switch(表达式)
{
    case 常量表达式 1:
        语句 1;
        break;
    case 常量表达式 2:
        语句 2;
        break;
        …
    case 常量表达式 n:
```

```
        语句 n;
        break;
    default:语句 n+1;
}
```

其语义是：计算表达式的值，并逐个与其后的常量表达式值相比较，当表达式的值与某个常量表达式的值相同时，即执行其后的语句；当表达式的值与所有 case 后的常量表达式均不相同时，则执行 default 后的语句。语句执行过程如图 3-4 所示。

例如，根据 x 变量的值，从 P2 口输出不同的值。

```
switch(x)
{
    case 1:P2=0xfe;
        break;
    case 2:P2=0xfd;
        break;
    case 3:P2=0xfb;
        break;
    case 4:P2=0xf7;
        break;
    case 5:P2=0xef;
        break;
    case 6:P2=0xdf;
        break;
    case 4:P2=0xbf;
        break;
    default:P2=0x7f;
}
```

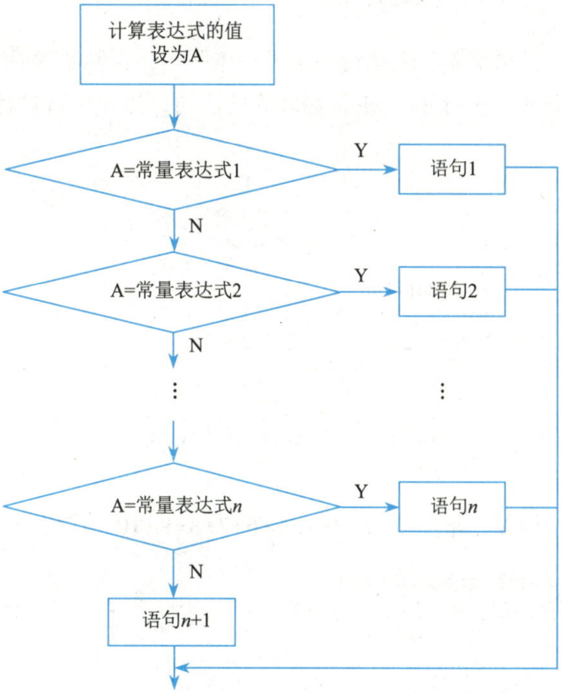

图 3-4　switch 语句的执行过程

3. 循环语句

(1) while 语句

```
while(表达式)
{
    循环体语句;
}
```

其语义是：表达式的值为真时，执行循环体语句，否则跳过循环，执行 while 循环后的语句。语句执行过程如图 3-5 所示。

例如，求 s=1+2+3+4+5+6+7+8+9+10。代码如下：

```
unsigned int s,i;
s=0;
i=1;
while(i<=10)
{
    s=s+i;
```

```
    i++;
}
```

(2) do…while 语句

```
do
{
    循环体语句;
} while(表达式);
```

其语义是：先执行一次循环体语句，再判断表达式的值。若为真时，继续执行循环语句，否则退出循环，执行 do…while 循环后的语句。语句执行过程如图 3-6 所示。

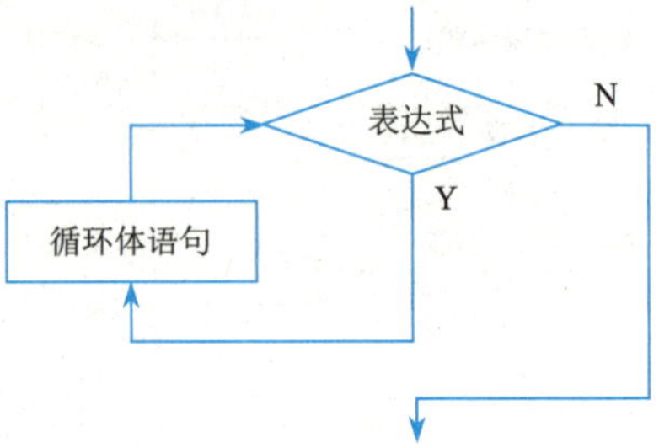

图 3-5　while 循环的执行过程

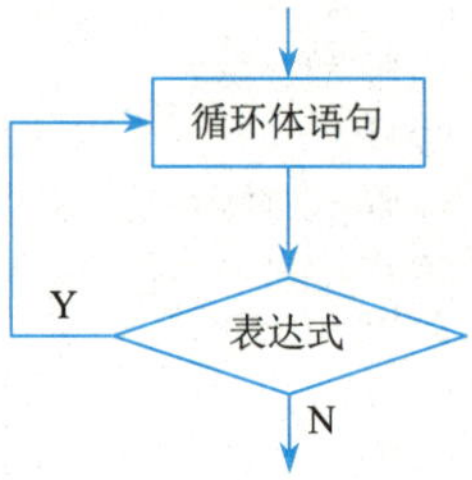

图 3-6　do…while 循环的执行过程

例如，求 s=1+2+3+4+5+6+7+8+9+10。代码如下：

```
unsigned int s,i;
s=0;
i=1;
do
{
    s=s+i;
    i++;
} while(i<=10);
```

(3) for 语句

在 C 语言中，for 语句使用最灵活，它完全可以取代 while 语句。其一般形式如下：

```
for(表达式 1;表达式 2;表达式 3)
{
    语句组;
}
```

其执行过程如下：

① 先求解表达式 1。

② 求解表达式 2，若其值为真，则执行 for 语句中指定的循环语句，然后执行下面第③步；若其值为假，则结束循环，转到第⑤步。

③ 求解表达式 3。

④ 转回上面第②步继续执行。

⑤ 循环结束，执行 for 语句下面的一条语句。

语句执行过程如图 3-7 所示。

例如，求 1~10 十个数字的和。代码如下：

```
unsigned int s,i;
s=0;
for(i=1;i<=10;i++)
s=s+i;
```

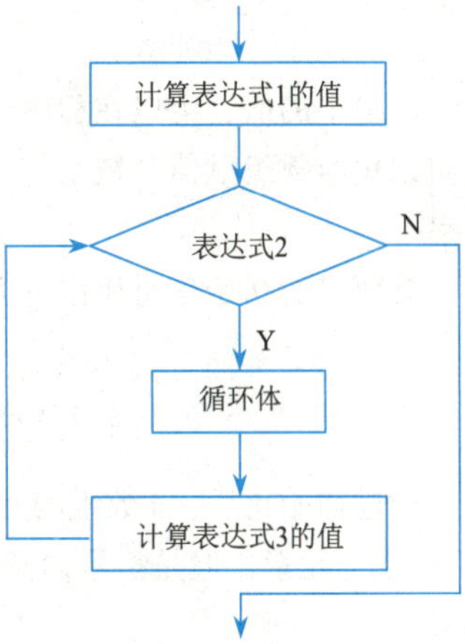

图 3-7 for 循环的执行过程

四、C51 的数组

数组是一组具有固定数目和相同类型的变量的有序集合。数组中变量的类型为该数组的基本类型。例如，整型变量的有序集合称为整型数组，字符型变量的有序集合称为字符型数组。这些整型或字符型变量，称为数组元素。

构成一个数组的元素必须是同一类型的变量，不允许在同一数组中出现不同类型的变量。

视频

C51数组

1. 一维数组

（1）一维数组的定义

一维数组的声明方式如下：

```
类型说明符 数组名[常量表达式]
```

类型说明符是指数组中的各个数组元素的数据类型；数组名是用户定义的数组标识符；方括号中的常量表达式表示数组元素的个数，也称数组的长度。例如：

```
char ch[10];
```

该例定义了一个一维字符数组，有 10 个元素，分别为 ch[0]、ch[1]、ch[2]、…、ch[9]，其中方括号中的数字表示数组的下标。C 语言中，数组的下标是从 0 开始的。

定义数组时，应注意以下几点：

① 数组的变量的类型都是相同的。

② 数组名的命名要符合标识符的命名规则。

③ 数组名不能与其他变量同名。

④ 方括号中的数组长度表达式不可以是变量，但可以是符号常数或常量表达式。例如：

```
#define C1 5                //定义符号常数
void main()
{
    int a[C1],b[3+5];
    …
}
```

⑤ 可以在同一个类型说明中，说明多个数组和多个变量。例如：

```
int a,b,c,d[15],e[20];
```

(2) 数组的初始化

数组中的值，可以在程序运行期间，通过循环和键盘输入语句进行赋值，也可以在定义数组时通过初始化给数组赋值，数组初始化赋值是在编译阶段进行的，可以减少程序运行时间，提高程序执行效率。

对数组的初始化可用以下方式进行：

```
int a[5]={0,1,2,3,4};          //对数组 a 的全部元素赋予初值
int b[10]={0,1,2,3,4};         //对 b 数组的前 5 个元素赋值
```

经过初始化后，a 数组的元素分别为 a[0]=0，a[1]=1，a[2]=2，a[3]=3，a[4]=4。而数组 b 拥有 10 个元素，但是括号内只有 5 个初值，则数组的前 5 个元素被赋予初值，其他元素赋予 0 作为初值。

在定义数组时，若不对数组的全部元素赋初值，则数组的全部元素均默认被赋值为 0。

提示：数组长度和数组元素下标在形式上有些类似，但这两者具有完全不同的含义。数组说明的方括号中给出的是长度，即可取下标的最大值加 1；而数组元素的下标是该元素在数组中的位置标识。前者只能是常量，后者可以是常量、变量或表达式。

2. 二维数组

(1) 二维数组定义

二维数组的声明方式如下：

```
类型说明符 数组名[常量表达式 1][常量表达式 2];
```

其中，常量表达式 1 表示第一维下标的长度，代表数组的行数；常量表达式 2 表示第二维下标的长度，代表数组的列数。二维数组的数组元素总数是两个长度的乘积，数组元素的下标一律是从 0 开始。例如：

```
int a[2][3];
```

以上语句声明了一个具有 2 行 3 列共 6 个元素的整型二维数组 a。

二维数组的存取顺序是按行存取，即在内存中先存放第 0 行的元素，再存放第 1 行的元素，同一行再按照列顺序存放。刚才定义的 a [2] [3] 的存放形式如下：

```
a[0][0] a[0][1] a[0][2]
a[1][0] a[1][1] a[1][2]
```

(2) 数组的初始化

① 整体赋值：二维数组的初始化可按存储顺序整体赋值。例如：

```
int a[2][3]={1,2,3,4,5,6};     //对数组 a 的全部元素赋予初值
```

赋值结果为 a[0][0]=1，a[0][1]=2，a[0][2]=3，a[1][0]=4，a[1][1]=5，a[1][2]=6。

② 按每行分别赋值：二维数组按每行分别赋值，每行的值用 {} 括起来。例如：

```
int b[3][4]={{0,1,2,3},{4,5,6,7},{8,9}};
```

赋值后，b 数组的第一行元素的值为 0、1、2、3，第 2 行元素的值为 4、5、6、7，第 3 行前 2 个元素的值为 8、9，后两个元素默认赋值为 0。

3. 字符数组

数组元素为字符类型的数组称为字符数组。显然，字符数组是用来存放字符串的。在字符数组中，一个元素存放一个字符，所以可以用字符数组来存储长度不同的字符串。

(1) 字符数组的定义

字符数组的定义与数组定义的方法类似。例如 char a[10]，定义了一个可以放 10 个字符的一维字符数组。

(2) 字符数组的初始化

给字符数组赋初值的最直接的方法是将各字符逐个赋给数组中的各个元素。例如：

```
char a[9]={'B','e','i', '-','J','i','n','g','\0'};       //定义字符数组 a
```

以上语句定义了一个字符型数组 a，有 9 个数组元素，并且将 9 个字符（其中包括一个字符串结束标志'\0'）分别赋给 a[0]~a[8]。

还可以用字符串的形式来对字符数组元素进行赋值。例如：

```
char a[9]={"Bei-Jing"};
char a[]="Bei-Jing";
```

提示：字符串是以'\0'作为结束标志的，因此当把一个字符串存入数组时，也把结束标志作为最后一个元素存入了数组。所以，a 数组的最后一个元素为'\0'，而不是'g'。

五、 C51 的函数

视频

C51函数

为了实现模块化编程，C 语言使用了子程序的概念，而子程序的功能通过函数来实现。C51 函数分为标准库函数和用户自定义函数。标准库函数是 Keil C51 编译器提供的，可以直接调用，用户自定义函数是用户根据自己的需要编写的，必须先进行定义之后才能被主函数 main()调用。

每个 C 语言程序必须有且仅有一个主函数 main()，主函数不能有形参和返回值，不能被其他函数调用。主函数的函数体是设计者根据自己的需要编写的主程序，在主程序里可以调用其他子函数但不包括中断函数。主函数是程序的入口，程序的执行总是从主函数开始，再调用其他函数后返回主函数。不管程序中函数的排序如何，最后都是在主函数中结束整个程序。

1. 函数的定义

函数主要分为有参数函数和无参数函数。

(1) 有参数函数定义

```
函数的类型 函数名([形式参数表])
{
    局部变量定义;
    函数体语句;
}
```

其中：

- 函数的类型说明了自定义函数返回值的类型。
- 函数名是用标识符表示的自定义函数的名字。
- 形式参数表中列出了主调用函数与被调用函数之间传递的数据，形式参数的类型必须加以说明。形参变量的声明同定义普通变量一样，格式如下：

```
形参变量数据类型 [形参变量存储位置] 形参变量名称
```

- 在函数体中定义的变量称为局部变量，局部变量只能在定义它们的函数体里使用，在函数体开始大括号“ {”之后定义。
- 函数体语句是为完成该函数的特定功能而设置的各种语句。函数体的最后一句是 return，用来处理函数的返回值。
- 在该函数被调用时，主函数会将具体数据传递给形参变量，也就是说，没发生函数调用之前，这个函数的形参变量没有实际意义。

例如：

```
void delay(unsigned int i)      //定义一个没有返回值的函数 dalay()，其形参为无符号整型变量 i
{                               //花括号内是函数体
    unsigned int k;             //局部变量
    for(k=0;k<i;k++);
}
```

(2) 无参数函数的定义

一个函数可以没有形式参数变量和返回值。定义格式如下：

```
类型说明符 函数名(void)
{
    函数体语句
}
```

2. 函数的调用

函数调用就是在一个函数体中引用另外一个已经定义的函数，前者称为主调用函数，后者称为被调用函数。C51 程序中，函数调用的一般形式如下：

```
函数名(实际参数表)
```

其中：

- 函数名指出被调用的函数。
- 实际参数表中可以包括多个实际参数，各个参数之间用逗号“,”分开。实际参数的作用是将它的值传递给被调用函数中的形式参数。

> **提示：**
>
> ① 函数调用中的实际参数与函数定义中的形式参数必须在个数、类型及顺序上严格保持一致，以便将实际参数的值正确地传递给形式参数，否则在函数调用时会产生错误。
>
> ② 如果调用的是无参函数，则可以没有形式参数表，但圆括号“()”不能省略。

例如，求两个数中的最大数。代码如下：

```
//定义求两个数最大值的函数
int max(int a,int b)              //函数类型为整型,a、b 为形式参数
{
    int c;                        //定义函数的局部变量 c,用来保存最大数
    if(a>b)
        c=a;
    else
        c=b;
        return(c);                //返回函数值
}
//调用求最大值的函数
void main()                       //主函数
{
    int x,y,z;
    x=8;
    y=5;
    z=max(x,y);                   //调用 max()函数,x 和 y 为实参
}
```

开始闯关

视频 流水灯的制作

闯关任务及过程如下：

① 闯关任务：制作流水灯。

② 任务分析：使用单片机 AT89C51 控制 8 个 LED 灯循环点亮，即从上向下依次点亮，间隔很短的时间熄灭，再从下向上依次点亮，间隔很短的时间熄灭。

③ 电路设计，如图 3-8 所示。

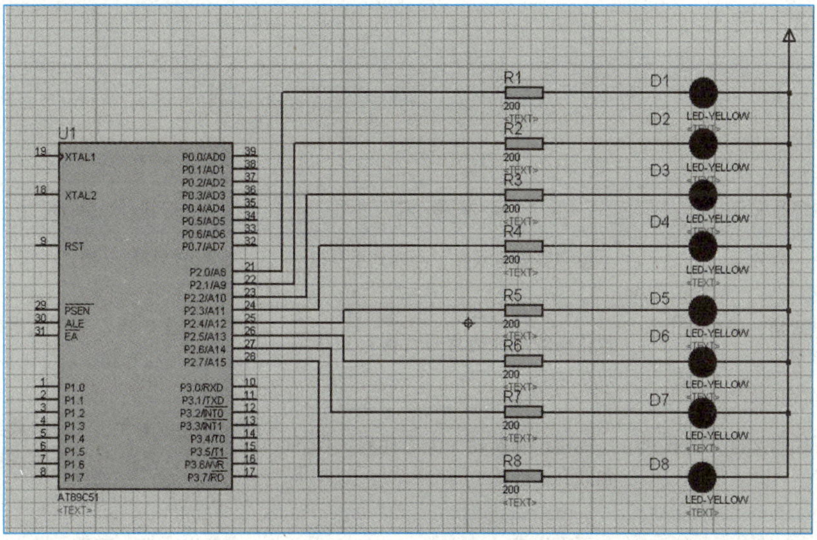

图 3-8　流水灯电路图

④ 源程序设计：

```
#include<reg51.h>
#define uchar unsigned char
void delay(unsigned int i)          //定义延时函数,其形式参数为无符号整型变量 i
{
    unsigned int m,n;
    for(m=0;m<i;m++)
        for(n=0;n<110;n++);
}
void main()                         //主函数
{
    uchar i,j;
    while(1)
    {
        j=0x01;                     //设置 j 的初值为 0x01
        for(i=0;i<8;i++)            //for 循环,循环次数为 8 次
        {
            P2=~j;                  //将变量 j 的值按位取反后赋予 P2 控制 LED 灯的亮灭
            delay(200);             //调用延时函数,实参为 200
            j=j<<1;                 //将 j 左移一位
        }
        j=0x80;                     //设置 j 的初值为 0x80
        for(i=0;i<8;i++)
        {
            P2=~j;
            delay(200);
            j=j>>1;                 //将 j 右移一位
        }
    }
}
```

⑤ 闯关评价：

考核内容及配分	技 术 要 求	评 分 标 准	得分
1. 纪律与出勤：10 分	遵守实验室秩序、不迟到不早退	违反纪律视情况扣分	
2. Keil 软件中新建、保存一个工程文件：10 分	能够正确新建一个工程文件、选取正确的单片机型号并保存到指定位置	不会建立工程、单片机型号选取错误且没有保存到指定位置不得分	
3. 新建一个源代码文件并加载到工程中：20 分	能够正确新建一个源代码文件并加载到工程里	不会建立文件、没有加载到工程中不得分；程序出现语法或拼写错误根据情况酌情扣分	
4. 生成 hex 文件：10 分	正确生成 . hex 文件	不能生成 . hex 文件不得分	

续表

考核内容及配分	技术要求	评分标准	得分
5. Proteus 软件中新建一个设计文件并保存到指定位置：15 分	使用 Proteus 正确新建一个设计文件	不能够新建一个设计文件并保存在指定位置不得分	
6. 根据需要画出电路图：25 分	正确选取、放置元件并设置元件属性，画出电路图	画错不得分，若部分元件选择错误或连线错误根据情况酌情扣分	
7. 仿真调试：10 分	正确显示项目预期效果	灯不亮或没按预期依次发光不得分，部分灯不亮或有问题则酌情扣分	

关卡更新

视频

制作可控灯

制作可控灯：用 AT89C51 的 P2 口，接 8 只发光二极管，控制 8 只发光二极管组合显示规定的任意花样图案。例如，按如下顺序亮灯：D1D8、D2D7、D3D6、D4D5、D3D6、D2D7、D1D8，最后全部熄灭。电路图参见图 3-8。

程序如下：

```
#include <reg51.h>
#define uchar unsigned char
uchar table[]={0x7e,0xbd,0xdb,0xe7,0xdb,0xbd,0x7e,0xff};     //定义数组
void delay(unsigned int i)                    //定义延时函数
{
    unsigned int m,n;
    for(m=0;m<i;m++)
    for(n=0;n<110;n++);
}
void main()                                   //主函数
{
    uchar i;                                  //定义无符号字符型变量 i 作为循环次数
    while(1)
    {
        for(i=0;i<8;i++)
        {
            P2=table[i];                      //将数组的第 i 个元素赋予 P2
            delay(200);                       //调用延时函数,实参为 200
        }
    }
}
```

关卡难度进阶

制作心形灯：使用 16 盏 LED 灯摆出心形造型，并由单片机的 P0 端口和 P2 端口控制心形灯亮灭。电路设计图如图 3-9 所示。

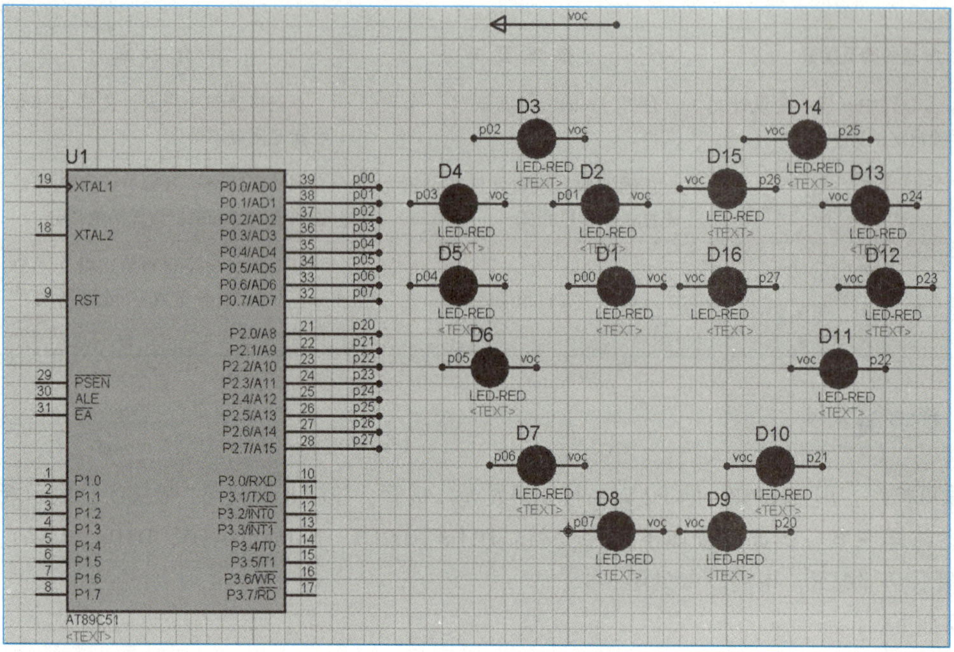

图 3-9　心形灯

程序代码：

```
#include <reg51.h>
sbit LED_1=P0^0;
sbit LED_2=P0^1;
sbit LED_3=P0^2;
sbit LED_4=P0^3;
sbit LED_5=P0^4;
sbit LED_6=P0^5;
sbit LED_7=P0^6;
sbit LED_8=P0^7;
sbit LED_9=P2^0;
sbit LED_10=P2^1;
sbit LED_11=P2^2;
sbit LED_12=P2^3;
sbit LED_13=P2^4;
sbit LED_14=P2^5;
sbit LED_15=P2^6;
sbit LED_16=P2^7;
void turn_on(int i)                    //亮灯函数,依次点亮每盏灯
{
    switch(i)
    {
        case 1:LED_1=0;
               break;
        case 2:LED_2=0;
```

```
            break;
        case 3:LED_3=0;
            break;
        case 4:LED_4=0;
            break;
        case 5:LED_5=0;
            break;
        case 6:LED_6=0;
            break;
        case 7:LED_7=0;
            break;
        case 8:LED_8=0;
            break;
        case 9:LED_9=0;
            break;
        case 10:LED_10=0;
            break;
        case 11:LED_11=0;
            break;
        case 12:LED_12=0;
            break;
        case 13:LED_13=0;
            break;
        case 14:LED_14=0;
            break;
        case 15:LED_15=0;
            break;
        case 16:LED_16=0;
            break;
        default:break;
    }
}
void turn_off(int i)                //灭灯函数,依次熄灭每盏灯
{
    switch(i)
    {
        case 1:LED_1=1;
            break;
        case 2:LED_2=1;
            break;
        case 3:LED_3=1;
            break;
        case 4:LED_4=1;
            break;
        case 5:LED_5=1;
            break;
        case 6:LED_6=1;
            break;
```

```
            case 7:LED_7=1;
                   break;
            case 8:LED_8=1;
                   break;
            case 9:LED_9=1;
                   break;
            case 10:LED_10=1;
                   break;
            case 11:LED_11=1;
                   break;
            case 12:LED_12=1;
                   break;
            case 13:LED_13=1;
                   break;
            case 14:LED_14=1;
                   break;
            case 15:LED_15=1;
                   break;
            case 16:LED_16=1;
                   break;
            default:break;
        }
    }
    void turn_on_only(int i)              //一次只点亮一盏灯
    {
        switch(i)
        {
            case 1:P0=0xFF;
                   P2=0xFF;
                   break;
            case 2:P0=0xFD;
                   P2=0xFF;
                   break;
            case 3:P0=0xFB;
                   P2=0xFF;
                   break;
            case 4:P0=0xF7;
                   P2=0xFF;
                   break;
            case 5:P0=0xEF;
                   P2=0xFF;
                   break;
            case 6:P0=0xDF;
                   P2=0xFF;
                   break;
            case 7:P0=0xBF;
                   P2=0xFF;
                   break;
```

```
        case 8:P0=0x7F;
               P2=0xFF;
               break;
        case 9:P2=0xFE;
               P0=0xFF;
               break;
        case 10:P2=0xFD;
               P0=0xFF;
               break;
        case 11:P2=0xFB;
               P0=0xFF;
               break;
        case 12:P2=0xF7;
               P0=0xFF;
               break;
        case 13:P2=0xEF;
               P0=0xFF;
               break;
        case 14:P2=0xDF;
               P0=0xFF;
               break;
        case 15:P2=0xBF;
               P0=0xFF;
               break;
        case 16:P2=0x7F;
               P0=0xFF;
               break;
        default:break;
    }
}
void delay(unsigned int i)          //延时函数
{
    unsignedint k;
    for(k=0;k<i;k++);
}
void main()
{
    int j,k;
    while(1)
    {
        for(j=1;j<=16;j++)
        {
            turn_on(j);
            delay(500);
        }
        delay(500);
        for(k=1;k<=16;k++)
        {
```

```
            turn_off(k);
            delay(500);
        }
        delay(500);
        for(k=1;k<=16;k++)
        {
            turn_on_only(k);
            delay(500);
        }
    P2=0xFF;
    P0=0xFF;
    }
}
```

提示：还可以将 LED 灯摆成不同的造型。

经验总结及提高

本关卡通过制作简单流水灯、可控流水灯等任务为载体，介绍了 C51 的基本结构、数据类型、运算符及表达式以及 C51 的基本语句、数组、函数，基本涵盖了单片机开发所必需的 C 语言基础知识及简单应用实例。

随着市场竞争的日趋激烈，软件开发速度和质量越来越成为能否在竞争中取胜的关键，因此，使用 C 语言已经成为单片机应用系统开发的趋势。

延伸阅读

海思半导体

中国芯片行业近年来发展迅速，涌现出一批具有国际竞争力的企业。其中，华为旗下的海思半导体（HiSilicon）是一个颇具代表性的企业。

海思半导体成立于 2004 年，是华为的全资子公司。作为全球领先的通信技术公司，海思专注于为华为提供先进的芯片设计和解决方案。海思的产品涵盖了移动设备、家庭设备、服务器等多个领域。

海思最著名的产品之一是其麒麟（Kirin）系列处理器，这些处理器广泛应用于华为的智能手机和平板计算机中。麒麟处理器以其高性能、低功耗和先进的 AI 功能而受到市场的认可。

除了麒麟系列，海思还开发了多款其他类型的芯片，包括服务器处理器、AI 芯片、视频编解码芯片等。海思的芯片设计能力在业界享有盛誉，其产品在性能和能效方面可与国际顶级芯片设计公司的产品相媲美。

海思的成功得益于其强大的研发实力和持续的技术创新。公司在全球设有多个研发中心，拥有一支由数千名工程师组成的研发团队。海思还与多家国际顶级大学和研究机构建立了合作关系，共同开展前沿技术研究。

海思半导体是我国芯片行业的一个缩影，代表了我国在这一领域的进步和潜力。尽管面临挑战，但海思及其他中国芯片企业仍展现出强大的创新能力和市场竞争力，有望在未来取得更大的成就。

习 题

一、程序分析题

1. 试分析如下条件赋值语句的功能，将此语句改写成 if...else 形式，并指出当 x 值分别为 12 和 8 时，相应的两个 y 值各是多少？

```
y = (10>x) ? 10 : 5;
```

2. 试分析如下源程序的功能和结果。

```
int value,key=1;                //定义变量 value 和 key
void main(void)
{
    next:switch(key)
    {
        case 1:value=11;break;
        case 2:value=35;break;
        case 3:value=72;break;
        default:goto end;
    }
    key++;
    goto next;
    end:key=0;
}
```

3. 试分析如下源程序，指出源程序的功能。

```
int i,j,sum1=0,sum2=0;
void main(void)
{
    for(i=1;i<=100;i++)
    {
        if(sum1+i>3000) break;
        sum1=sum1+i;
    }
    for(j=1;j<=100;j++)
    {
        if(j%2!=0) continue;
        sum2=sum2+j;
    }
}
```

4. 执行以下程序片段后 x、y、z、m、n 的值分别是多少？

```
int x=8,y,z,m,n
y=++x;
z=x--;
m=y/z;
n=y%z;
```

5. 写出下列运算的执行结果。

（1）5>0　（2）(i=10)>(j=18)　（3）5>0 && 4<2　（4）5>0 || 4<2

（5）!(5>0)　（6）9&5　（7）9 | 5　（8）9^5

（9）c=10011110B，则 c<<1=________，c>>1=________。

二、选择题

1. 对于 C51 程序，以下说法错误的是（　　）。
   A. 一条语句可以多行书写
   B. 一行可以书写多条语句
   C. 在 C51 程序中使用“;”作为语句的结束符
   D. C51 程序不区分大小写，如变量 J 和变量 j 表示同一个变量

2. 在 C51 程序的循环语句中，用作循环结束条件判断的表达式为（　　）。
   A. 逻辑表达式　B. 任意表达式　C. 算术表达式　D. 关系表达式

3. or（初始值表达式；执行条件表达式；执行后的操作表达式）语句中，小括号中的（　　）不能省略。
   A. 两个分号;;　B. 初始值表达式　C. 执行条件表达式　D. 执行后的操作表达式

4. 语句 for(i=0;i<=8;i++);中循环（　　）次结束。
   A. 8　B. 9　C. 7　D. 10

5. 在 C 语言程序中，main( )函数的位置（　　）。
   A. 必须放在它所调用的函数之后　B. 必须作为最后一个函数
   C. 任意　D. 必须作为第一个函数

6. C 语言源程序的基本单位是（　　）。
   A. 子程序　B. 过程　C. 函数　D. 标识符

7. 执行以下语句后，n1、n2 分别是（　　）。

```
unsigned char n1,n2;
n1=(5>3);
n2=(3<3);
```

   A. 1、0　B. 1、1　C. 0、0　D. 0、1

8. 下列（　　）变量名不是 C51 合法的变量名。
   A. sum　B. _total　C. li_12　D. 3abc

9. 下列（　　）变量名是 C51 合法的变量名。
   A. char　B. while　C. int　D. a5

10. C51 中，默认的整型变量占有的字节数为（　　）。
   A. 3 字节　B. 2 字节　C. 1 字节　D. 4 字节

11. 定义特殊功能寄存器位类型的关键字为（　　）。
   A. sfr　B. sfr16　C. sbit　D. bit

12. 存储类型为 bdata 的变量的寻址范围为（　　）。
   A. 片内 00H~7FH　B. 片外 00H~FFH　C. 片内 00H~FFH　D. 片内 20H~2FH

13. 如果有定义 pdata int i_at_ 0x20，则变量 i 占据的空间为（　　）。

A. 片外 RAM 的 20H 和 21H　　B. 片内 RAM 的 20H

C. 片外 RAM 的 20H，21H，22H 和 23H　　D. 片内 RAM 的 20H 和 21H

14. 若有定义 bit flag；则变量 flag 处于的存储区域为（　　）。

A. 内部 RAM 的 30H-7FH 单元　　B. 内部 RAM 的 20H-2FH 单元

C. 外部 RAM 的 20H-2FH 单元　　D. 内部 RAM 的 0H-1FH 单元

15. C51 可寻址片外 ROM 的大小为（　　）。

A. 8 KB　　B. 16 KB　　C. 32 KB　　D. 64 KB

16. C51 中变量进行混合运算时，数据类型转换的规则为（　　）。

A. bit->float->int->long->char　　B. bit->int->char->long->float

C. bit->char->int->long->float　　D. bit->int->long->char->float

17. 51 单片机内部 RAM 中的每个工作寄存器组包含（　　）个寄存器单元。

A. 4　　B. 8　　C. 12　　D. 16

18. 选择 P0 口第 5 位的正确写法是（　　）。

A. P0_5　　B. P0-5　　C. P0^5　　D. P0. 5

19. 存储类型为 idata 的变量的寻址范围为（　　）。

A. 20H～2FH　　B. 00H～7FH　　C. 00H～1FH　　D. 00H～FFH

20. 定义 C 语言主函数的格式是（　　）。

A. void mian( )

{　}

B. void main

C. viod main( )

{　}

D. void main( )

{　　}

21. 以下对一维数组 a 的定义中正确的是（　　）。

A. int　a[0...100]；　　B. int k=10；int a[k]；

C. int a[5]；　　D. char　a(10)；

22. 以下对一维数组的定义中不正确的是（　　）。

A. double　x[5]={2.0,4.0,6.0,8.0,10.0}；B. int　y[5]={0,1,3,5,7,9}；

C. char ch2={'\ x10','/xa','/x8'}；　　D. char ch1[ ]={'1','2','3','4','5'}；

23. 假定一个 int 型变量占用两个字节，若有定义 int　x[10]={0,2,4}；则数组 x 在内存中所占字节数是（　　）个。

A. 20　　B. 10　　C. 3　　D. 6

24. 若有定义 int　a[2][4]；，则引用数组元素正确的是（　　）。

A. a[2][2+1]　　B. a[2][2]　　C. a[0][3]　　D. a[0][4]

25. 若已定义的函数有返回值，则以下关于该函数调用的叙述中错误的是（　　）。

A. 函数调用可以作为一个函数的形参　　B. 函数调用可以作为一个函数的实参

C. 函数调用可以出现在表达式中　　D. 函数调用可以作为独立的语句存在

26. 下述函数定义形式正确的是（　　）。

A. int f(x,y：int)　　B. int f(int x，int y)　　C. int f(int x,y)　　D. int f(int x; int y)

27. C 语言中函数返回值的类型是由以下（　　）选项决定的。

A. 调用该函数时的实参的数据类型　　B. 形参的数据类型

C. 函数定义时指定的类型　　D. return 语句中的表达式类型

28. 下说法中正确的是（　　）。

A. 总是从 main( ) 函数开始执行

B. C 语言程序总是从第一个定义的函数开始执行

C. main( ) 函数必须放在程序的开始部分

D. C 语言程序中，要调用的函数必须在 main( ) 函数中定义

29. 在函数调用时，以下说法正确的是（　　）。

A. 实际参数和形式参数可以同名　　B. 主调函数和被调函数总是在同一个文件里

C. 函数调用后必须带回返回值　　D. 函数间的数据传递不可以使用全局变量

三、判断题

1. switch 语句的各个 case 和 default 的出现次序不影响执行结果。（　　）

2. switch 语句的表达式与 case 表达式的类型必须一致。（　　）

3. for 循环常用来完成循环次数已知的循环结构程序设计。（　　）

4. for(;执行条件;) 语句相当于 while(1) 语句。（　　）

5. 函数的函数体可以是空语句。（　　）

6. C 程序的注释不能是中文文字信息。（　　）

7. 由于单片机系统的资源有限，它的编译系统不允许太多的程序嵌套。（　　）

8. 文件包含指令的功能是将被包含的文件中的全部内容放到包含该文件的位置，免去重复编写同类程序的过程。（　　）

9. 变量和函数在程序中使用之前必须声明，其声明的本质就通过编译系统给所声明的变量和函数分配存储空间。（　　）

10. C 语言的程序都是由若干个函数组成的，所以每个程序可以有多个主函数。（　　）

11. 数组的大小是可变的，所有数组元素的类型必须相同。（　　）

12. 在 C 语言中，引用数组元素时，其数组下标的数据类型允许是整型常量或整型表达式。（　　）

13. 若有定义 int b[3][4]={0};，此定义语句是错误的，没有元素可得初值 0。（　　）

14. 如果定义数组：char　a[10];，那么数组名 a 中存放的就是数组的首地址，也就是第一个数组元素 a[0] 的地址。（　　）

15. 数组定义时，在进行数组初始化时，{} 中的值的个数不能超过数组元素的个数。（　　）

16. return 语句作为函数的出口，在一个函数体内只能有一个。（　　）

17. 在 C 语言中，一个函数一般由两部分组成，它们是函数首部和函数体。（　　）

18. 函数调用中，形参与实参的类型和个数必须保持一致。（　　）

四、说明下列语句的含义

1. unsigned int a,b,c;
2. signed int x,y;
3. long e,f;
4. unsigned long g,h;
5. bit abc=1;
6. sfr P1=0x90;
7. sbit p1_0=P1^0;

项目四

单片机I/O端口的应用

并行I/O端口是51单片机基本结构中的重要组成部分，共有P0、P1、P2和P3四个8位端口。单片机与外设的连接有两种方式：一是采用通用I/O端口方式（以下简称为I/O端口方式）；二是采用片外三总线方式。前者的接口原理比较简单，应用容易实现，但受I/O端口线数量限制，只能用于少量外设的场合。后者的接口原理相对复杂，通常需要外围器件配合才能连接外设，但可以节省I/O端口线，便于外设扩展。本项目主要介绍基于通用I/O端口方式的单片机应用技术，使读者尽快掌握I/O端口方式的外设应用，使理论与实践有机地结合起来，本项目主要介绍的外设有发光二极管、数码管、按键、LCD液晶显示屏、LED点阵等。发光二极管（LED）作为输出状态显示设备，具有电路简单、功耗低、寿命长、响应速度快等特点，限流电阻通常取值150~700 Ω。发光二极管在之前项目已经进行应用，这里不再赘述。

学习目标

- 掌握数码管、开关按钮、行列式键盘、LCD液晶显示屏、LED点阵等基本外设的应用方法。
- 掌握单片机电路设计、C51编程和联合仿真的基本方法。
- 能参与体会项目开发的全过程，激发起对专业探究的好奇心和求知欲，能体验科学探索的艰辛与喜悦。
- 养成认真细致、实事求是、积极探索的科学态度和工作作风，形成理论联系实际、自主学习的良好习惯。
- 在实践操作中，具备质疑意识，具有分析、解决问题的能力。
- 具有协作学习的意识、团队精神以及沟通协调能力。
- 具备职业道德素养，能够主动关心科技发展现状与趋势，有振兴中华的使命感与责任感。

导　学

待解决的问题

① 发光二极管的特点是什么？限流电阻值为多少？

② LED数码管的结构、工作原理、显示方式和控制方法是什么？

③ 按键的分类及实现方法是什么？

④ LCD液晶显示屏的结构、工作原理和控制方法是什么？

⑤ LED点阵的结构、形码分析、工作原理和控制方法是什么？

内容结构图

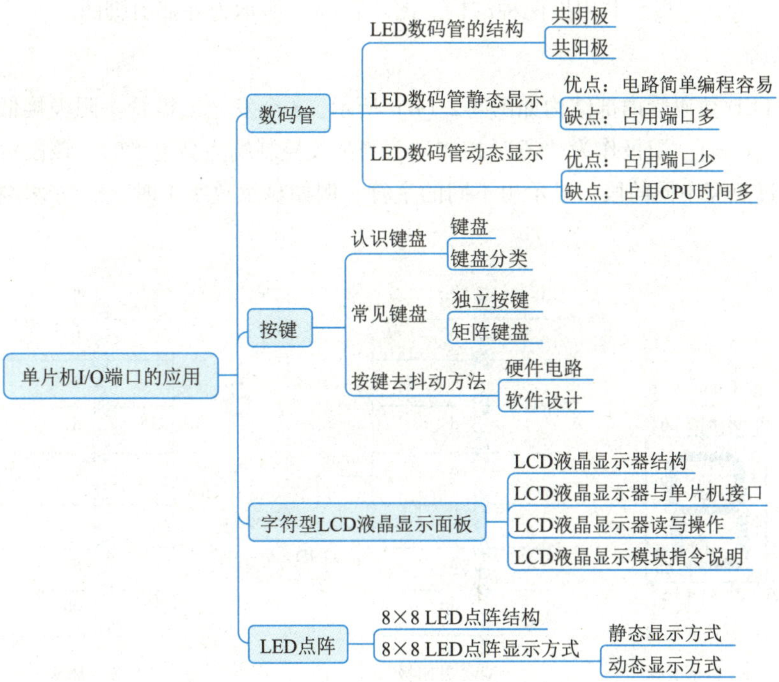

第四关　制作数码管

闯关要求

使用 AT89C51 单片机的端口，连接单个或多个数码管进行静态显示，连接集成数码管，进行动态扫描显示。

视频

LED数码管结构

闯关必备

一、LED 数码管的结构

在单片机系统中，经常采用 LED 数码管来显示单片机系统的工作状态、运算结果等各种信息，LED 数码管是单片机人机对话的一种重要输出设备。

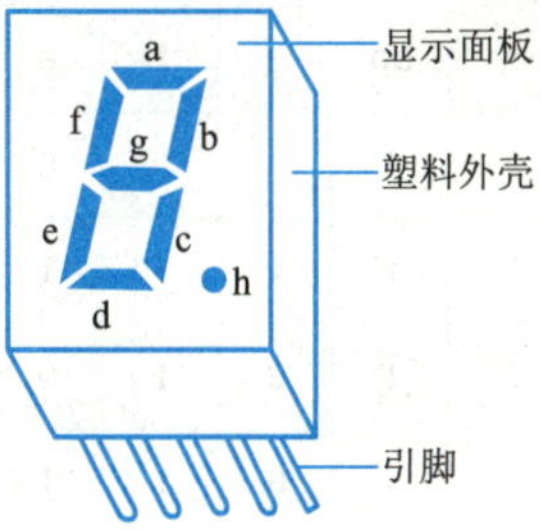

图 4-1　数码管的外形

单个 LED 数码管的外形如图 4-1 所示，由 8 个发光二极管（以下简称段）构成，所以又称为 8 段 LED 数码管。其中 7 个长条形的发光二极管排列成“日”字形；1 个圆点形的发光二极管（显示器右下角显示的小数点）。通过不同的发光字段组合可用来显示数字 0~9、字符 A~F、H、L、

P、R、U、Y、符号“-”及小数点“.”等。

LED 数码管分为共阴极、共阳极两种结构。图 4-2（a）所示为外部引脚图。

1. 共阴极结构

共阴极 8 段 LED 数码管内部结构如图 4-2（b）所示，8 个发光二极管：阴极接低电平，连在一起作为公共控制端（com）。阳极作为“段”控制端，当某段控制端为高电平时，该段对应的发光二极管导通并点亮。通过点亮不同的段，显示出不同的字符。例如显示数字 1 时，b、c 两端接高电平，其他各段接低电平。

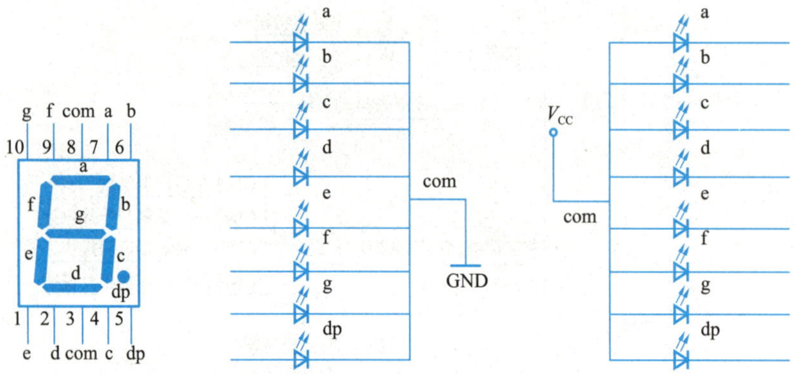

（a）外部引脚　（b）共阴极　（c）共阳极

图 4-2　引脚及结构

2. 共阳极结构

共阳极 LED 数码管内部结构如图 4-2（c）所示，8 个发光二极管：阳极都连在一起，作为公共控制端（com），接高电平。阴极作为“段”控制端，当某段控制端为低电平时，该段对应的发光二极管导通并点亮。

要使数码管显示出数字或字符，直接将相应的数字或字符送至数码管的段控制端是不行的，必须使段控制端输出相应的字形编码。常用字符的字形代码见表 4-1。

表 4-1　常用字符的字形代码

显示字符	共阳极显示码									共阴极显示码								
	D7	D6	D5	D4	D3	D2	D1	D0	代码	D7	D6	D5	D4	D3	D2	D1	D0	代码
	dp	g	f	e	d	c	b	a		dp	g	f	e	d	c	b	a	
0	1	1	0	0	0	0	0	0	C0H	0	0	1	1	1	1	1	1	3FH
1	1	1	1	1	1	0	0	1	F9H	0	0	0	0	0	1	1	0	06H
2	1	0	1	0	0	1	0	0	A4H	0	1	0	1	1	0	1	1	5BH
3	1	0	1	1	0	0	0	0	B0H	0	1	0	0	1	1	1	1	4FH
4	1	0	0	1	1	0	0	1	99H	0	1	1	0	0	1	1	0	66H

续表

显示字符	共阳极显示码								代码	共阴极显示码								代码
	D7	D6	D5	D4	D3	D2	D1	D0		D7	D6	D5	D4	D3	D2	D1	D0	
	dp	g	f	e	d	c	b	a		dp	g	f	e	d	c	b	a	
5	1	0	0	1	0	0	1	0	92H	0	1	1	0	1	1	0	1	6DH
6	1	0	0	0	0	0	1	0	82H	0	1	1	1	1	1	0	1	7DH
7	1	1	1	1	1	0	0	0	F8H	0	0	0	0	0	1	1	1	07H
8	1	0	0	0	0	0	0	0	80H	0	1	1	1	1	1	1	1	7FH
9	1	0	0	1	0	0	0	0	90H	0	1	1	0	1	1	1	1	6FH
A	1	0	0	0	1	0	0	0	88H	0	1	1	1	0	1	1	1	77H
B	1	0	0	0	0	0	1	1	83H	0	1	1	1	1	1	0	0	7CH
C	1	1	0	0	0	1	1	0	C6H	0	0	1	1	1	0	0	1	39H
D	1	0	1	0	0	0	0	1	A1H	0	1	0	1	1	1	1	0	5EH
E	1	0	0	0	0	1	1	0	86H	0	1	1	1	1	0	0	1	79H
F	1	0	0	0	1	1	1	0	8EH	0	1	1	1	0	0	0	1	71H

二、LED 数码管静态显示

静态显示是指数码管显示某一个字符时，相应的发光二极管恒定导通或恒定截止。这种显示方式的各位数码管的公共端恒定接地（共阴极）或+5 V 电源（共阳极）。每个数码管的 8 个段控制引脚分别与一个 8 位 I/O 端口相连。只要 I/O 端口有显示字形码输出，数码管就显示给定字符，并保持不变，直到 I/O 端口输出新的段码。静态显示在同一时间里，每一位显示的字符可以各不相同。静态显示方式接口电路简单，编程容易，但所占用的 I/O 端口较多。

三、LED 数码管的动态显示

动态扫描显示：逐位轮流点亮各位 LED 数码管显示器的显示方式，即在某一时段，只让其中一位数码管的“位选端”有效，并送出相应的字形显示码。此时，其他位的数码管因“位选端”无效而处于熄灭状态；下一时段按顺序选通另外一位数码管，并送出相应的字形显示码。对于每位 LED 数码管来说，每隔一段时间被单片机点亮一次，并持续一定时间（通常为 1～10 ms），以造成视觉暂留效果。按此规律循环下去，即可使各位数码管分别间断地显示出相应的字符，这一过程称为动态扫描显示。在同一时刻实际上只有 1 位 LED 数码管在显示，但利用人眼的视觉暂留和发光二极管熄灭时的余辉效应，使人感觉好像若干位 LED 数码管在同时显示不同的数字一样。

与静态显示方式相比，当显示位数较多时，采用动态扫描方式可以节省 I/O 端口资源，硬件电路实现也较简单；但稳定性不如静态显示方式；由于 CPU 要轮番扫描，将占用更多的 CPU 时间。

开始闯关

视频

数码管静态显示实验

闯关任务及过程如下：

① 闯关任务：LED 数码管显示。

② 任务分析：使用单片机 AT89C51 控制 2 位 LED 数码管静态显示。

③ 所用元件，见表 4-2。

表 4-2　LED 数码管显示电路所需主要元件

元 件 名 称	属 性 值	说　明	数　量
AT89C51	—	单片机	1
7SEG-MPX1-CA	—	7 段共阳极数码管	2
RES	510 Ω	电阻	16

④ 电路设计：单片机控制两个数码管静态显示的电路图如图 4-3 所示，使用 P0 口、P2 口分别控制两个数码管。

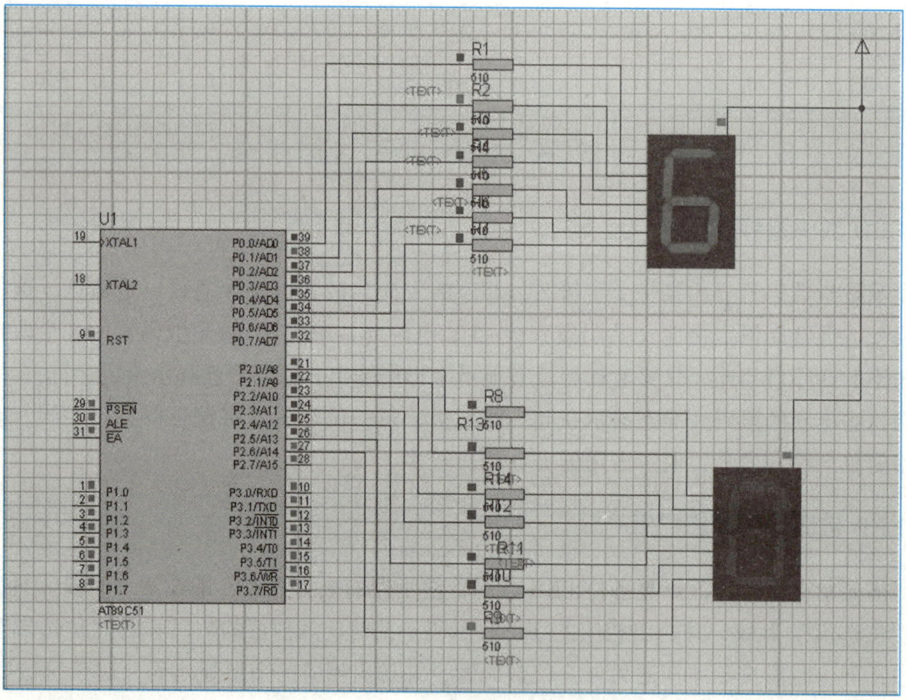

图 4-3　LED 数码管静态显示电路

⑤ 源程序设计：P0 口输出 6 的字符形码，P2 口输出 0 的字符形码。源程序如下：

```
#include<reg51.h>
void delay()
{                                    //函数体起始括号
   int i,j;                          //函数内部变量定义,16 位的整数
```

```
    for(i=0;i<1000;i++)                 //for 语句,循环语句
        for(j=0;j<121;j++) ;            //for 语句,循环语句,;代表空语句
}
void main()                             //主函数
{
    while(1)                            //循环语句,当 while 后面括号中数不为 0 时,执行循环体
    {
        P0=0x82;                        //P0 端口送十六进制数 82,显示 6
        delay();                        //调用延时函数 delay(),延时 0.2 s
        P2=0xc0;                        //P2 端口送十六进制数 c0,显示 0
        delay();                        //调用延时函数 delay()
    }
}
```

⑥ 闯关评价：

考核内容及配分	技术要求	评分标准	得分
1. 纪律与出勤：10 分	遵守实验室秩序、不迟到不早退	违反纪律视情况扣分	
2. Keil 软件中新建、保存一个工程文件：10 分	能够正确新建一个工程文件、选取正确的单片机并保存到指定位置	不会建立工程、单片机型号选取错误且没有保存到指定位置不得分	
3. 新建一个源代码文件并加载到工程中：20 分	能够正确新建一个源代码文件并加载到工程里	不会建立文件、没有加载到工程中不得分；程序拼写或语法出错根据情况酌情扣分	
4. 生成 hex 文件：10 分	正确生成 . hex 文件	不能生成 . hex 文件不得分	
5. Proteus 软件中新建一个设计文件并保存到指定位置：10 分	使用 Proteus 正确新建一个设计文件	不能够新建一个设计文件并保存在指定位置不得分	
6. 根据需要画出电路图：20 分	正确放置元件并画出原理图	画错不得分；元件选择有误或是连线出问题酌情扣分	
7. 仿真调试：20 分	正确显示项目预期效果	数码管不显示或不正确显示均不得分，一个数码管出现问题视问题的原因酌情扣分	

关卡更新

更新任务及过程如下：

① 更新任务：4 个 LED 数码管进行静态显示。

② 任务分析：使用单片机的 4 个端口，连接 4 个数码管进行静态显示。

③ 所用元件，见表 4-3。

表 4-3　4LED 数码管静态显示电路所需主要元件

元件名称	属性值	说明	数量
AT89C51	—	单片机	1
7SEG-MPX1-CA	—	7 段共阳极数码管	4

④ 电路设计：4 个 LED 数码管静态显示电路，如图 4-4 所示。

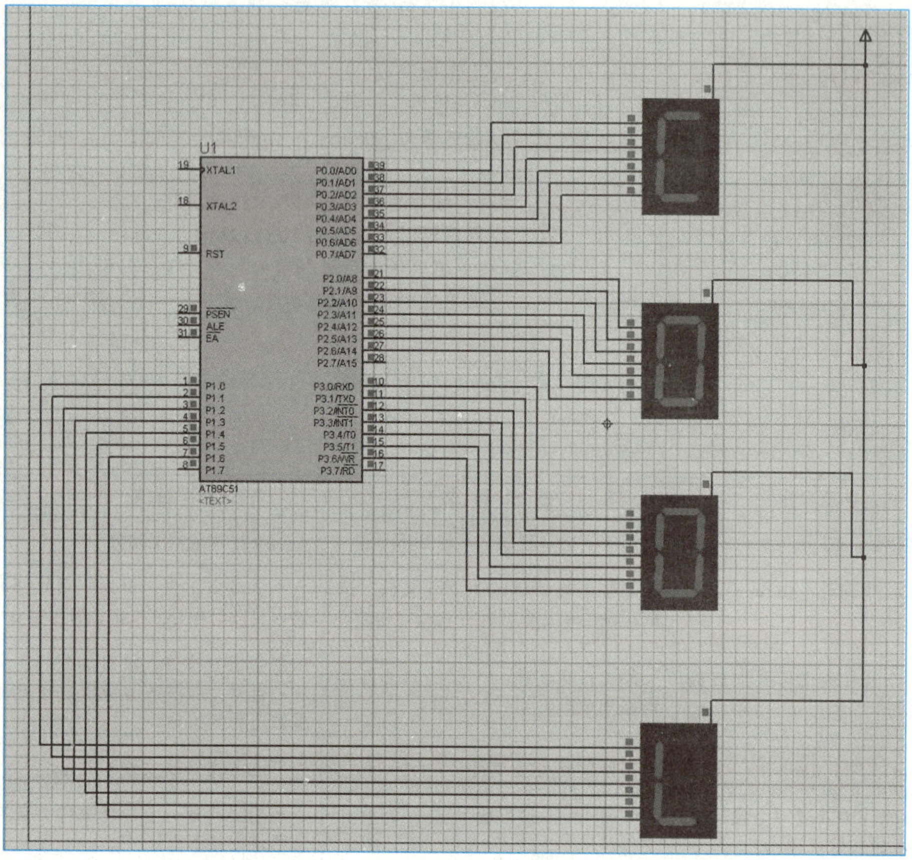

图 4-4　4 个 LED 数码管静态显示电路

⑤ 源程序设计：

```
#include <reg51.h>
void delay()                          //延时函数
{
    int i,j;
    for(i=0;i<1000;i++)
        for(j=0;j<121;j++);
}
void main()
{
    while(1)
    {
        P0=0xc6;                      //第一个数码管上显示"C"
        delay();
        P2=0xc0;                      //第二个数码管上显示"O"
        delay();
        P3=0xc0;                      //第三个数码管上显示"O"
        delay();
```

```
        P1=0xc7;                    //第四个数码管上显示“L”
        delay();
    }
}
```

关卡难度进阶

视频 实验数码管动态显示

进阶任务及过程如下：

① 进阶任务：数码管动态显示。

② 任务分析：使用单片机的一个端口进行数码管的动态显示，动态显示“0、1、2、3、4、5”，可以改变显示字符。

③ 所用元件，见表 4-4。

表 4-4　数码管动态显示电路所需主要元件

元件名称	说　明	数　量
AT89C51	单片机	1
7SEG-MPX6-CC-BLUE	6 位 7 段共阴极数码管	1
74LS04	非门	6
74LS245	同相驱动器	1

④ 电路设：数码管动态显示电路图如图 4-5 所示。P0 作为段选端，P2 作为位选端。

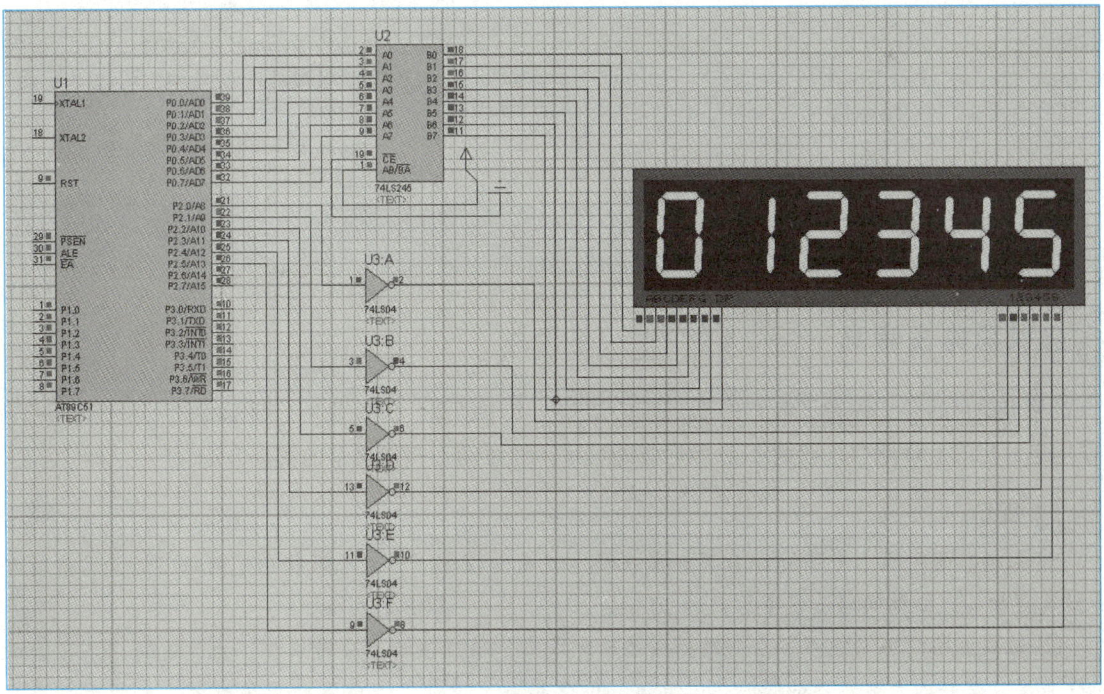

图 4-5　数码管动态显示

⑤ 源程序设计：

```
#include<reg51.h>
#define uchar unsigned char
void delay()                                          //延时函数
{
    //for(k=0;k<20;k++) 可由此处改变延时时间来观察动态效果
    {
        TH1=0xd8;
        TL1=0xf0;
        TR1=1;
        while(!TF1);
        TF1=0;
    }
}
void main()
{
    uchar led[]={0x3f,0x06,0x5b,0x4f,0x66,0x6d};    //设置数字0~5字形码
    uchar j,w;
    TMOD=0x10;                                        //设置定时器1工作方式1
    while(1)
    {
        w=0x01;                                       //位选码初值为01H
        for(j=0;j<6;j++)
        {
            P2=w;                                     //位选码送位选段P2端口
            P0=led[j];                                //显示字形码并送P1口
            delay();
            w<<=1;                                    //位选码左移一位,选中下一位LED
        }
    }
}
```

经验总结及提高

本关卡的目的是让读者了解LED数码管的结构、工作原理、形码分析、显示方式，主要训练了如何使用单片机的I/O端口来控制LED数码管的显示。注意动态扫描显示的实现方法。

提示：

① 扫描时间间隔。为了使LED显示器在动态显示过程中不出现人眼能感觉到的闪烁，需要对显示器反复扫描，扫描间隔一般不能超过20 ms。

② 接口电路的驱动能力。在动态扫描显示方式下，LED显示器分时工作，为了达到静态显示的同样亮度，就要加大显示器的瞬时工作电流。位数越多，瞬时工作电流就应该越大，大约为静态显示时的 N 倍（N 为显示器的位数），这就需要在接口电路中连接驱动器提高驱动能力。

习　题

一、选择题

1. 一只共阴极数码管的 a 端为字形代码的最低位，若需要显示数字 1，则它的字形编码是（　　）。

　A. 06H　　　　B. F9H

　C. 30H　　　　D. CFH

2.（　　）显示方式编程较简单，但是占用 I/O 端口线多，其一般使用于显示位数较少的场合。

　A. 静态　　　　B. 动态

　C. 静态和动态　　　　D. 查询

二、简答题

1. LED 数码管有哪两种结构？是如何实现的？

2. 动态扫描显示的过程是什么？

3. 在用共阳极数码管显示的电路中，如果直接将共阳极数码管换成共阴极数码管，能否正常显示？为什么？应采取什么措施？

4. 请将图 4-6 所示七段数码管的形码分析（共阳极，0 亮 1 灭）填在表 4-5 中。

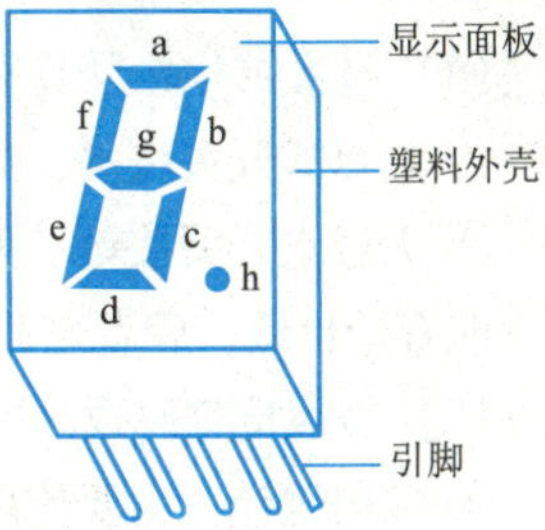

图 4-6　七段数码管

表 4-5　形码分析表

显示字符	h	g	f	e	d	c	b	a	形　码
H									
F									
0									
d									
L									
6									

第五关　应用按键

闯关要求

使用独立键盘和矩阵键盘来完成输出状态的控制。具体包括：使用独立按键完成对 P1 口 LED 灯的显示控制，完成一键多功能按键识别，运用独立按键完成计数器设计，通过矩阵键盘显示 0~9、A~F 键码，通过矩阵键盘设计密码锁。

闯关必备

一、 认识键盘

1. 键盘

键盘是单片机应用系统中人机交流不可缺少的输入设备，用于向单片机应用系统输入数据或控制信息。键盘由一组规则排列的按键开关组成，一个按键实际上是一个开关元件。机械触点式按键开关的主要功能是把机械上的通断转换为电气上的逻辑关系（1 和 0）。

2. 键盘分类

（1）按照结构原理分类

① 触点式开关按键，如机械式开关、导电橡胶式开关等。

② 无触点开关按键，如电气式按键、磁感应按键等。

前者造价低，后者寿命长。这里主要介绍单片机中常用的触点式开关按键。

（2）按照接口原理分类

① 编码键盘：主要使用硬件实现对按键的识别，键盘上闭合键的识别由专用的硬件编码器实现，并产生键编码号或键值的称为编码键盘，硬件结构复杂。

② 非编码键盘：主要由软件实现按键的定义与识别，硬件结构简单，软件编程量大。

这两类键盘的主要区别是识别键符及给出键码的方法。非编码键盘由于使用经济，较多应用于单片机应用系统中，以下重点介绍非编码键盘。

视 频

按键与矩阵键盘

二、 常见键盘

键盘实际上就是一组按键，通常用到的按键都是机械弹性开关，当开关闭合时，线路导通；当开关断开时，线路断开。弹性按键按下时闭合，松手后自动断开；自锁式按键按下时闭合且会自动锁住，只有再按下时才弹起。通常把自锁式按键当作开关使用。

非编码键盘又分为独立键盘和矩阵（行列式）键盘。

1. 独立键盘

独立键盘的结构简单，但占用资源比较多。

独立键盘的连接方法非常简单，与单片机连接时，每一个按键都需要单片机的一位独立的 I/O 端口。如图 4-7 所示。

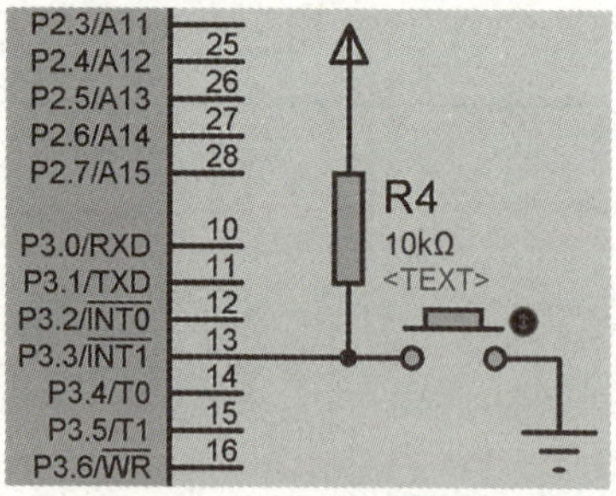

图 4-7　单片机与独立按键连接图

按键检测流程图如 4-8 所示。

2. 矩阵键盘

矩阵键盘的结构相对复杂，但占用的资源较少。

采用独立键盘时，每一个按键都需要单片机的一位 I/O 端口，若单片机系统需要较多按键，采用独立按键便会占用过多的 I/O 端口资源，而单片机的 I/O 端口资源往往比较宝贵，因而，当出现系统需要使用多个按键时，为节省 I/O 端口资源，通常选择采用矩阵键盘，如图 4-9 所示。

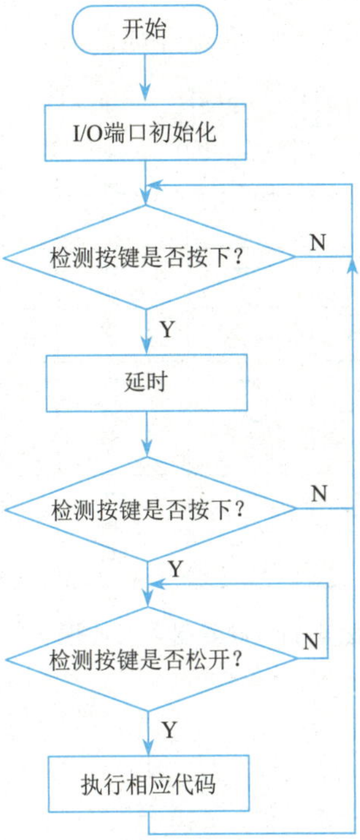

图 4-8　按键检测流程图

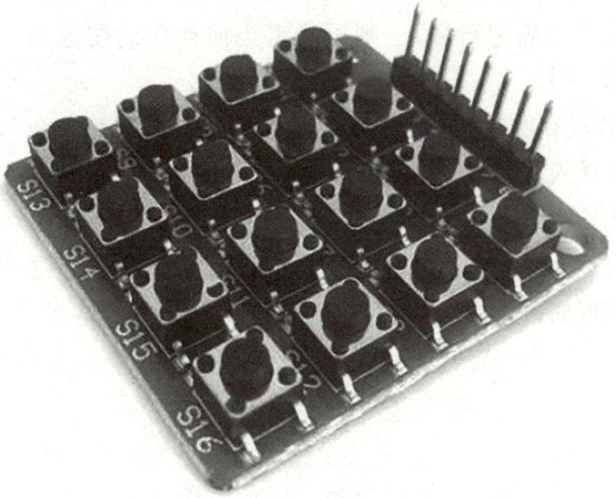

图 4-9　常用矩阵键盘外形图

下面以 4×4 矩阵键盘为例讲解其工作原理和检测方法，将 16 个按键排成 4 行 4 列，第一行将每个按键的一端连接在一起构成行线，第一列将每个按键的另一端连接在一起构成列线，这样便一共有 4 行4 列共 8 根线，将这 8 根线连接到单片机的 8 位 I/O 端口上，通过程序扫描键盘就可检测 16 个按键，矩阵键盘与单片机的硬件连接图如图 4-10 所示。

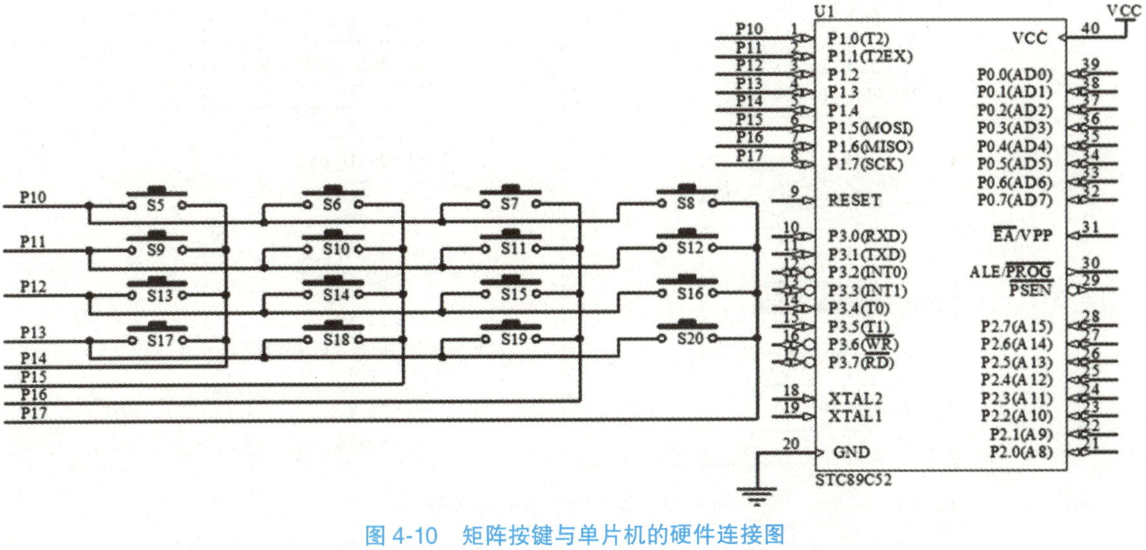

图 4-10　矩阵按键与单片机的硬件连接图

矩阵键盘和独立键盘在单片机上对其检测的依据是一样的，也就是检测与之对应的 I/O 端口是否为低电平。独立键盘有一端固定为低电平，单片机写程序检测时比较方便。而矩阵键盘两端都与单片机 I/O 端口相连，因此在检测时需人为通过单片机 I/O 端口送出低电平，检测步骤如下：

① 送一列为低电平，其余几列为高电平（确定列数）。

② 轮流检测一次各行是否有低电平，若检测到某一行为低电平（确定行数），则可确定当前动作的按键为哪一行哪一列。

③ 若没有出现低电平，则按照前两步，分别对其余各列依次送入低电平，轮流检测各行。

如此检测完所有按键，如果有按键动作，便可判断出动作按键为哪一个，按键键号分布如图 4-11 所示。键盘识别流程如图 4-12 所示。

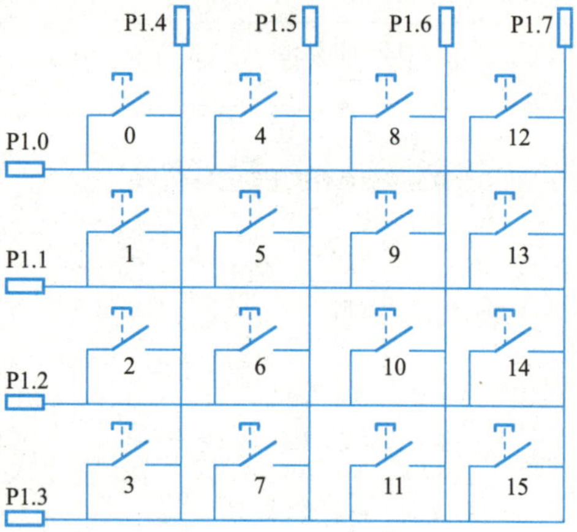

图 4-11　按键键号分布图

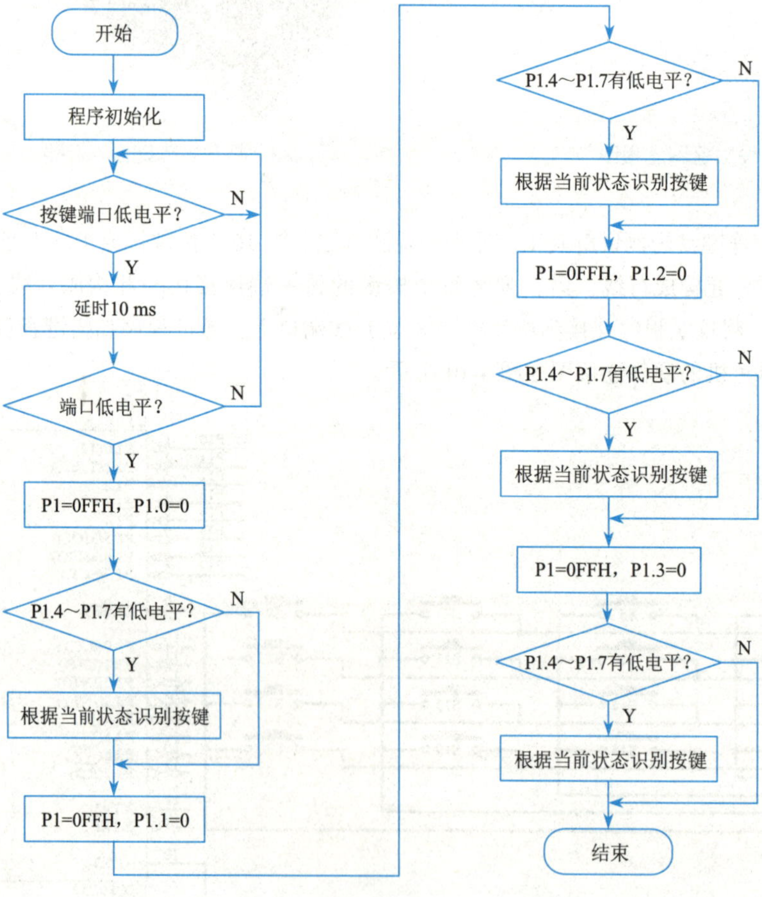

图 4-12　矩阵键盘识别流程图

三、 按键去抖动方法

在实际应用中，很大一部分按键是机械按键。在机械按键的触点闭合和断开时，都会产生抖动，为了保证系统能正确识别按键的开关，就必须对按键的抖动进行处理。

在系统设计中，有各种各样的消除按键抖动的设计方法，硬件电路和软件设计都很成熟。图 4-13 所示为普通的机械按键的触点在闭合和断开时的波形，在处理按键抖动的程序中，必须同时考虑消除闭合和断开两种情况下的抖动。所以，对于按键消抖的处理，必须按最差的情况考虑。通常按键输出信号的跳变时间（上升沿和下降沿）最大为 20 ms 左右，按键一次闭合最短的时间为 120 ms 左右，因而在设计去抖程序时，选择的延时时间为 20~120 ms。

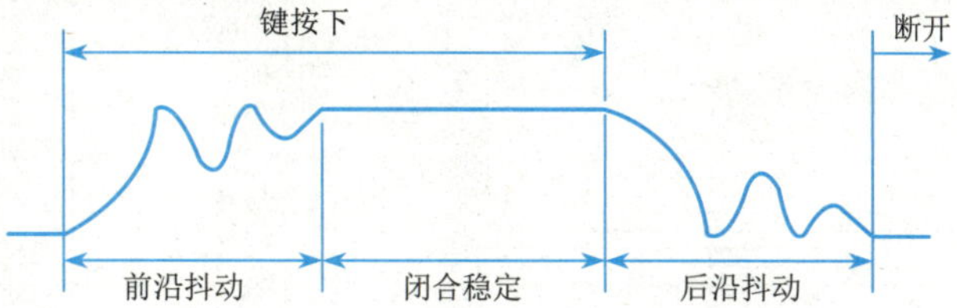

图 4-13　按键闭合和断开时的波形

单片机在检测键盘是否按下时都要加上去抖动操作，有专用的去抖动电路，也有专用的去抖动芯片，但通常用软件延时的方法就能很容易解决抖动问题，而没有必要再添加多余硬件电路。编写单片机的键盘检测程序时，一般在检测按下时加入去抖延时，检测松手时则不用加去抖延时。考虑到系统的实用性，在按键检测程序中还应加入防长按程序。

开始闯关

闯关任务及过程如下：

① 闯关任务：独立按键的应用。

② 任务分析：使用独立按键，当 CPU 识别了被按下的按键后，就可以通过 P1 口输出，点亮对应的 LED。当有一个按键被按下时，对应的 LED 会被点亮；当有 2 个或 2 个以上的按键同时被按下时，不会点亮 2 个或 2 个以上的 LED。

③ 所用元件，见表 4-6。

表 4-6　独立按键的应用电路所需主要元件

元件名称	属性值	说明	数量
AT89C51	—	单片机	1
LED-GREEN	—	绿色 LED 灯	8
RES	220 Ω	电阻	8
RES	10 kΩ	电阻	8
BUTTON	—	独立按键	8

④ 电路设计：独立按键的应用电路图如图 4-14 所示。P0 口接 8 个独立按键，P1 口接 8 个 LED 灯。

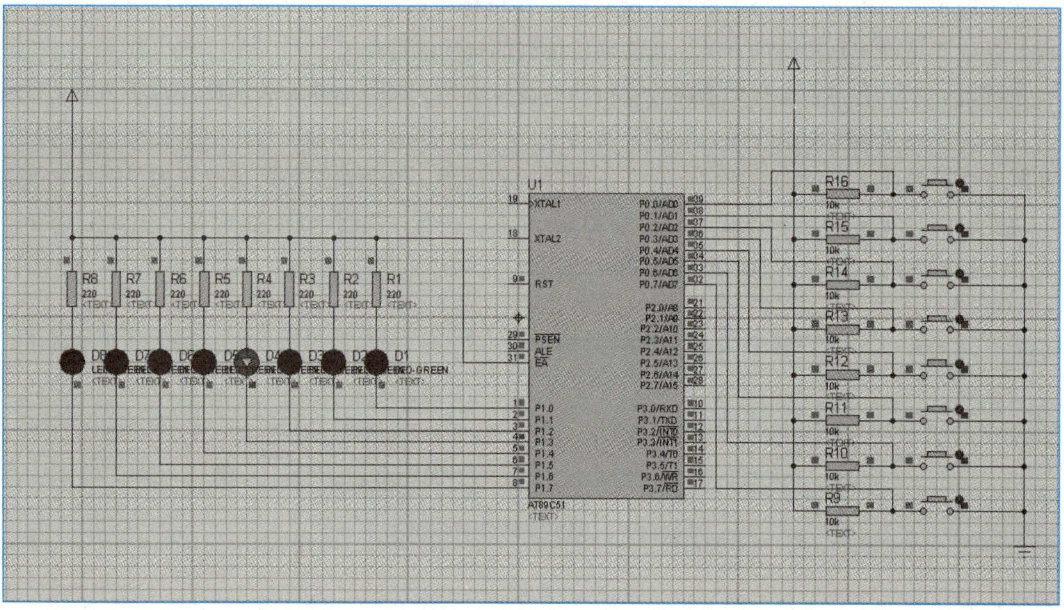

图 4-14 独立按键的应用

⑤ 源程序设计：

```
#include <reg52.h>                          //包含 reg52.h 头文件
void delay10ms(void)                        // 10 ms 延时子程序
{
    unsigned char i, j;
    for(i=20;i>0;i--)
    for(j=248;j>0;j--) ;
}
void main()                                 //主函数
{
    unsigned char x;
    P0=0xff;                                //P0 口作为输出口,置 x=0;全 1
    while(1)
    {
        while(x==0)                         //循环判断是否有键按下
        x=P0;                               //读键盘状态
        x =~ x;                             //键盘状态取反
        delay10ms() ;                       //延时 10 ms 去抖动
        x=P0;                               //再次读键盘状态
        x =~ x;                             //键盘状态取反
        if(x==0)continue;                   //如果无键按下则认为是按键抖动,重新扫描键盘
        switch(x)                           //根据键值点亮对应的发光二极管
        {
```

```
        case  0x01:P1=0xfe;break;  //点亮第一个发光二极管
        case  0x02:P1=0xfd;break;  //点亮第二个发光二极管
        case  0x04:P1=0xfb;break;  //点亮第三个发光二极管
        case  0x08:P1=0xf7;break;  //点亮第四个发光二极管
        case  0x10:P1=0xef;break;  //点亮第五个发光二极管
        case  0x20:P1=0xdf;break;  //点亮第六个发光二极管
        case  0x40:P1=0xbf;break;  //点亮第七个发光二极管
        case  0x80:P1=0x7f;break;  //点亮第八个发光二极管
        default:break;
    }
  }
}
```

⑥ 闯关评价：

考核内容及配分	技 术 要 求	评 分 标 准	得分
1. 纪律与出勤：10 分	遵守实验室秩序、不迟到不早退	违反纪律视情况扣分	
2. Keil 软件中新建、保存一个工程文件：10 分	能够正确新建一个工程文件、选取正确的单片机并保存到指定位置	不会建立工程、单片机型号选取错误且没有保存到指定位置不得分	
3. 新建一个源代码文件并加载到工程中：20 分	能够正确新建一个源代码文件并加载到工程里	不会建立文件、没有加载到工程中不得分；程序拼写或语法出错根据情况酌情扣分	
4. 生成 hex 文件：10 分	正确生成 . hex 文件	不能生成 . hex 文件不得分	
5. Proteus 软件中新建一个设计文件并保存到指定位置：10 分	使用 Proteus 正确新建一个设计文件	不能够新建一个设计文件并保存在指定位置不得分	
6. 根据需要画出电路图：20 分	正确放置元件并画出原理图	画错不得分；元件选择有误或是连线出问题酌情扣分	
7. 仿真调试：20 分	正确显示项目预期效果	灯不亮不得分，部分灯没按预计的规律亮起酌情扣分；按钮按下后没达到预计效果的酌情扣分	

关卡更新

更新任务及过程如下：

① 更新任务：一键多功能按键识别电路。

② 任务分析：按键接在 P3.0 引脚上，在 AT89C51 单片机的 P1 口上接有 4 个发光二极管。上电时，接在 P1.0 引脚上的 D1 闪烁，当第一次按下按键时，接在 P1.1 引脚上的 D2 闪烁，再按下按键时，接在 P1.2 引脚上的 D3 闪烁，再按下按键时，接在 P1.3 引脚上的 D4 闪烁，再按下按键时，又轮到 D1 闪烁，如此轮流下去。

③ 所用元件，见表 4-7。

表 4-7　一键多功能按键识别电路所需主要元件

元件名称	属性值	说明	数量
AT89C51	—	单片机	1
LED-BLUE	—	蓝色 LED 灯	4
RES	220 Ω	电阻	4
RES	10 kΩ	电阻	1
BUTTON	—	独立按键	1

④ 电路设计：一键多功能按键识别电路如图 4-15 所示。使用 P3. 0 接一个按键，P1. 0~P1. 3 各接一个 LED 灯。

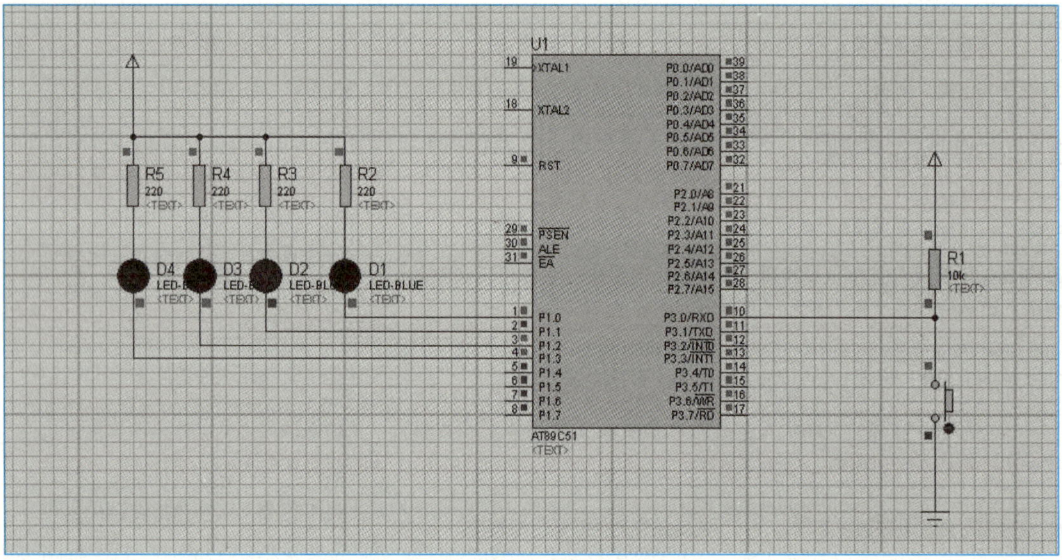

图 4-15　一键多功能按键识别电路

⑤ 源程序设计：

```
#include<reg52.h>                        //包含头文件
unsigned char ID;
sbit k=P3^0;
void delay10ms(void)                     //延时函数
{
    unsigned char i,j;
    for(i=20;i>0;i--)
        for(j=248;j>0;j--);
}
void main(void)                          //主函数
{
    while(1)                             //while 循环语句,无限循环
```

```
    {
        if(k==0)
        {
            delay10ms();
            if(k==0)
            {
                ID++;                       //每按一次键,ID 号标识加 1
                if(ID==4)
                {
                    ID=0;
                }
                while(k==0);                //等待按键释放
            }
        }
        switch(ID)
        {
            case 0:P1=0x0e;break;           //点亮 D1,熄灭其他 LED
            case 1:P1=0x0d;break;           //点亮 D2,熄灭其他 LED
            case 2:P1=0x0b;break;           //点亮 D3,熄灭其他 LED
            case 3:P1=0x07;break;           //点亮 D4,熄灭其他 LED
        }
    }
}
```

关卡难度进阶

进阶任务一：运用独立按键完成计数器设计。

① 任务分析：数码管的显示初值为 0，单击按键后，按增量 1 进行累加，累加值实时显示在数码管上。当累加值达到 99 后清零重新开始计数，如此无限循环。

② 所用元件，见表 4-8。

表 4-8 计数器设计电路所需主要元件

元件名称	属性值	说明	数量
AT89C51	—	单片机	1
7SEG-COM-CATHODE	—	共阳极七段数码管	2
LED-YELLOW	—	黄色 LED 灯	4
RES	100 Ω	电阻	7
BUTTON	—	独立按键	1

③ 电路设计：运用独立按键完成计数器电路图如图 4-16 所示。P3.7 接一个独立按键，P0 和 P2 各接一个共阳极数码管。

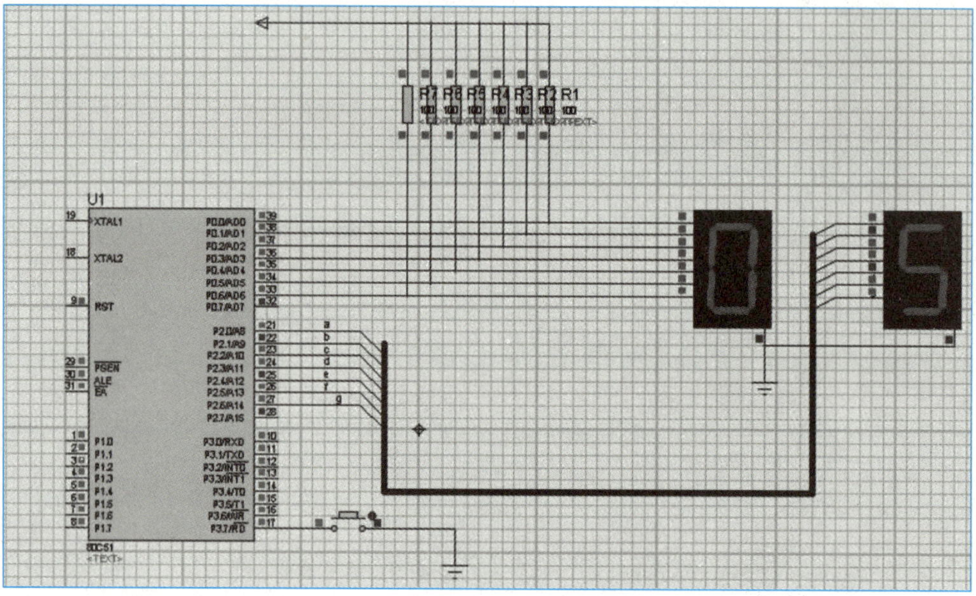

图 4-16　计数器电路

④ 源程序设计：

```
#include <reg51.h>                              //51 头文件
sbit P3_7=P3^7;
unsigned char code table[]={0x3f,0x06,0x5b,0x4f,0x66,
0x6d,0x7d,0x07,0x7f,0x6f};
unsigned char count;
void delay(unsigned int time)                   //延时函数
{
    unsigned int j=0;
    for(;time>0;time--)
        for(j=0;j<125;j++);
}
void main()
{
    count=0;                                    //计数器赋初值
    P0=table[count/10];                         //P0 口显示初值
    P2=table[count%10];                         //P2 口显示初值
    while(1)                                    //进入无限循环
    {
        if(P3_7==0)                             //软件消抖，检测按键是否按下
        {
            delay(10);
            if(P3_7==0)                         //若按键压下
            {
                count++;                        //计数器加 1
                if(count==100)                  //判断循环是否超限
                    count=0;
                    P0=table[count/10];         //P0 口输出显示
                    P2=table[count%10];         //P2 口输出显示
```

```
            while(P3_7==0);              //等待按键松开,防止连续计数
        }
    }
  }
}
```

视频

实验行列式键盘

进阶任务二：矩阵键盘显示键码。

① 任务分析：通过矩阵键盘显示 0~9、A~F。

② 所用元件，见表 4-9。

表 4-9　矩阵键盘显示键码电路所需主要元件

元 件 名 称	属 性 值	说　明	数　量
AT89C51	—	单片机	1
7SEG-COM-CAT-GRN	—	共阴极七段数码管	1
LED-RED	—	红色 LED 灯	1
RES	200 Ω	电阻	1
BUTTON	—	独立按键	16
RESPACK-8	—	排阻	1

③ 电路设计：矩阵键盘显示键码电路如图 4-17 所示。使用 P2 接数码管，P3 接矩阵键盘。

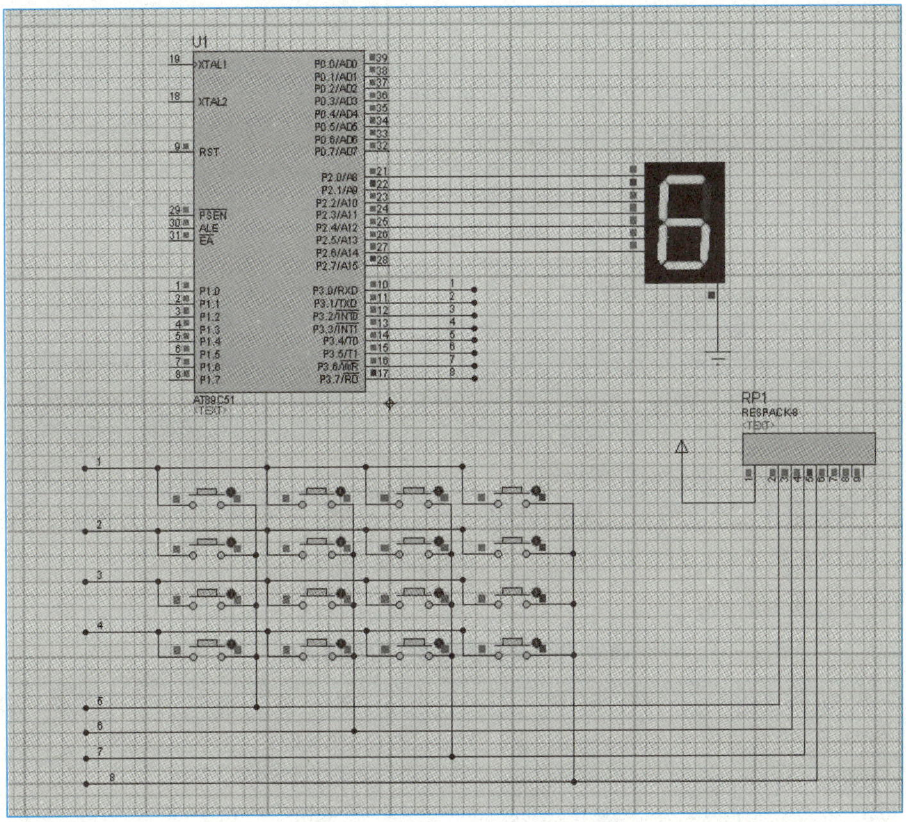

图 4-17　矩阵键盘显示键码电路

④ 源程序设计：

```
#include <reg51.h>
char led_mod[]={0x3f,0x06,0x5b,0x4f,0x66,0x6d,                //LED 显示码
0x7d,0x07,0x7f,0x6f,0x77,0x7c,0x58,0x5e,0x79,0x71};
char key_buf[]={0xee,0xde,0xbe,0x7e,0xed,0xdd,0xbd,0x7d, //键值
0xeb,0xdb,0xbb,0x7b,0xe7,0xd7,0xb7,0x77};
char getKey(void)
{
    char key_scan[]={0xef,0xdf,0xbf,0x7f};                   //键扫描码
    char i=0,j=0;
    for(i=0;i<4;i++)
    {
        P3=key_scan[i];                                       //P2 送出键扫描码
        if((P3&0x0f)!=0x0f)                                   //判断有无键闭合
        {
            for(j=0;j<16;j++)
            {
                if(key_buf[j]==P3)                            //查找闭合键键号
                return j;
            }
        }
    }
    return-1;                                                 //无键闭合
}
void main(void)
{
    char key=0;
    P2=0x00;                                                  //开机黑屏
    while(1)
    {
        key=getKey();                                         //获得闭合键号
        if(key!=-1)
            P2=led_mod[key];                                  //显示闭合键号
    }
}
```

进阶任务三：应用矩阵键盘设计密码锁。

① 任务分析：制作一个密码锁，该密码锁共有 16 个按键，正确按键密码为数字 123456，使用按键输入密码，如果密码正确，LED 灯会被点亮，否则 LED 不亮。

② 所用元件，见表 4-10。

表 4-10 密码锁电路所需主要元件

元件名称	属性值	说明	数量
AT89C51	—	单片机	1
LED-GREEN	—	绿色 LED 灯	1
RES	200 Ω	电阻	1
BUTTON	—	独立按键	16

③ 电路设计：应用矩阵键盘设计密码锁电路图如图 4-18 所示。使用 P1 口接矩阵键盘，P2.0 接 1 个 LED 灯。

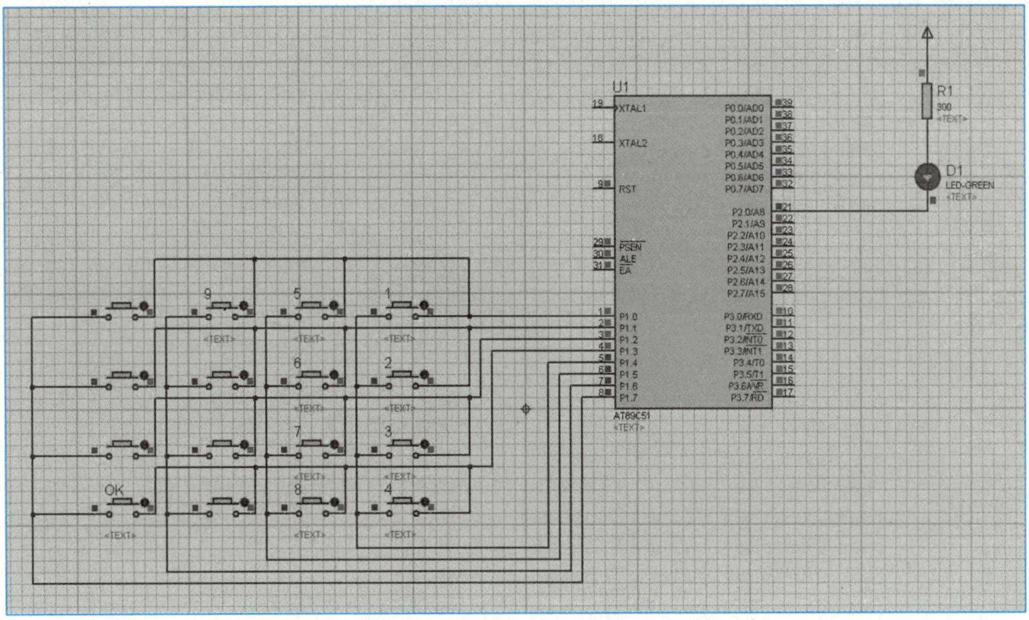

图 4-18　设计密码锁电路

④ 源程序设计：

```
#include<reg51.h>                               //51 头文件
#include<intrins.h>
#define uchar unsigned char
#define uint unsigned int
sbit P1_0=P1^0;
sbit P1_1=P1^1;
sbit P1_2=P1^2;
sbit P1_3=P1^3;
sbit LED=P2^0;
sbit LED2=P2^1;
uchar D[]={1,2,3,4,5,6};                        //定义密码集
delay(uint ms)                                  //延时函数
{
    uchar i;
    while(ms--)
    {for(i=0;i<125;i++)
        {;}
    }
}
uchar KeyV()
{
    uchar key,key_value,a;
    P1=0x0f;
    if(P1==0x0f)
    return(0);
```

```
    else
    {
        delay(6);                           //延时去抖
        for(a=0;a<4;a++)                    //进行行扫描
        {
            P1=_cror_(0x7f,a);              //循环右移,依次判断每行是否有键按下
            if(P1_0==0) break;
            if(P1_1==0) break;
            if(P1_2==0) break;
            if(P1_3==0) break;
        }
        key=P1;                             //读取键值
        while (P1!=0x0f)
        {
            P1=0x0f;
        }
        switch(key)                         //按键处理分支
        {
            case 0xee:key_value=1;break;    //键名 1
            case 0xed:key_value=2;break;    //键名 2
            case 0xeb:key_value=3;break;    //键名 3
            case 0xe7:key_value=4;break;    //键名 4
            case 0xde:key_value=5;break;    //键名 5
            case 0xdd:key_value=6;break;    //键名 6
            case 0xdb:key_value=7;break;    //键名 7
            case 0xd7:key_value=8;break;    //键名 8
            case 0xbe:key_value=9;break;    //键名 9
            case 0xbd:key_value=0;break;    //键名 0
            case 0xbb:key_value=11;break;   //键名 11
            case 0xb7:key_value=12;break;   //键名 12
            case 0x7e:key_value=13;break;   //键名 13
            case 0x7d:key_value=14;break;   //键名 14
            case 0x7b:key_value=15;break;   //键名 15
            case 0x77:key_value=16;break;   //键名 16
            default:break;
        }
        return(key_value);                  //返回键值
    }
}
main(void)
{uchar key_value=0xff;
    while(1)
    {
    while(key_value!=D[0])                  //判断键值是否和预设第一位密码相符
    {key_value=KeyV();}
    while(key_value!=D[1])                  //判断键值是否和预设第二位密码相符
    {key_value=KeyV();}
    while(key_value!=D[2])                  //判断键值是否和预设第三位密码相符
    {key_value=KeyV();}
    while(key_value!=D[3])                  //判断键值是否和预设第四位密码相符
    {key_value=KeyV();}
    while(key_value!=D[4])                  //判断键值是否和预设第五位密码相符
```

```
        {key_value=KeyV();}
        while(key_value!=D[5])              //判断键值是否和预设第六位密码相符
        {key_value=KeyV();}
        while(key_value!=0)                 //密码匹配,点亮 LED 灯
        {key_value=KeyV();LED=0;}
        }
    }
```

经验总结及提高

本关卡中按键是单片机系统常用的输入器件，除了按下和释放两种状态之外，还可以有长按、短按等状态。矩阵按键还可有多个按键组合的情况，可根据系统的需要自行设计。同时，还可用一个按键实现多项功能，通过对按键按击的次数来实现，不过这种方式需要对按键的去抖和防长按进行精确控制。

习　题

一、选择题

1. 非编码键盘可分为独立键盘和（　　）。

A. 弹性键盘　　B. 电脑键盘　　C. 矩阵式键盘　　D. 机械键盘

2. 在 51 单片机的独立按键设计中，通常使用（　　）来检测按键动作。

A. 压力传感器　　B. 温度传感器　　C. 光传感器　　D. 触摸传感器

3. 在 51 单片机系统中，为了减少独立按键的抖动，通常会采取（　　）措施。

A. 使用软件去抖　　B. 使用硬件去抖　　C. 增加按键的行程　　D. A 和 B

4. 在 51 单片机的矩阵键盘（4×4）设计中，通常使用（　　）I/O 线。

A. 4 根　　B. 8 根　　C. 16 根　　D. 32 根

5. 矩阵键盘的扫描方式通常采用（　　）方法。

A. 逐行扫描　　B. 随机扫描　　C. 全扫描　　D. 分时扫描

二、简答题

1. 由机械式按键组成的键盘，如何消除按键抖动？独立式按键和矩阵式按键分别有什么特点？适用于什么场合？

2. 矩阵键盘（见图 4-11），请根据给出的分析码，分析被按下的是哪个按键，并填在表 4-11 中。

表 4-11　矩阵键盘分析表

分析码	P1.7	P1.6	P1.5	P1.4	P1.3	P1.2	P1.1	P1.0	被按下的按键
0xe7									
0xbd									
0xde									
0x7b									

第六关　字符型 LCD 面板的制作

闯关要求

使用 AT89C51 控制液晶显示器（liquid crystal display，LCD）分两行显示数字和字母，在 LCD 液晶显示面板的制作实验的基础上，添加 3 个独立按键实现秒表的控制，3 个按键分别完成开始计时、停止计时和清零的功能。

闯关必备

一、LCD 的结构

液晶（liquid crystal）是一种高分子材料，因为其特殊的物理、化学、光学特性，20 世纪中叶开始广泛应用在轻薄型的显示设备上。单片机设计时常用的是液晶显示器，其构造是在两片平行的玻璃当中放置液态的晶体，两片玻璃中间有许多垂直和水平的细小电线，通过通电与否来控制杆状水晶分子改变方向，将光线折射出来产生画面，其内部结构如图 4-19 所示。

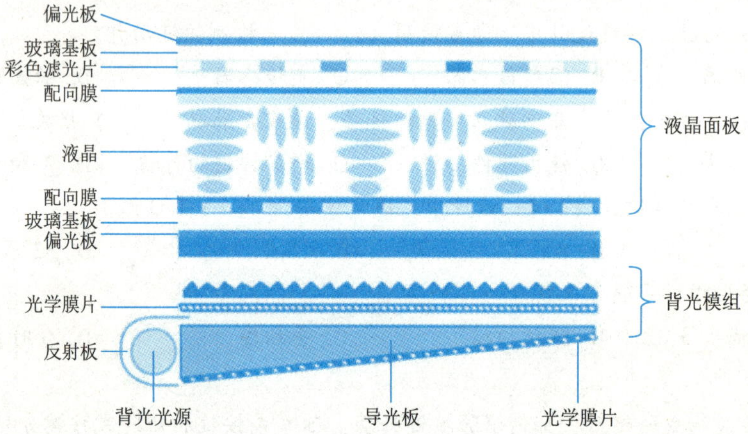

图 4-19　液晶显示器件基本结构

液晶显示器件是一种高新技术的基础元器件，虽然其应用很广泛，但对很多普通用户来说，使用、装配时仍感到困难。故此，通常将液晶显示器件与控制、驱动集成电路装在一起，形成一个功能部件，用户只需用传统工艺即可将其装配成一个整机系统。

如图 4-20 所示，本关口中使用的液晶部件是一种将液晶显示器件、连接件、集成电路、印制电路板（PCB）、背光源、结构件装配在一起的组件，英文名称为 LCD Module，简称 LCM，中文一般称为“液晶显示模块”。

单片机系统设计中用到的液晶显示器通常有段式、字符型及图形 3 种，其中段式液晶显示器是一种相对简单的液晶显示器，它只能显示数字和符号，其控制信号包括一个公共端和若干个段控制

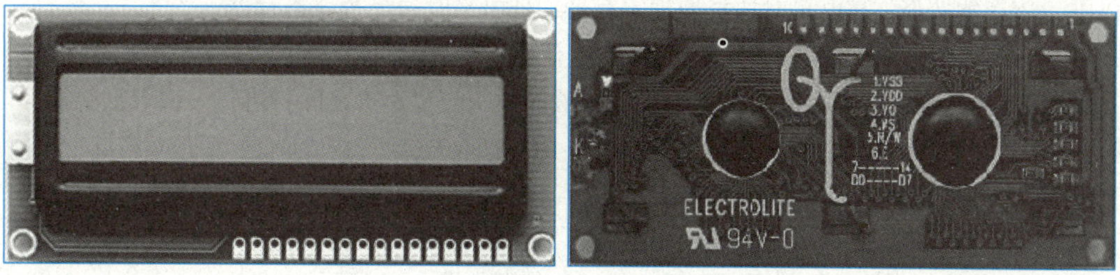

图 4-20　液晶 LCM1602 显示模块外形图

信号。字符型液晶显示器主要用来显示英文、数字和其他常用符号等，它由液晶显示屏、字符库和字符控制器组成，只要按照给定的指令和时序输入字符的 ASCII 码即可显示该字符。常用的字符显示器有 1602（16 字符×2 行）、1604（16 字符×4 行）和 2004（20 字符×4 行）等。图形液晶显示器可以显示图形和汉字，它主要由液晶显示屏和控制器组成，液晶显示屏由若干显示点组成，使某些点显示而其他点不显示就可以显示某个图形。而汉字被看成小的图形，通常使用 16×16 的点阵来显示一个汉字。

视频　液晶显示面板

二、 LCD 液晶显示器与单片机接口

本关口中采用字符型液晶模块完成显示，下面以 SMC1602A 为例说明字符型液晶模块与单片机的接口方法。其主要技术参数见表 4-12，其接口信号见表 4-13。

表 4-12　液晶模块 SMC1602A 主要技术参数

显示容量	芯片工作电压	工作电流	模块最佳工作电压	字符尺寸
16×2 个字符	4.5~5.5 V	2.0 mA	5.0 V	2.95 mm×4.35 mm（W×H）

表 4-13　液晶模块 SMC1602A 接口信号

编号	符号	引脚说明	编号	符号	引脚说明
1	V_{SS}	电源地	9	D2	数据口
2	V_{DD}	电源正极	10	D3	数据口
3	VO	液晶显示对比度调节端	11	D4	数据口
4	RS	数据/命令选择端（H/L）	12	D5	数据口
5	R/W	读/写选择端（H/L）	13	D6	数据口
6	E	使能信号	14	D7	数据口
7	D0	数据口	15	BLA	背光电源正极
8	D1	数据口	16	BLK	背光电源负极

① V_{SS}：电源地。

② V_{DD}：接 5 V 正电源。

③ VO：液晶显示器对比度调整端，接正电源时对比度最弱，接地时对比度最高，对比度过高时会产生“鬼影”，使用时可以通过一个 10 kΩ 的电位器调整对比度。

④ RS：寄存器选择，高电平时选择数据寄存器，低电平时选择指令寄存器。

⑤ R/W：读写信号线，高电平时进行读操作，低电平时进行写操作。

⑥ E：使能端，当由高电平跳变成低电平时，液晶模块与单片机之间将进行一次数据交换。

⑦ D0～D7：8 位双向数据线。

⑧ BLA：背光电源正极。

⑨ BLK：背光电源负极。

液晶模块与单片机系统的连接完成显示功能，连接图如图 4-21 所示。

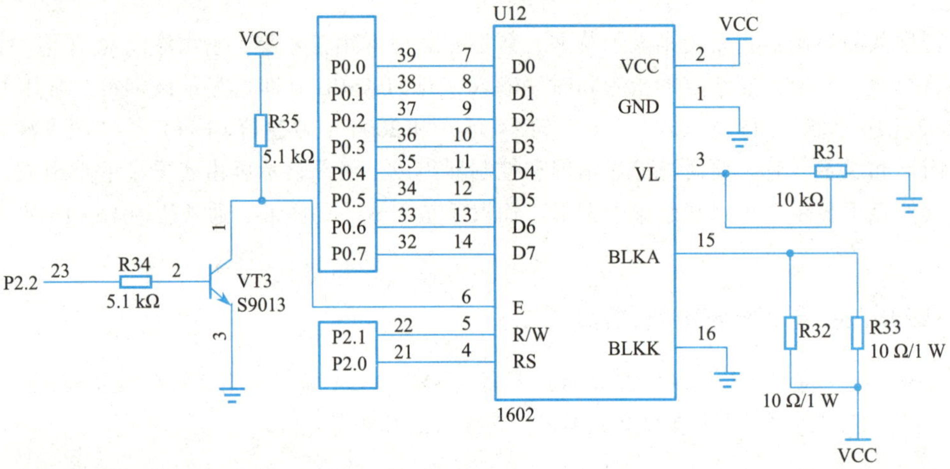

图 4-21　液晶模块与单片机连接图

三、 LCD 液晶显示器的读/写操作

1. 基本操作时序（见表 4-14）

表 4-14　液晶模块 1602 基本操作时序表

读状态	输入：RS=L，RW=H，E=H	输出 D0～D7=状态字
读数据	输入：RS=H，RW=H，E=H	输出 D0～D7=数据
写指令	输入：RS=L，RW=L，D0～D7=指令码，E=高脉冲	输出无
写数据	输入：RS=H，RW=L，D0～D7=数据，E=高脉冲	输出无

2. 状态字说明（见表 4-15）

表 4-15　液晶模块 1602 状态字说明

STA7	STA6	STA5	STA4	STA3	STA2	STA1	STA0
D7	D6	D5	D4	D3	D2	D1	D0
STA0～STA6			当前地址指针的数值				
STA7			读/写操作使能			1——禁止；0——允许	

3. RAM 地址映射

液晶显示模块是一个慢显示器件，所以在执行每条指令之前一定要确认模块的忙标志为低电平，表示不忙，否则此指令失效。要显示字符时先输入显示字符地址，也就是告诉模块在哪里显示字符。液晶模块 1602 控制器内部带有 80×8 位（80 B）的 RAM 缓冲区，对应关系如图 4-22 所示。

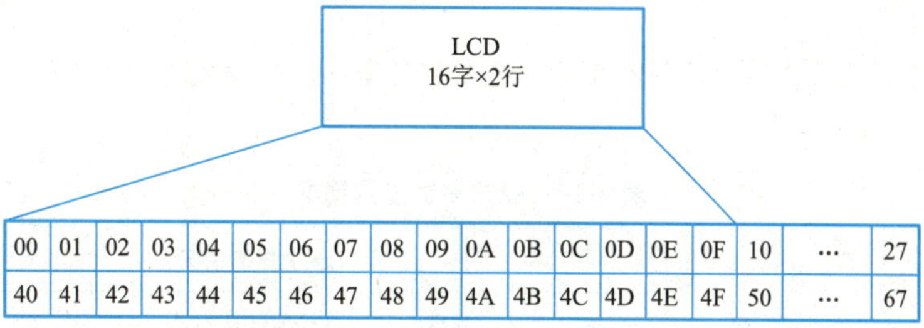

图 4-22　内部 RAM 地址映射图

四、 LCD 液晶显示模块指令说明

液晶模块 1602 内部的控制器共有 11 条控制指令，具体指令见表 4-16。

表 4-16　液晶 1602 控制命令对照表

序　号	指　令	RS	R/W	D7	D6	D5	D4	D3	D2	D1	D0
1	清显示	0	0	0	0	0	0	0	0	0	1
2	光标返回	0	0	0	0	0	0	0	0	1	*
3	置输入模式	0	0	0	0	0	0	0	1	I/D	S
4	显示开/关控制	0	0	0	0	0	0	1	D	C	B
5	光标或字符移位	0	0	0	0	0	1	S/C	R/L	*	*
6	置功能	0	0	0	0	1	DL	N	F	*	*
7	置字符发生存储器地址	0	0	0	1	字符发生存储器地址					
8	置数据存储器地址	0	0	1	显示数据存储器地址						
9	读忙标志或地址	0	1	BF	计数器地址						
10	写数到 CGRAM 或 DDRAM	1	0	要写的数据内容							
11	从 CGRAM 或 DDRAM 读数	1	1	读出的数据内容							

1. 清屏

指令编码：01H。

指令功能：将 DDRAM 的内容全部填入代码为 20H 的“空格”，同时将光标移到屏幕的左上角，地址计数器 AC 的值设置为 00H。

2. 光标复位

指令编码：02H 或 03H。

指令功能：将光标移到屏幕的左上角，同时清零地址计数器 AC，而 DDRAM 的内容不变。

3. 设置字符/光标移动模式

指令编码：04H~07H。

指令功能：用于设置每次写入 1 位数据后光标的移位方向，并设置每次写入的一个字符是否移动，设置情况见表 4-17。

表 4-17 模式参数设置情况

I/D	S	设置的情况
0	0	光标左移一格且地址计数器（AC）值减 1
0	1	显示器字符全部右移一格，但光标不动
1	0	光标右移一格且地址计数器（AC）值加 1
1	1	显示器字符全部左移一格，但光标不动

4. 显示器开/关控制

指令编码：08H~0FH。

指令功能：

① D：显示器开关，D=0，关显示；D=1，开显示。

② C：光标开关，C=1，有光标；C=0，无光标。

③ B：光标闪烁开关，B=1，光标闪烁；B=0，不闪烁。

5. 光标或字符移位

指令编码：10H~1FH。

指令功能：使光标移位或使整个显示屏幕移位。设置情况见表 4-18。

表 4-18 光标或显示移位参数设置情况

S/C	R/L	设 置 情 况
0	0	光标左移一格，且 AC 值减 1
0	1	光标右移一格，且 AC 值加 1
1	0	显示器字符全部左移一格，但光标不动
1	1	显示器字符全部右移一格，但光标不动

6. 设置功能

指令编码：20H~3FH。

指令功能：

① DL=1，8 位总线；DL=0，4 位总线。使用 D7~D4 位，分 2 次送入 1 个完整的字符数据。

② N=1，双行显示；N=0，单行显示。

③ F=1，采用 5×10 点阵字符；F=0，采用 5×7 点阵字符。

7. 设置 CGRAM 地址

指令编码：0x40+“CGRAM 地址”。

指令功能：设置下一个要读/写数据的 CGRAM 地址，可设置 00~3FH 共 64 个地址。

8. 设置 DDRAM 地址

指令编码：0x80+“DDRAM 地址”。

指令功能：设置下一个要读/写数据的 DDRAM 地址，第一行的地址范围为 00~0FH；第二行的地址范围为 40H~4FH，因此，希望在 LCD 的某个特殊位置显示特定字符时，一般遵循“先指定地址，后写入内容”的原则。

9. 读忙标志位 BF 或 AC 的值

忙标志位 BF 用来指示 LCD 目前的工作情况，当 BF=1 时，表示正在进行内部数据的处理，不接收单片机送来的指令或数据；当 BF=0 时，则表示已准备接收命令或数据。

当程序读取此数据的内容时，D7 表示 BF，D6~D0 的值表示 CGRAM 或 DDRAM 中的地址。至于是指向哪一地址，则根据最后写入的地址设置指令而定。

10. 写数到 CGRAM 或 DDRAM

先设置 CGRAM 或 DDRAM 地址，再将数据写入 D7~D0 中，以使 LCD 显示出字形，也可使用户自定义的字符图形存入 CGRAM 中。

11. 从 CGRAM 或 DDRAM 中读数

先设置 CGRAM 或 DDRAM 地址，再读取其中的数据。

开始闯关

闯关任务及过程如下：

① 闯关任务：LCD1602 液晶模块显示。

② 任务分析：使用 AT89C51 控制 LCD 液晶显示器分两行显示数字和字母，第一行显示 1234567898765432，第二行显示 abcdefghijklmnop。

视频

实验液晶显示面板

③ 所用元件，见表 4-19。

表 4-19　LCD1602 液晶模块显示电路所需主要元件

元件名称	属性值	说明	数量
AT89C51	—	单片机	1
LM016L	—	液晶模块	1
RESPACK-8	5.1 kΩ	排阻	1
POT-HG	10 kΩ	滑动变阻器	1

④ 电路设计：LCD1602 液晶模块显示电路图如图 4-23 所示。

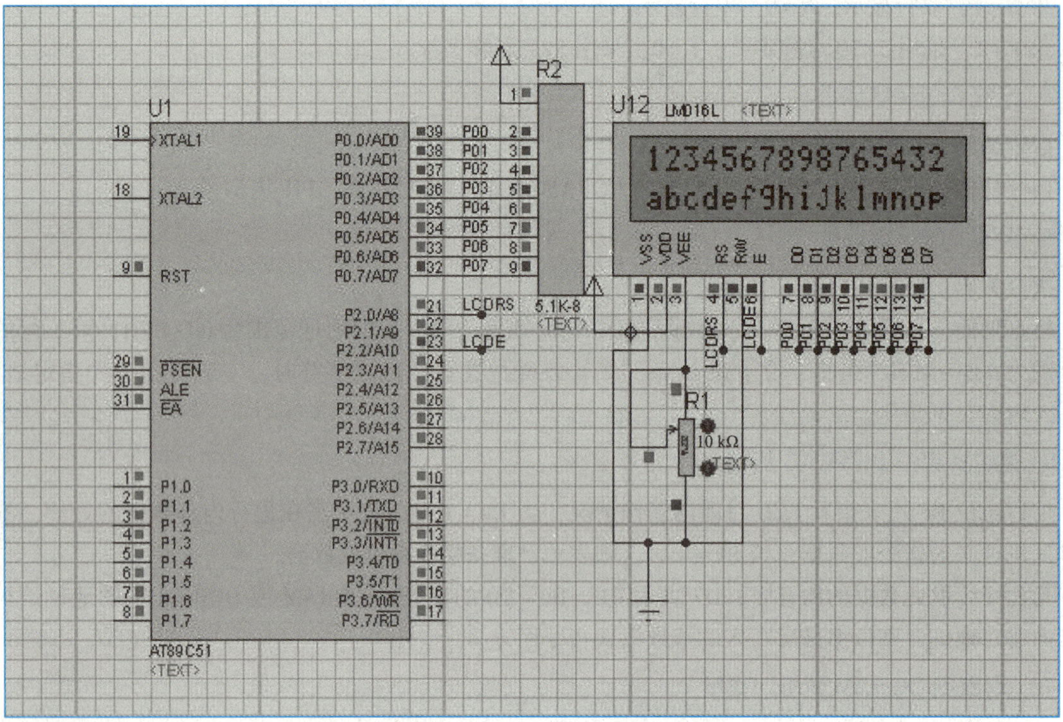

图 4-23　LCD1602 液晶模块显示

⑤ 源程序设计：

```
//头文件:LCD1602.H
/*******************************************************************
***程序功能:完成 LCD1602 液晶模块初始化
***引脚连接:E 端连接 P2.2;RS 端连接 P2.0;R/W 端接地
*******************************************************************/
#include "reg51.h"
#define uchar unsigned char
#define uint unsigned int
sbit lcd_rs=P2^0;
sbit lcd_en=P2^2;
/******液晶模块延时函数*********/
void lcd_delay(uint x)
{
    uint a,b;
    for(a=x;a>0;a--)
        for(b=100;b>0;b--);
}
/******液晶模块写命令函数********/
void lcd1602_com(uchar com)
{
    P0=com;
```

```
    lcd_rs=0;
    lcd_delay(10);
    lcd_en=1;
    lcd_delay(10);
    lcd_en=0;
}
/******液晶模块写数据函数********/
void lcd1602_dat(uchar dat)
{
    P0=dat;
    lcd_rs=1;
    lcd_delay(10);
    lcd_en=1;
    lcd_delay(10);
    lcd_en=0;
}
/******液晶模块初始化函数********/
void lcd1602_reset()
{
    lcd_delay(50);
    lcd1602_com(0x38);                //两行 16×2 的显示,5×7 的点阵
    lcd_delay(20);
    lcd1602_com(0x38);
    lcd_delay(20);
    lcd1602_com(0x0c);                //开显示
    lcd_delay(20);
    lcd1602_com(0x06);                //当读/写完一个地址时指针加一,且光标加一
    lcd_delay(20);
    lcd1602_com(0x01);                //清屏
    lcd_delay(20);
}
/主程序***********************************
*** 程序功能:液晶显示测试
*** 引脚说明:LCD_E <=>P2.2
             LCD_RS<=>P2.0
             LCD_RW<=>地
**********************************/
#include"LCD1602.h"
uchar table1[]="12345678987654321";
uchar table2[]="abcdefghijklmnopq";
/******* 液晶控制头文件 *******/
/********** 主函数 ************/
void lcd_display()
{
    uchar a;
    lcd1602_com(0x80+0x00);           //第一行显示起始地址 80H+00H
```

```
    lcd_delay(20);
    for(a=0;a<16;a++)
    {
        lcd1602_dat(table1[a]);
        lcd_delay(20);
    }
    lcd1602_com(0x80+0x40);            //第二行显示起始地址 80H+40H
    lcd_delay(20);
    for(a=0;a<16;a++)
    {
        lcd1602_dat(table2[a]);
        lcd_delay(20);
    }
}
void main()
{
    lcd1602_reset();
    lcd_display();
    while(1);
}
```

⑥ 闯关评价：

考核内容及配分	技术要求	评分标准	得分
1. 纪律与出勤：10 分	遵守实验室秩序、不迟到不早退	违反纪律视情况扣分	
2. Keil 软件中新建、保存一个工程文件：10 分	能够正确新建一个工程文件、选取正确的单片机并保存到指定位置	不会建立工程、单片机型号选取错误且没有保存到指定位置不得分	
3. 新建一个源代码文件并加载到工程中：20 分	能够正确新建一个源代码文件并加载到工程里	不会建立文件、没有加载到工程中不得分；程序拼写或语法出错根据情况酌情扣分	
4. 生成 hex 文件：10 分	正确生成 . hex 文件	不能生成 . hex 文件不得分	
5. Proteus 软件中新建一个设计文件并保存到指定位置：10 分	使用 Proteus 正确新建一个设计文件	不能够新建一个设计文件并保存在指定位置不得分	
6. 根据需要画出电路图：20 分	正确放置元件并画出原理图	画错不得分；元件选择有误或者连线出问题酌情扣分	
7. 仿真调试：20 分	正确显示项目预期效果	液晶显示模块不显示或显示得不正确均不得分	

关卡更新

使用单片机控制 LCD 显示内容变化，分两行显示“hello”和“welcome to bttzy”。电路图如图 4-24 所示。

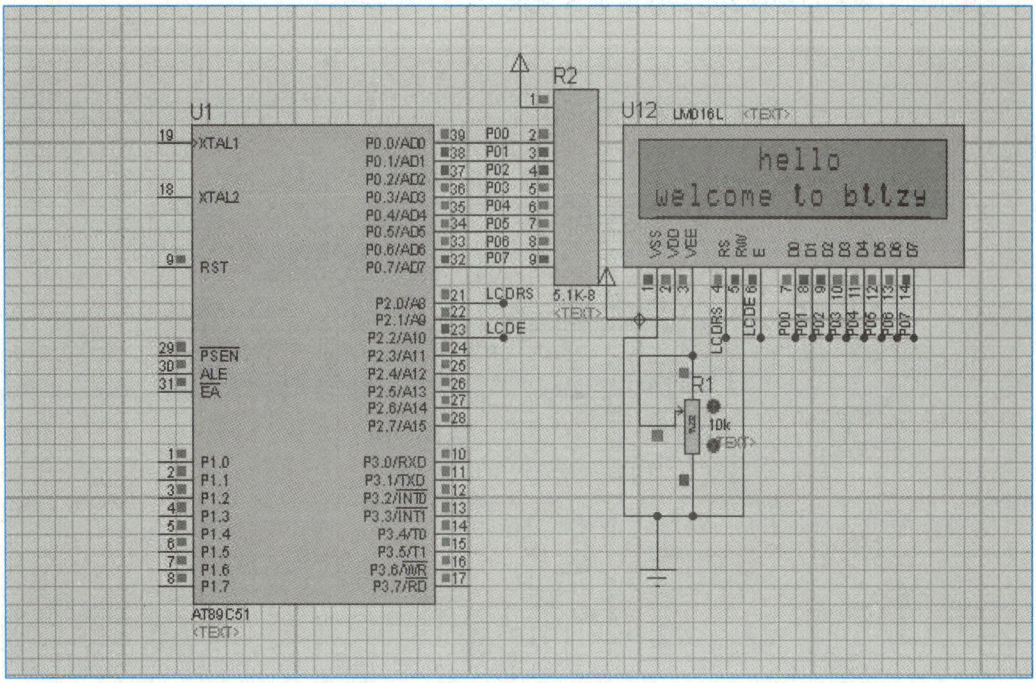

图 4-24　单片机控制 LCD 显示内容变化

程序只需修改数组值，修改如下：

```
uchar table1[]="      hello     ";        //前面 6 个空格,后面 5 个空格
uchar table2[]="welcome to bttzy";
```

关卡难度进阶

进阶任务及过程如下：

① 进阶任务：键控电子秒表。

② 任务分析：在 LCD 液晶显示面板制作实验的基础上，添加 3 个独立按键实现秒表的控制，3 个按键分别完成开始计时、停止计时和清零功能。

③ 所用元件，见表 4-20。

表 4-20　键控电子秒表电路所需主要元件

元件名称	属性值	说明	数量
AT89C51	—	单片机	1
LM016L	—	液晶模块	1
RESPACK-8	5.1 kΩ	排阻	1
POT-HG	10 kΩ	滑动变阻器	1
BUTTON	—	轻触按键	3
RES	10 kΩ	电阻	3

④ 电路设计：键控电子秒表电路如图 4-25 所示。

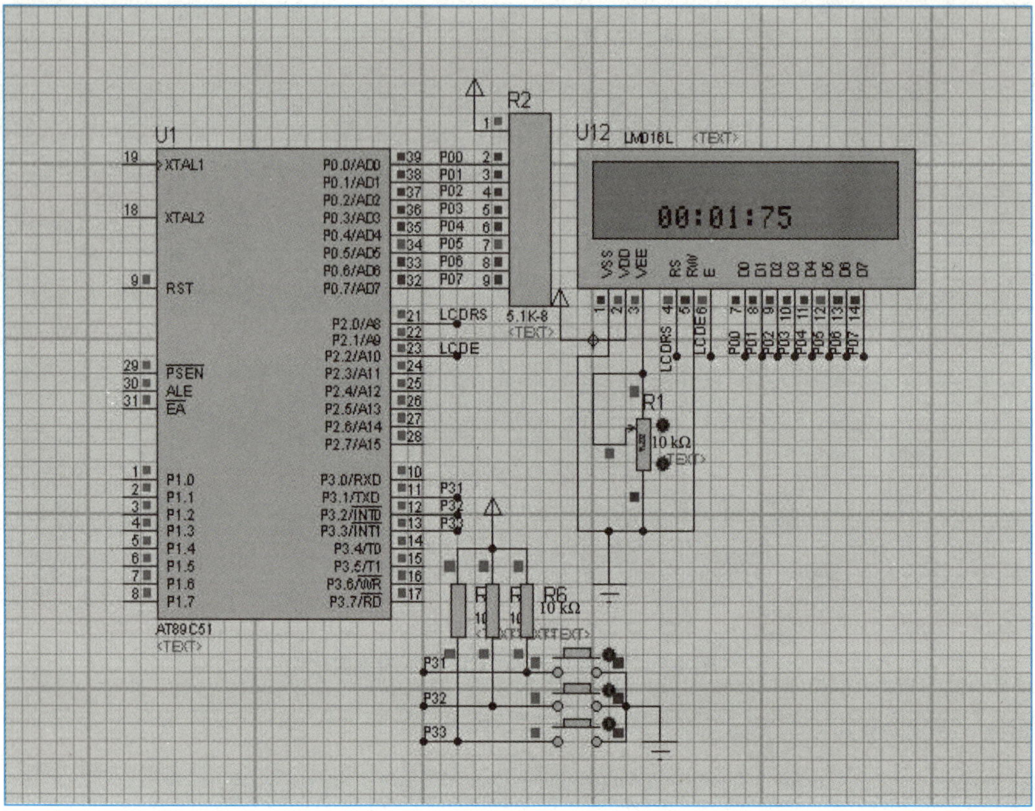

图 4-25　键控电子秒表

⑤ 源程序设计：

```
//头文件:key.h
sbit key1=P3^1;
sbit key2=P3^2;
sbit key3=P3^3;
void delay100ms(uchar x)                //100 ms 延时
{
    uchar i,j,k,m;
    for(i=x;i>0;i--)
        for(j=3;j>0;j--)
            for(k=110;k>0;k--)
                for(m=138;m>0;m--);
}
void key_scan(void)                     //按键识别
{
    if(key1==0)
    {
        delay100ms(1);
```

```
        if(key1==0)
        {
            TR0=1;                          //启动 T0
        }
    }
    if(key2==0)
    {
        delay100ms(1);
        if(key2==0)
        {
            TR0=0;                          //停止 T0
        }
    }
        if(key3==0)
        {
            delay100ms(1);
            if(key3==0)
            {
                table2[3]=0+'0';
                table2[4]=0+'0';
                table2[6]=0+'0';
                table2[7]=0+'0';
                table2[9]=0+'0';
                table2[10]=0+'0';       //清 0 操作
                n=0;
                m=0;
                sec=0;
                min=0;
            }
        }
}

//主程序设计
#define uchar unsigned char
#define uint unsigned int
uchar table2[]="   00:00:00   ";         //前后各 3 个空格
uchar n=0,m=0,sec=0,min=0;
#include"LCD1602.h"
#include"key.h"
void time_init()
{
    TMOD=0x02;                           //定时器 T0,方式 2
    ET0=1;                               // T0 溢出中断允许
    EA=1;                                //开中断总开关
    TH0=0x06;                            //初值为 6,次数为 250 次
    TL0=0x06;
```

```
    TR0=0;
}
void main()
{
    uchar a;
    time_init();
    lcd1602_reset();
    while(1)
    {
        lcd1602_com(0x80+0x40);          //第二行起始地址为 80H+40H
        lcd_delay(20);
        for(a=0;a<16;a++)
        {
            lcd1602_dat(table2[a]);
            lcd_delay(20);
        }
        key_scan();
    }
}
void t0(void) interrupt 1
{
    n++;
    if(n==40)                            //40×250=10 000 μs=10 ms
    {
        n=0;
        m++;
        if(m==100)                       //10 ms×10=1 s,显示清 0
        {
            m=0;
            sec++;                       //1 s 加 1
            if(sec==60)
            {
                min++;                   //1 min 加 1
                sec=0;
                if(min==100)
                min=0;
            }
        }
    }
    table2[3]=min/10+'0';                //以两位显示分钟
    table2[4]=min%10+'0';
    table2[6]=sec/10+'0';                //以两位显示秒
    table2[7]=sec%10+'0';
    table2[9]=m/10+'0';                  //以两位显示(以 10 ms 为单位)
    table2[10]=m%10+'0';
}
```

经验总结及提高

液晶显示器由于功耗低、抗干扰能力强等优点，日渐成为各种便携式产品、仪器仪表以及工控产品的理想显示器。本关卡主要让读者掌握液晶显示器的结构、液晶显示器与单片机的接口、液晶显示器的读/写操作、液晶显示器常用的控制指令等。

本关卡中使用常量数组table1和table2来存放待显示的字符，在实际应用中经常需要将一些变量送到LCD1602液晶显示，此时可以将字符或者数字的ASCII码作为参数传递给显示函数。

习　　题

一、简答题

1. 什么是液晶显示模块？它由哪几部分组成？
2. LCD1602一屏能显示的字符是几行几列？
3. 当RS为高电平，R/W为低电平时，液晶1602完成什么操作？
4. 分析如下液晶1602控制指令：

指　　令	功　　能
0X01	
0X02	
0X06	
0X05	
0X38	

第七关　制作LED点阵

闯关要求

使用AT89C51单片机的输出端口，控制8×8 LED点阵进行特殊形状的显示。具体包括显示雨伞形、龙字形、菱形、I字形、心形、U字形，进行0~9数字循环切换，进行4个方形的循环显示，进行滚动屏幕的显示。

闯关必备

视频

LED点阵

一、概述

无论是单个LED（发光二极管），还是LED七段码显示器（数码管），都不能显示字符

（含汉字）及更为复杂的图形信息，主要是因为它们没有足够的信息显示单位。LED 点阵显示屏是把很多的 LED 按矩阵方式排列在一起，通过对各 LED 发光与不发光的控制完成各种字符或图形的显示，最常见的 LED 点阵显示模块有 5×7（5 列 7 行）、7×9、8×8 结构，前两种主要用于显示各种西文字符，后一种可用于大型电子显示屏的基本组建单元。

二、 8×8 LED 点阵结构

8×8 LED 点阵的实物图如图 4-26 所示，外观及引脚图如图 4-27 所示。

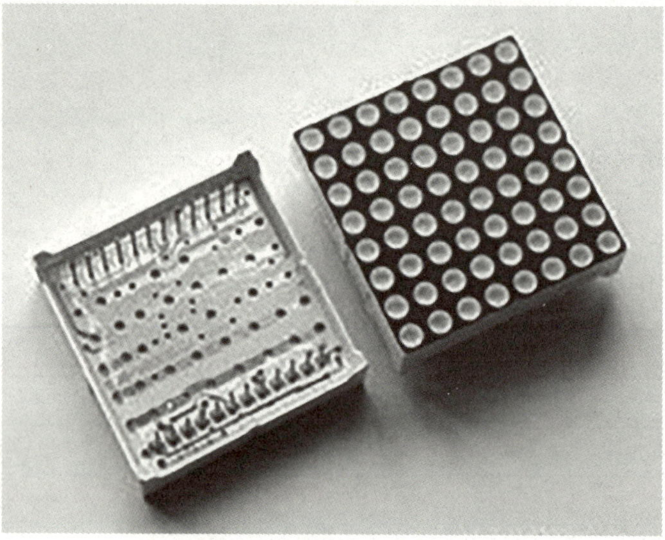

图 4-26 8×8LED 点阵的实物图

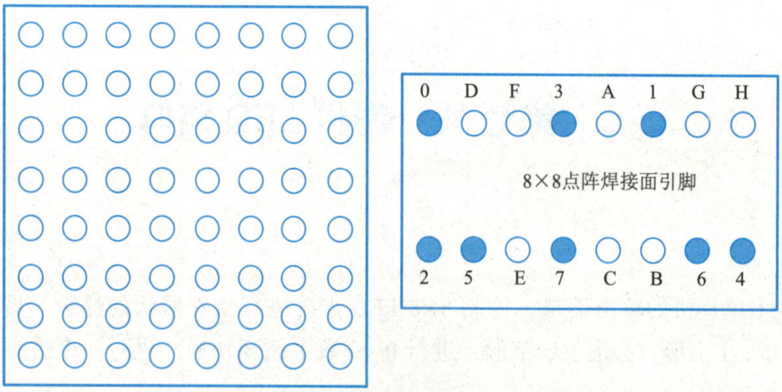

图 4-27 8×8 LED 点阵的外观及引脚图

8×8 LED 点阵共由 64 个 LED 组成，每个 LED 放置在行线和列线的交叉点上，当对应的某一行置 1（即高电平），且某一列置 0（即低电平）时，则相应的发光二极管点亮。如图 4-28 所示，只要各 LED 处于正偏（Y 方向为 1，X 方向为 0），则该 LED 发光。例如，Y7(0) = 1，X7(H) = 0时，则其对应的右下角的 LED 会发光。

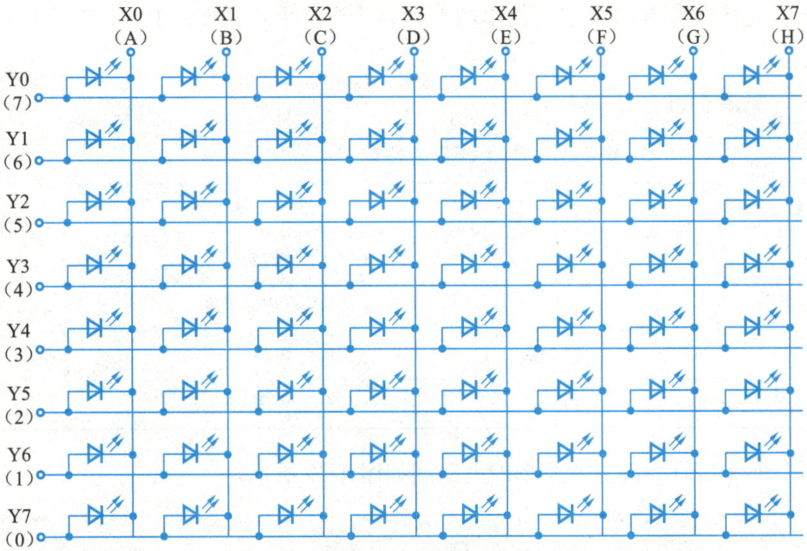

图 4-28　8×8 点阵的等效电路

三、 8×8 LED 点阵显示方式

LED 显示模块通过驱动行线和列线来点亮 LED 屏上相应的点。LED 点阵显示方式可分为静态显示和动态显示两种。

① 静态显示方式：同时控制各个 LED 亮灭的方式称为静态显示方式。8×8 点阵共有 64 个 LED，显然单片机没有这么多端口可用。这还仅仅是 8×8 点阵，实际的显示屏往往要大很多。所以在实际应用中，LED 点阵显示屏几乎不采用这种设计，而是采用动态显示方式。

② 动态显示方式：采用多路复用技术，采用动态扫描方法，有逐列扫描方式和逐行扫描方式两种。逐列扫描方式就是逐列轮流点亮，逐行扫描方式就是逐行轮流点亮。以 8×8 点阵逐列扫描为例，先送出第 1 列的列数据（相当于段码，决定列上哪些 LED 亮），即第 1 列 LED 亮灭的数据。然后送出第 1 列的列码（相当于位码，决定哪一列能亮），选通第 1 列，使其点亮一定的时间，然后熄灭；再送出第 2 列的数据，然后选通第 2 列，使其点亮相同的时间，然后熄灭……第 8 列之后，又重新点亮第 1 列，反复循环。当循环的速度足够快时（每秒 24 次以上），由于人眼的视觉暂留现象，就能看到显示屏上呈现出稳定的图形。对动态扫描显示而言，复用的路数越多驱动电路就越少，成本也就越低，引线也大幅减少，更有利于高密度显示屏的制造。

提示： 直接使用 AT89C51 的 P2 口和 P1 口分别驱动 8×8 LED 点阵屏的行线和列线，在实际应用时，行线上应加上驱动元件（74LS245），不可缺少。但用 Proteus 仿真时，缺少驱动元件并不影响仿真结果。若使用 P0 口连接，上拉电阻不能忘记，可选择 1 kΩ。

视 频

实验LED点阵

开始闯关

闯关任务及过程如下：

① 闯关任务：8×8 LED 点阵的设计及应用。

② 任务分析：完成对8×8 LED点阵简单图形形码分析，单片机使用P1口连接8×8 LED点阵，采用动态显示方式。

③ 所用元件，见表4-21。

表4-21　8×8 LED点阵电路所需主要元件

元件名称	属性值	说明	数量
AT89C51	—	单片机	1
MATRIX-8×8	—	8×8点阵显示屏	1
RES	10 kΩ	电阻	8
RES	200 Ω	电阻	8

④ 电路设计：8×8 LED点阵显示伞形的电路图如图4-29所示。

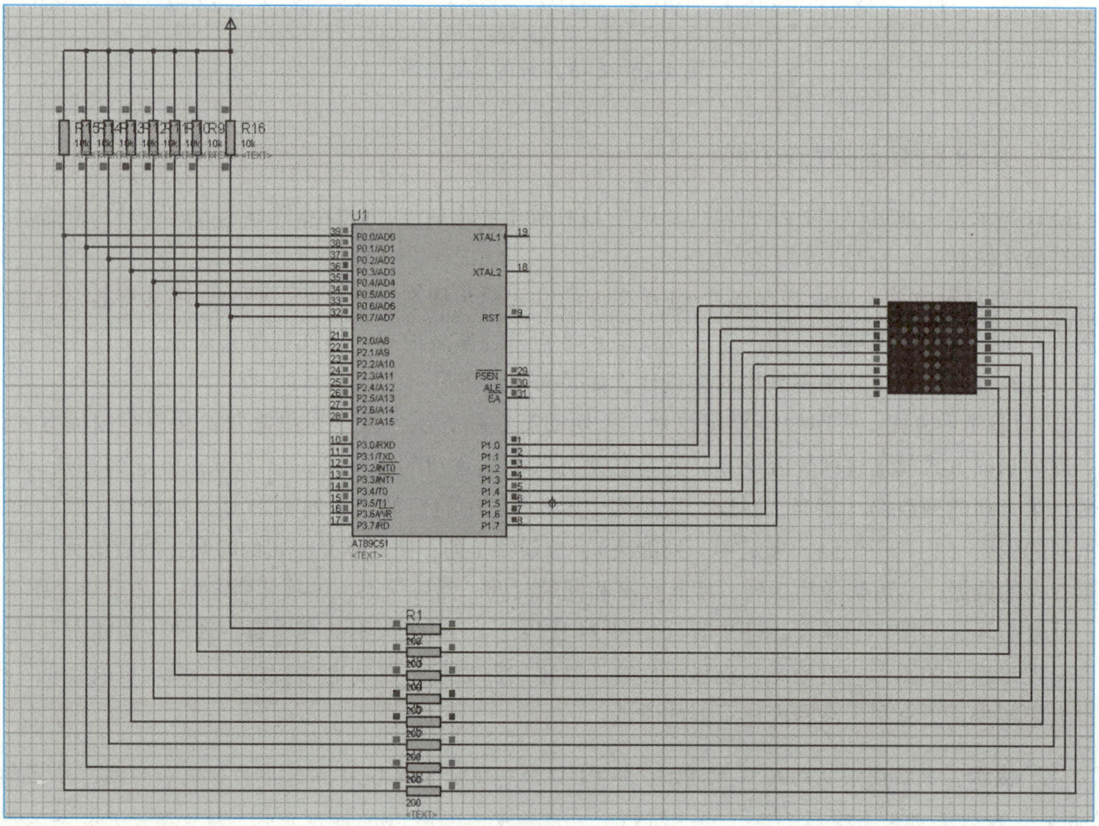

图4-29　8×8 LED点阵显示伞形的电路图

⑤ 源程序设计：

```
#include<reg52.h>
#define uchar unsigned char
uchar pptr[8]={0x01,0x02,0x04,0x08,0x10,0x20,0x40,0x80};
```

```
uchar san[8]={0xe7,0xc3,0x81,0x00,0xe7,0xe7,0xe7,0xe7};          //雨伞形
//uchar san[8]={0xe7,0xc3,0x81,0x00,0x00,0x81,0xc3,0xe7};        //菱形
//uchar san[8]={0xeb,0xed,0x00,0xef,0xcb,0xaa,0x60,0xf7};        //龙字形
//uchar san[8]={0xFF,0xC3,0xE7,0xE7,0xE7,0xE7,0xC3,0xFF};        //I 字形
//uchar san[8]={0xFF,0x99,0x66,0x7E,0xBD,0xDB,0xE7,0xFF};        //心形
//uchar san[8]={0xFF,0x99,0x99,0x99,0x99,0x99,0xC3,0xFF};        //U 字形
void delay(char z)                                               //延时程序,最小单位 1 ms
{
    uchar x,y;
    for(x=z;x>0;x--)
    for(y=110;y>0;y--);
}
void main()                                                      //主程序
{
    uchar i;
    for(;;)
    {
        for(i=0;i<8;i++)          //8 行循环动态扫描,显示各种形状
        {
            P1=pptr[i];
            P0=san[i];
            delay(1);
        }
    }
}
```

⑥ 闯关评价：

考核内容及配分	技术要求	评分标准	得分
1. 纪律与出勤：10 分	遵守实验室秩序、不迟到不早退	违反纪律视情况扣分	
2. Keil 软件中新建、保存一个工程文件：10 分	能够正确新建一个工程文件、选取正确的单片机并保存到指定位置	不会建立工程、单片机型号选取错误且没有保存到指定位置不得分	
3. 新建一个源代码文件并加载到工程中：20 分	能够正确新建一个源代码文件并加载到工程里	不会建立文件、没有加载到工程中不得分；程序拼写或语法出错根据情况酌情扣分	
4. 生成 hex 文件：10 分	正确生成 . hex 文件	不能生成 . hex 文件不得分	
5. Proteus 软件中新建一个设计文件并保存到指定位置：10 分	使用 Proteus 正确新建一个设计文件	不能够新建一个设计文件并保存在指定位置不得分	
6. 根据需要画出电路图：20 分	正确放置元件并画出原理图	画错不得分；元件选择有误、元件属性设置出错或连线有问题酌情扣分	
7. 仿真调试：20 分	正确显示项目预期效果	通过注释语句，分别显示不同图案，不显示或者显示的图案有问题均酌情扣分	

关卡更新

使用单片机控制 8×8 LED 点阵进行数字 0~9 的循环显示，注意间隔时间设置为 1 s。电路不变，显示结果如图 4-30 所示。

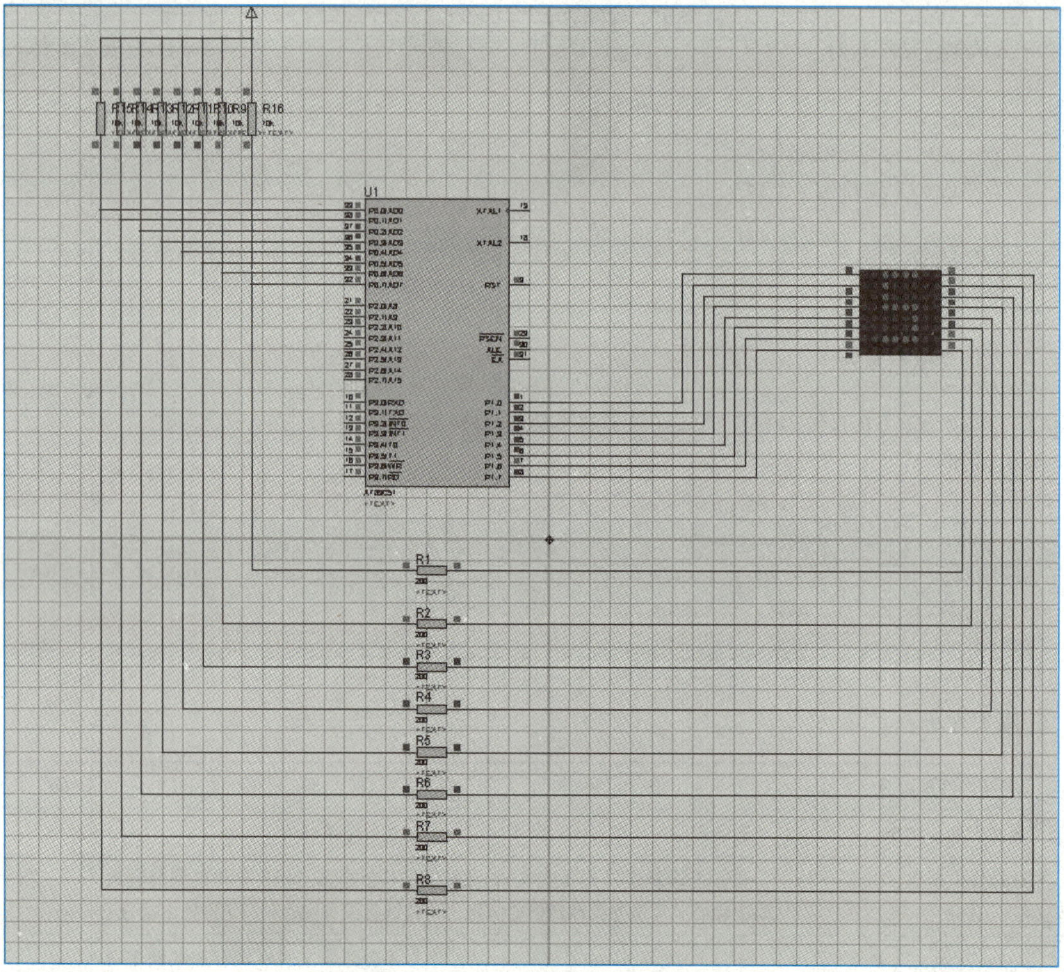

图 4-30 数字 0~9 的循环显示

源程序设计：

```
#include<reg52.h>
#define uchar unsigned char
uchar shu0[8]={0xff,0xc3,0xdb,0xdb,0xdb,0xdb,0xc3,0xff};    //0 的形码
uchar shu1[8]={0xff,0xe7,0xe7,0xe7,0xe7,0xe7,0xe7,0xff};    //1 的形码
uchar shu2[8]={0xc3,0xfb,0xfb,0xc3,0xdf,0xdf,0xc3,0xff};    //2 的形码
uchar shu3[8]={0xc3,0xfb,0xfb,0xc3,0xfb,0xfb,0xc3,0xff};    //3 的形码
uchar shu4[8]={0xdb,0xdb,0xdb,0xc3,0xfb,0xfb,0xfb,0xff};    //4 的形码
uchar shu5[8]={0xc3,0xdf,0xdf,0xc3,0xfb,0xfb,0xc3,0xff};    //5 的形码
uchar shu6[8]={0xc3,0xdf,0xdf,0xc3,0xdb,0xdb,0xc3,0xff};    //6 的形码
```

```
uchar shu7[8]={0xc3,0xfb,0xfb,0xfb,0xfb,0xfb,0xfb,0xff};        //7 的形码
uchar shu8[8]={0xc3,0xdb,0xdb,0xc3,0xdb,0xdb,0xc3,0xff};        //8 的形码
uchar shu9[8]={0xc3,0xdb,0xdb,0xc3,0xfb,0xfb,0xc3,0xff};        //9 的形码
uchar pptr[8]={0x01,0x02,0x04,0x08,0x10,0x20,0x40,0x80};        //段码选择
//uchar pptr[8]={0xfe,0xfd,0xfb,0xf7,0xef,0xdf,0xbf,0x7f};
uchar biaozhi1,i;
uchar num_50ms;
void delay(char z)                              //延时函数
{
    uchar x,y;
    for(x=z;x>0;x--)
        for(y=110;y>0;y--);
}
void main()
{
    TMOD=0x01;                                  //定时器 0
    TH0=0x3c;                                   //预设初值
    TL0=0xb0;
    IE=0x82;                                    //开中断
    TR0=1;                                      //开启定时器 0
    biaozhi1=0;
    while(1)                                    //循环检查标志位,做相应的显示
    {
    if(biaozhi1==0)                             //显示 0
    {
            for(i=0;i<8;i++)
            {
                P1=pptr[i];
                P0=shu0[i];
                delay(1);
            }
        }
        else if(biaozhi1==1)                    //显示 1
        {
            for(i=0;i<8;i++)
            {
                P1=pptr[i];
                P0=shu1[i];

                delay(1);
            }
        }
        else if(biaozhi1==2)                    //显示 2
        {
            for(i=0;i<8;i++)
            {
```

```
            P1=pptr[i];
            P0=shu2[i];
            delay(1);
        }
    }
    else if(biaozhi1==3)        //显示 3
    {
        for(i=0;i<8;i++)
        {
            P1=pptr[i];
            P0=shu3[i];
            delay(1);
        }
    }
    else if(biaozhi1==4)        //显示 4
    {
        for(i=0;i<8;i++)
        {
            P1=pptr[i];
            P0=shu4[i];
            delay(1);
        }
    }
    else if(biaozhi1==5)        //显示 5
    {
        for(i=0;i<8;i++)
        {
            P1=pptr[i];
            P0=shu5[i];
            delay(1);
        }
    }
    else if(biaozhi1==6)        //显示 6
    {
        for(i=0;i<8;i++)
        {
            P1=pptr[i];
            P0=shu6[i];
            delay(1);
        }
    }
    else if(biaozhi1==7)        //显示 7
    {
        for(i=0;i<8;i++)
        {
            P1=pptr[i];
```

```
                P0=shu7[i];
                delay(1);
            }
        }
        else if(biaozhi1==8)        //显示 8
        {
            for(i=0;i<8;i++)
            {
                P1=pptr[i];
                P0=shu8[i];
                delay(1);
            }
        }
        else if(biaozhi1==9)        //显示 9
        {
            for(i=0;i<8;i++)
            {
                P1=pptr[i];
                P0=shu9[i];
                delay(1);
            }
        }
    }
}
void Timer0(void) interrupt 1
{
    num_50ms++;
    TH0=0x3c;
    TL0=0xb0;
    if(num_50ms==20)                //20 次计数满 1 s 切换显示
    {
        num_50ms=0;
        biaozhi1++;
        if(biaozhi1==10)
        {
            biaozhi1=0;
        }
    }
}
```

关卡难度进阶

进阶任务一：方形图形动态缩放

任务分析：大小 4 个方形的形码，进行从外环到内环动态显示。元件不变，电路不变，实现效果如图 4-31 所示。

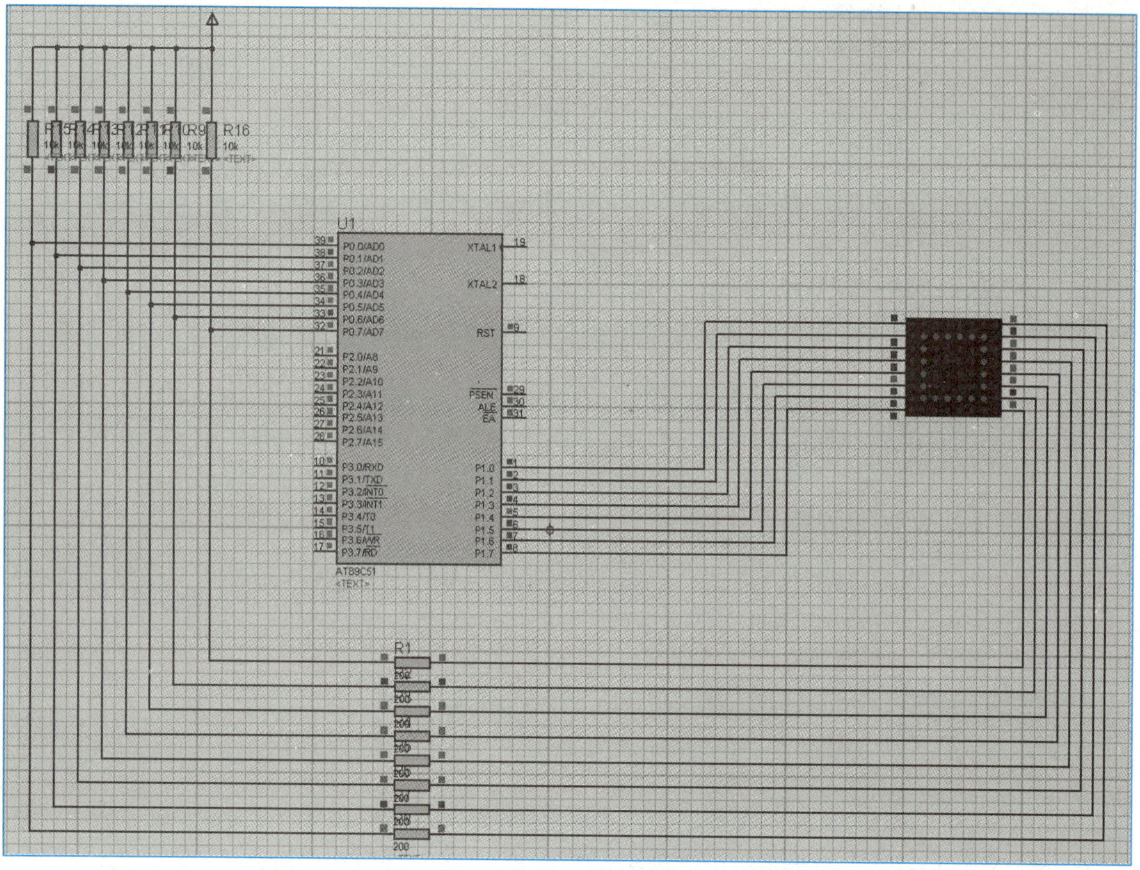

图 4-31　方形图形动态缩放显示

程序代码：

```
#include<reg52.h>
#define uchar unsigned char
uchar hui1[8]={0x00,0x7e,0x7e,0x7e,0x7e,0x7e,0x7e,0x00};    //最大正方形
uchar hui2[8]={0xff,0x81,0xbd,0xbd,0xbd,0xbd,0x81,0xff};    //第三圈
uchar hui3[8]={0xff,0xff,0xc3,0xdb,0xdb,0xc3,0xff,0xff};    //第二圈
uchar hui4[8]={0xff,0xff,0xff,0xe7,0xe7,0xff,0xff,0xff};    //最小正方形
uchar pptr[8]={0x01,0x02,0x04,0x08,0x10,0x20,0x40,0x80};    //段选
//uchar pptr[8]={0xfe,0xfd,0xfb,0xf7,0xef,0xdf,0xbf,0x7f};
uchar biaozhi1,i,num_50ms=0,biaozhi;
void delay(char z)              //延时函数
{
    uchar x,y;
    for(x=z;x>0;x--)
        for(y=110;y>0;y--);
}
void main()
```

```
{
    TMOD=0x01;                  //定时器0
    TH0=0x3c;                   //预设初值
    TL0=0xb0;
    IE=0x82;                    //开中断
    TR0=1;                      //开启定时器0
    biaozhi=1;
    for(;;)                     //检查标志位,做相应的显示
    {
        if(biaozhi==1)          //显示最外圈
        {
            for(i=0;i<8;i++)
            {
                P1=pptr[i];
                P0=hui1[i];
                delay(1);
            }
        }
        else if(biaozhi==2)     //显示第二圈
        {
            for(i=0;i<8;i++)
            {
                P1=pptr[i];
                P0=hui2[i];
                delay(1);
            }
        }
        else if(biaozhi==3)     //显示第三圈
        {
            for(i=0;i<8;i++)
            {
                P1=pptr[i];
                P0=hui3[i];
                delay(1);
            }
        }
        else if(biaozhi==4)     //显示第四圈
        {
            for(i=0;i<8;i++)
            {
                P1=pptr[i];
                P0=hui4[i];
                delay(1);
            }
```

```
            }
        }
    }
    void Timer0(void) interrupt 1
    {
        num_50ms++;
        TH0=0x3c;
        TL0=0xb0;
        if(num_50ms==2)                // 100 ms 切换显示
        {
            num_50ms=0;
            if(biaozhi1==0)
            {
                biaozhi++;             //由外向内显示
                if(biaozhi==4)
                {
                    biaozhi1=1;
                }
            }
            else                       //由内向外显示
            {
                biaozhi--;
                if(biaozhi==1)
                biaozhi1=0;
            }
        }
    }
```

进阶任务二：点阵显示器滚动显示 I love U。

① 任务分析：使用两块 8×8 LED 点阵显示器滚动显示 I love U。其中 love 用心形代替（蓝色点阵向左旋转，红色点阵向右旋转）。

② 所用元件，见表 4-22。

表 4-22　滚屏模拟显示电路所需主要元件

元件名称	属性值	说　明	数　量
AT89C51		单片机	1
MATRIX-8×8-BLUE		蓝色 LED 点阵	1
MATRIX-8×8-RED		红色 LED 点阵	1
74HC238		3-8 译码器	1

③ 电路设计：滚屏模拟显示电路图如图 4-32 所示。

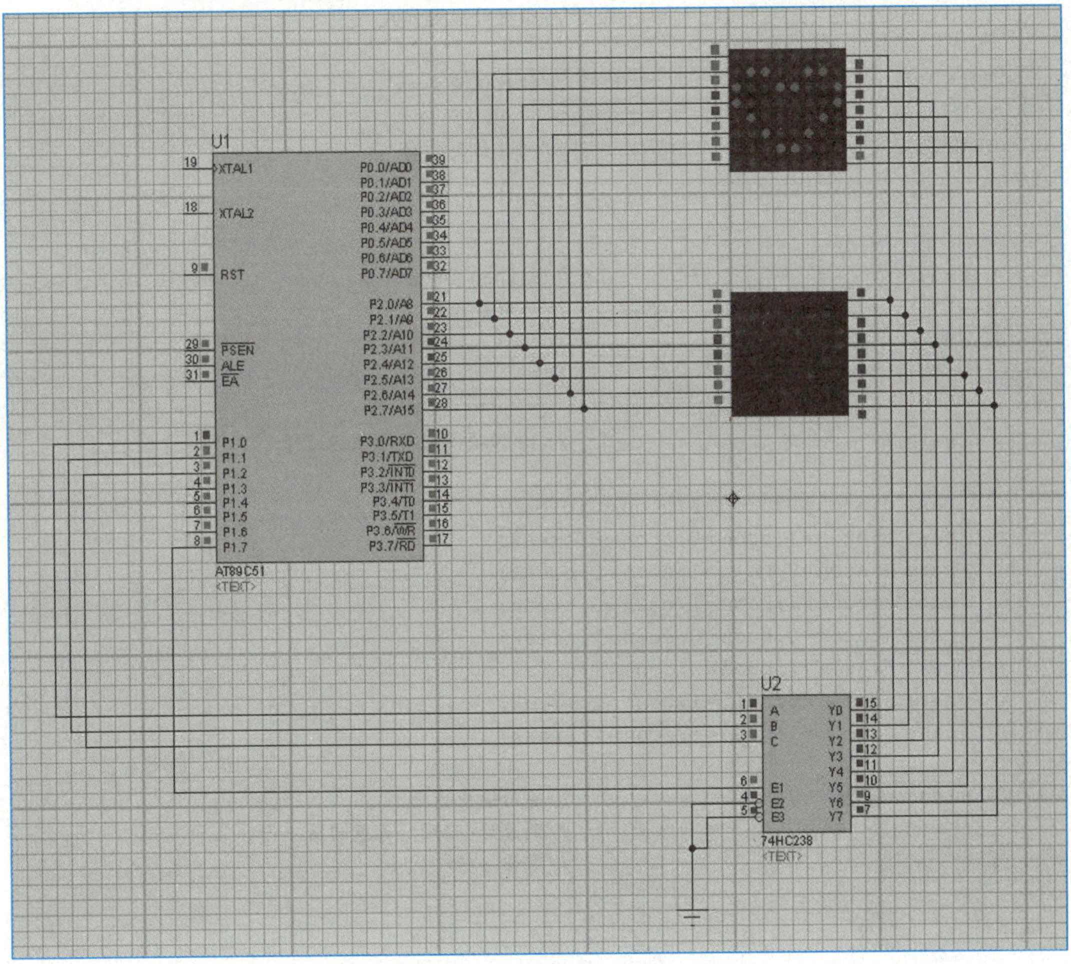

图 4-32　滚屏模拟显示

④ 程序代码：

```
#include <reg52.h>
typedef unsigned char uint8; typedef unsigned int uint16;
sbit acon=P1^0;                                    //38 译码器
sbit bcon=P1^1;
sbit ccon=P1^2;
sbit en=P1^7;                                      //译码器使能
uint8 j=0,k=0;
uint16 i=0;
code uint8 ledcode[]={ 0xFF,0xFF,0xFF,0xFF,0xFF,0xFF,0xFF,0xFF,
  0xFF,0xC3,0xE7,0xE7,0xE7,0xE7,0xC3,0xFF,    //I 字形
  0xFF,0x99,0x66,0x7E,0xBD,0xDB,0xE7,0xFF,    //心形
  0xFF,0x99,0x99,0x99,0x99,0x99,0xC3,0xFF,    //U 字形
  0xFF,0xFF,0xFF,0xFF,0xFF,0xFF,0xFF,0xFF };
void timer1_init()
{
```

```
    TMOD|=0x10;                       //设置计数器模式
    TMOD&=0xef;
    TH1=0xfc;                         //计数值为 1 ms
    TL1=0x66;
    TR1=1;                            //定时器 1 开启
}
void inter_init()
{
    ET1=1;                            //定时器 1 中断开启
    EA=1;                             //总中断开启
}
void frush()
{
    switch(j)                         //38 译码器进行输出行选择
    {
        case 0:acon=0;bcon=0;ccon=0;break;
        case 1:acon=1;bcon=0;ccon=0;break;
        case 2:acon=0;bcon=1;ccon=0;break;
        case 3:acon=1;bcon=1;ccon=0;break;
        case 4:acon=0;bcon=0;ccon=1;break;
        case 5:acon=1;bcon=0;ccon=1;break;
        case 6:acon=0;bcon=1;ccon=1;break;
        case 7:acon=1;bcon=1;ccon=1;break;
    }
    P2=ledcode[k+j];                  //逐行输出图形
    if(j==7)  j=0;                    //到最后一行时,再返回第一行
    j++;                              //下移一行
}
main()
{
    en=1;                             //38 译码器使能信号
    P2=0xff;
    timer1_init();                    //计数器初始化
    inter_init();
    while(1);
}
void timer1_interrupt() interrupt3    //计数器中断函数
{
    TH1=0xfc;
    TL1=0x66;
    i++;
    frush();
    if(i==500)                        //500 ms 进行切换
    {
        i=0;
        if(k==32)  k=0;               //三个字形全部滚动出去后,从头开始
        k++;
    }
}
```

经验总结及提高

本关卡主要让读者掌握定时器的定时功能、8×8 点阵显示屏与单片机的接口电路的设计与制作，以及 8×8 点阵显示屏的编程技术。

本关卡中主要训练了如何分析 8×8 LED 的形码，并进行设计应用的方法。

注意： 单片机 I/O 端口带负载的能力有限，若把 8×8 LED 点阵的行和列直接接在单片机的 I/O 端口，亮度不够，一般需要加驱动电阻。

延伸阅读

了解一下自动驾驶

自动驾驶，也称为无人驾驶，是指车辆能够在没有人类驾驶的情况下自主导航和行驶的技术。自动驾驶技术结合了多种传感器、先进的算法和强大的计算能力，使车辆能够感知环境、做出决策并执行相应的操作。

1. 技术组成

① 感知系统：使用雷达、激光雷达、摄像头和超声波传感器等感知周围环境，包括其他车辆、行人、交通信号和道路状况。

② 决策系统：基于感知到的数据，使用机器学习和人工智能算法预测周围物体的移动，做出行驶决策，如加速、减速、转向或停车。

③ 执行系统：将决策转化为实际的机械操作，控制车辆的节气门、制动和转向系统。

④ 通信系统：包括车对车（V2V）和车对基础设施（V2I）的通信，以获取更多信息并提高行驶安全性。

2. 级别划分

自动驾驶技术通常分为 6 个级别，从 0 级（无自动化）到 5 级（完全自动化）：

0 级：无自动化，驾驶员完全控制车辆。

1 级：驾驶辅助，如自适应巡航控制。

2 级：部分自动化，同时控制加速、制动和转向。

3 级：有条件的自动化，车辆可自动驾驶，但驾驶员需要随时准备接管。

4 级：高度自动化，无须驾驶员干预，但在特定条件下运行。

5 级：完全自动化，无须驾驶员，可在任何道路和环境条件下运行。

3. 应用场景

① 乘用车：提供便利和舒适性，减少交通事故。

② 货运和物流：提高运输效率，降低成本。

③ 公共交通：如自动驾驶公交车和出租车，改善服务质量。

④ 特殊用途：如在矿山、机场或工业园区的专用车辆。

4. 面临的挑战

① 技术挑战：包括感知系统的可靠性、决策算法的准确性和执行系统的响应速度。

② 法律和监管：需要制定相应的法律法规来规范自动驾驶车辆的测试和运行。

③ 伦理问题：在紧急情况下的决策原则。

④ 安全和隐私：保护乘客和周围环境的安全，同时确保数据的安全性和隐私性。

5. 发展趋势

随着技术的不断进步，自动驾驶正逐渐从概念走向现实。多家汽车制造商和科技公司正在积极研发和测试自动驾驶技术，预计未来几年内将有更多自动驾驶车辆上路行驶。

自动驾驶技术有望彻底改变人们的出行方式，提高道路安全性，减少交通拥堵，并为人们提供更加便捷和舒适的出行体验。

习　题

一、简答题

1. 简述 8×8 LED 点阵的内部结构及工作原理。

2. 点阵显示控制电路由哪几部分组成？简述其工作原理。

3. 8×8 LED 点阵分析（将形码转换成的二进制数据填入表 4-23，0 为亮，1 为灭，并在图 4-32 中将为 0 的位置涂黑，分析出形状）。

表 4-23　形码转换成二进制数据（一）

形　码	P0.7	P0.6	P0.5	P0.4	P0.3	P0.2	P0.1	P0.0
0xff								
0x99								
0x66								
0x7e								
0xbd								
0xdb								
0xe7								
0xff								

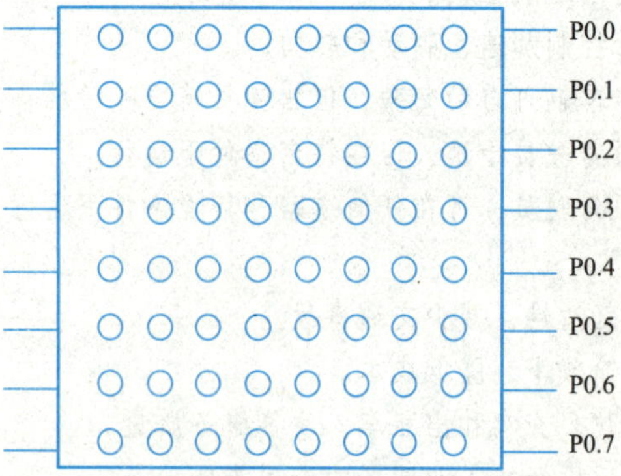

图 4-33　第 3 题图示

此形状为：________________。

4. 8×8 LED 点阵分析（将形码转换成的二进制数据填入表 4-24，0 为亮，1 为灭，并在图 4-34 中将为 0 的位置涂黑，分析出形状）

表 4-24　形码转换成二进制数据（二）

形　码	P0.7	P0.6	P0.5	P0.4	P0.3	P0.2	P0.1	P0.0
0xe7								
0xc3								
0x81								
0x00								
0xe7								
0xe7								
0xe7								
0xe7								

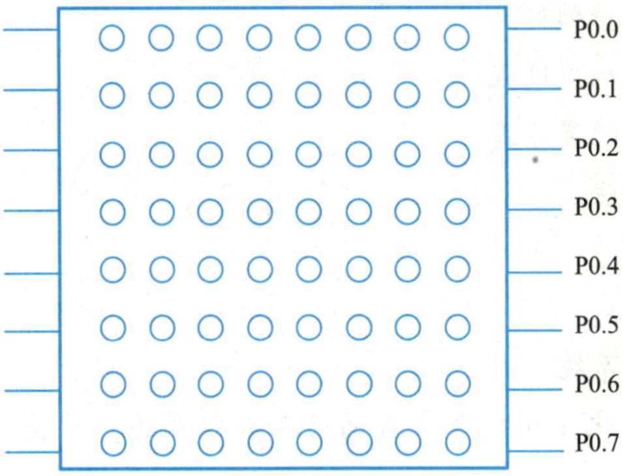

图 4-34　第 4 题图示

此形状为：______________。

项目五

中断系统的应用

本项目让读者初步了解51单片机内部中断系统的应用，通过交通灯模拟控制系统设计，深入学习中断系统的结构和编程技巧，为后面单片机检测、控制技术及智能仪器设计打下良好基础。

学习目标

- 了解十字路口交通灯的控制模式。
- 了解中断的基本概念及响应过程。
- 掌握中断相关寄存器及配置方式。
- 掌握中断函数的编程方法。
- 会搭建交通信号灯电路。
- 会编写交通信号灯程序。
- 会仿真调试交通信号灯系统。
- 在完成实践作业中，强化学生吃苦耐劳的劳动精神和追求完美、精益求精、勇于探索的工匠精神。
- 能参与项目实现的全过程，激发对专业探究的好奇心和求知欲，能体验实践探索的艰辛与喜悦。
- 进一步理解科学探究的意义，学习科学探究的基本方法，提高科学探究能力。通过实践活动，加强质疑意识，具有分析、解决问题的能力。
- 遵守实验室规范，注意用电安全、人身安全，养成遵守实验室规范、按标准进行开机关机的使用习惯，养成耐心、严谨的工作态度。
- 具有主动关心科技发展现状与趋势的意识，有振兴中华的使命感与责任感。

导　学

待解决的问题

① 中断的概念是什么？

② 中断源的概念是什么，AT89C51单片机的中断源分为哪几个？

③ 简述中断优先级的含义？

④ 中断嵌套指的是什么？

⑤ 描述中断的处理过程。

⑥ 十字路口交通灯的控制模式是什么样的？

⑦ 如何进行中断相关寄存器的配置？

⑧ 如何进行中断服务函数的编写？

内容结构图

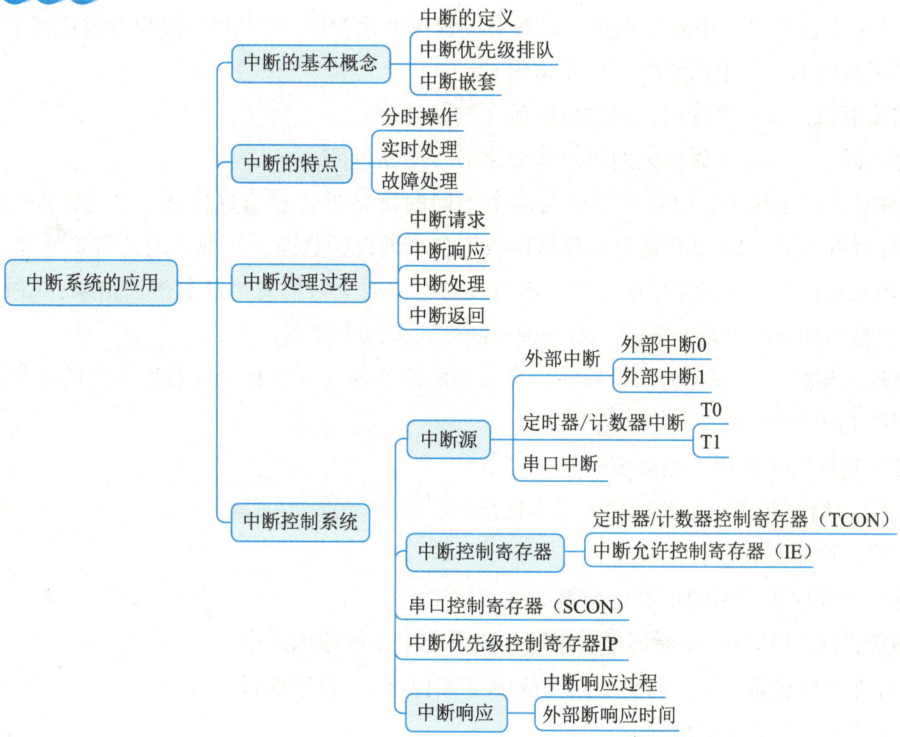

第八关　制作交通信号灯

闯关要求

使用单片机 AT89C51 控制六个 LED 灯闪烁，按照十字路口交通灯规律进行亮灭，并设置特殊车辆通过时的中断处理，进行中断键控流水灯的控制操作。

闯关必备

视频

了解中断

一、 中断的基本概念

1. 中断的定义

中断是指 CPU 正在处理某种事情的时候，外部发生了某一事件，请求 CPU 迅速去处理，CPU 暂时停止当前的工作，转去处理中断发生的事件，处理完成后，再回到原来被打断的地方，继续原来的工作。

中断执行类似于子程序的调用，中断的发生是随机的，其对中断服务程序的调用是在检测到中断请求信号后自动完成的，而子程序的调用是由编程人员事先安排的。因此，中断又可定义为 CPU 自动执行中断服务程序并返回源程序执行的过程。

日常生活中也常发生“中断”现象，以看书过程接电话为例，“中断”过程可描述如下：

① 某人正在读书，有电话铃响（中断请求）。

② 决定接电话，做书签标记，起身接电话（响应处理）。

③ 接完电话后，从刚才做标记的页码继续读书（中断返回）。

同样，在计算机系统中，CPU 往往要与多个不同的设备进行短信息传递，对此常采用两种方式：第一种是程序查询方式，即 CPU 通过程序依次查询各个外设的状态，发现某设备需要处理，就进行相关的操作，周而复始；第二种是中断方式，即由设备在需要进行信息传递时提出请求，CPU 接到请求后，根据情况做出相应的处理。显然，后一种中断方式有以下优点：

① 可实现主程序（一般称为前台程序）和多个随机事件（一般称为后台程序）的并行处理。

② 可提高 CPU 的效率。

③ 可按优先级给予处理，提高实时性。

针对图 5-1，给出几个与中断有关的基本概念。

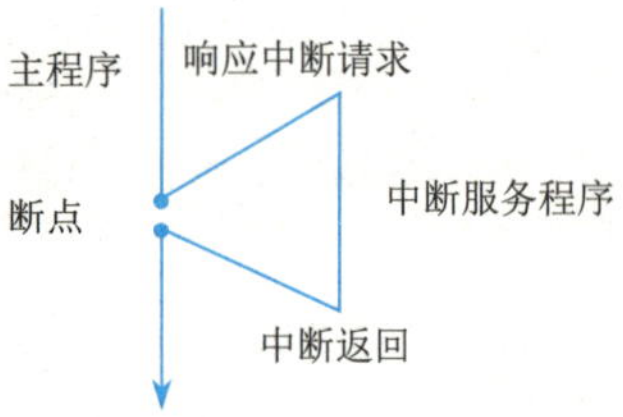

图 5-1　中断

① 主程序：原来正在运行的程序。

② 断点：主程序被中断的位置（或地址）。

③ 中断源：向 CPU 发出中断请求的来源，或引起中断的原因。中断源通常有外部 I/O 设备、定时时钟、系统故障（如掉电）、程序执行错误（如除数为 0）和多机通信等。

④ 中断请求：中断源要求服务的请求。

⑤ 中断服务程序：CPU 响应中断之后，转去执行的处理程序。

⑥ 中断系统：实现中断功能的硬件和软件。

2. 中断优先级排队

通常一个计算机可以有多个中断源，如果某一时刻有两个或以上的中断源申请中断，则 CPU 应能找到优先级最高的中断源并响应它的中断请求。在高优先级中断请求处理完毕后再去响应低优先级中断请求。

3. 中断嵌套

中断嵌套是指计算机在响应某一中断源的中断请求并为其服务时，再去响应更高级别的中断源的中断请求，而暂时终止原中断服务程序的执行，待处理完以后，再继续执行原中断源处理程序。二级中断嵌套的中断过程如图 5-2 所示。实现中断嵌套，中断系统要具有中断屏蔽功能，还要有可以对中断进行控制的指令。

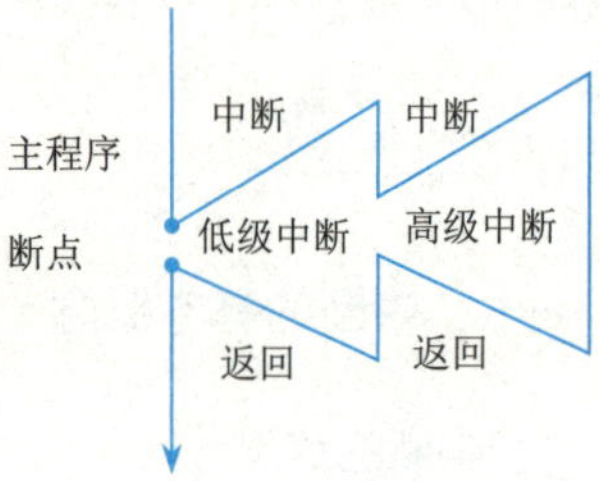

图 5-2　中断嵌套

二、 中断的特点

1. 分时操作

计算机的中断系统可以使 CPU 与多个外设同时工作。CPU 在启动外设后，继续执行主程序；而外设被启动后，开始进行准备工作。当某一外设准备就绪时，就向 CPU 发出中断请求，CPU 响应该中断请求并为其服务完毕后，返回到原来的断点处继续运行主程序。外设在得到服务后，继续进行自己的工作。因此，CPU 可以使多个外设同时工作，并分时为各外设提供服务，从而大幅提高了 CPU 的利用率和输入/输出的速度。

2. 实时处理

当计算机用于实时控制时，请求 CPU 提供服务是随机发生的。有了中断系统，CPU 就可以立即响应并加以处理。

3. 故障处理

计算机在运行时往往会出现一些故障，如电源断电、存储器奇偶校验出错、运算溢出等。有了中断系统，当出现上述情况时，CPU 可及时转去执行故障处理程序，自行处理故障而不会死机。

三、 中断处理过程

视 频

中断处理过程

中断处理过程可以分为三个阶段：中断响应、中断处理、中断返回。不同的计算机因系统的硬件结构不完全相同，中断响应的方式也有所不同。这里主要介绍 AT89C51 系列单片机的中断处理过程。

1. 中断请求

紧急事件须向处理器提出申请（发一个电脉冲信号），要求中断，即要求处理器先停下当前的工作先去处理“急件”，这一申请过程，称为中断请求。由于在计算机运行中，CPU 持续处于忙碌状态，而当硬件接口设备开始或结束收发信息或者内部发生异常信息，需要 CPU 处理信息运算时，便会通过 IRQ 对 CPU 送出中断请求信号，让 CPU 存储正在进行的工作，然后暂停当前的工作，先处理硬件提出的需求，这便是中断请求的作用。

2. 中断响应

当某一个中断源申请中断时，CPU 应能够决定是否可以响应该中断，如果可以响应则应能够保护断点与现场，并转到中断服务程序的入口地址。

提示：在使用中断之前，一般都要对中断进行初始化，中断初始化的步骤如下。

① 开放 CPU 中断和有关中断源的中断允许，设置中断允许寄存器（IE）中相应的位。

② 根据需要确定各中断源的优先级别，设置中断优先级寄存器（IP）中相应的位。

③ 根据需要确定外部中断的触发方式，设置定时器控制寄存器（TCON）中相应的位。

3. 中断处理

在进行了中断响应后，就进入中断服务函数执行。中断服务是针对中断源的具体要求进行设计的，需要用户自己编写。C51 编译器允许用 C51 创建中断服务程序，只需要关心中断号和寄存器组的选择即可。编译器自动产生中断向量和程序的入栈和出栈。在声明函数时，使用 interrupt 把所声明的函数定义为一个中断服务程序，同时可用 using 定义此中断服务程序所使用的寄存器组。

定义中断服务函数的一般形式如下：

```
函数类型  函数名(形式参数表) [ interrupt m] [using n]
```

(1) interrupt m 修饰符

在 C51 程序设计中，当定义函数时用了 interrupt m 修饰符，系统编译时把对应函数转化为中断函数，自动加上程序头段和尾段，并按 AT89C51 系统中断的处理方式自动把它安排在程序存储器中的相应位置。在该修饰符中，m 的取值为 0~31，对应的中断情况如下：

0——外部中断 0。

1——定时/计数器 T0。

2——外部中断 1。

3——定时/计数器 T1。

4——串行口中断。

其他值预留。

编写 AT89C51 中断函数需要注意以下事项：

① 中断函数不能进行参数传递，如果中断函数中包含任何参数声明都将导致编译出错。

② 中断函数没有返回值，如果企图定义一个返回值将得不到正确的结果，建议在定义中断函数时将其定义为 void 类型，以明确说明没有返回值。

③ 在任何情况下都不能直接调用中断函数，否则会产生编译错误。因为中断函数的返回是由 AT89C51 单片机的 RETI 指令完成的，RETI 指令影响 AT89C51 单片机的硬件中断系统。如果在没有实际中断情况下直接调用中断函数，RETI 指令的操作结果会产生一个致命的错误。

④ 如果在中断函数中调用了其他函数，则被调用函数所使用的寄存器必须与中断函数相同，否则会产生不正确的结果。

⑤ C51 编译器对中断函数进行编译时会自动在程序开始和结束处加上相应的内容，具体如下：在程序开始处对 ACC、B、DPH、DPL 和 PSW 入栈，结束时出栈。中断函数未加 using n 修饰符的，开始时还要将 R0~R7 入栈，结束时出栈。如果中断函数加 using n 修饰符，则在开始将 PSW 入栈后还要修改 PSW 中的工作寄存器组选择位。

⑥ C51 编译器从绝对地址 8m+3 处产生一个中断向量，其中 m 为中断号，即 interrupt 后面的数字。该向量包含一个到中断函数入口地址的绝对跳转。

⑦ 中断函数最好写在文件的尾部，并且禁止使用 extern 存储类型说明。防止其他程序调用。

下面程序的功能是：对外部中断 1 中断次数计数，并送 P1 口显示。

```
#include <reg51.h>
unsigned char counter =0 ;
void int0_int()  interrupt 2
{
```

```
    P1=counter++;                //加 1 送 P1 显示
}
void main (void)
{
    IT1=1;                       // INT1 下降沿触发
    EX1=1;                       //使能 INT1
    EA=1;                        //开总中断
    while(1);                    //死循环
}
```

（2）using n 修饰符

在前面单片机基础的介绍中，提到了 AT89C51 单片机有 4 组工作寄存器：0 组、1 组、2 组和 3 组，每组有 8 个寄存器，分别用 R0～R7 表示。修饰符 using n 用于指定本函数内部使用的工作寄存器组，其中 n 的取值为 0～3，表示寄存器组号。

对于 using n 修饰符的使用，需要注意以下几点：

① 加入 using n 后，C51 在编译时自动在函数的开始处和结束处加入以下指令：

```
{
    PUSH PSW                    ;标志寄存器入栈
    MOV PSW,                    ;与寄存器组号相关的常量
    …
    POP PSW                     ;标志寄存器出栈
}
```

② using n 修饰符不能用于有返回值的函数，因为 C51 函数的返回值是放在寄存器中的。如果寄存器组改变了，返回值就会出错。

提示： 中断函数只能被系统调用，不能被其他任意函数调用。中断服务函数无参数无返回值，中断函数尽量简短。

4. 中断返回

中断系统应能够在执行完中断服务程序并遇到中断返回指令时，自动取出保存在堆栈中的断点地址，以返回到原程序断点处继续执行原程序。

四、AT89C51 中断控制系统

1. 中断源

视频　中断源

在 51 系列单片机中，单片机类型不同，其中断源的个数也不完全相同，现以 AT89C51 为例进行介绍。AT89C51 型单片机有 5 个中断源：2 个外部中断、2 个定时器/计数器中断及 1 个串行口中断。

（1）外部中断源

① 外部中断 0：即 $\overline{INT0}$，其中断请求信号由引脚 P3.2 输入。

② 外部中断 1：即 $\overline{INT1}$，其中断请求信号由引脚 P3.3 输入。

外部中断请求有两种信号方式，即电平触发方式和脉冲下降沿触发方式。在电平触发方式下，CPU 在每个机器周期的 S5P2 时刻都要采样$\overline{\text{INT0}}$(P3.2)/$\overline{\text{INT1}}$(P3.3)引脚的输入电平，若采样到低电平。则认为是有中断请求，即低电平有效。在脉冲下降沿触发方式下，CPU 在每个机器周期的 S5P2 时刻都要采样$\overline{\text{INT0}}$(P3.2)/$\overline{\text{INT1}}$(P3.3)引脚的输入电平，若在相继的两次采样中，前一个机器周期采样信号为高电平，后一个机器周期采样信号为低电平，即采样到一个下降沿，则认为是有效的中断请求信号。这两种触发方式可以通过特殊功能寄存器 TCON 编程来选择。

(2) 定时器/计数器中断

定时器/计数器 T0（或 T1）溢出时，由硬件置 TF0（或 TF1）为 1，向 CPU 发送中断请求，当 CPU 响应中断后，将由硬件自动清除 TF0（或 TF1）。

(3) 串行口中断

AT89C51 单片机串行口中断源对应两个中断标志位：串行口发送中断标志位 TI 和串行口接收中断标志位（RI）。无论哪个标志位置 1，都请求串行口中断。到底是发送中断 TI 还是接收中断 RI，只有中断服务程序中通过指令查询来判断。串行中断响应后，不能由硬件自动清零，必须由软件对 TI 或 RI 清零。

视频

中断寄存器

2. 中断控制寄存器

(1) 定时器/计数器控制寄存器（TCON）

当有中断源发出请求时，由硬件将相应的中断标志置 1，其功能见表 5-1。

表 5-1　寄存器 TCON 功能

TCON.7	TCON.6	TCON.5	TCON.4	TCON.3	TCON.2	TCON.1	TCON.0
TF1	TR1	TF0	TR0	IE1	IT1	IE0	IT0

① IT0/IT1：外部中断请求信号方式控制位。若其等于 1，则对应外部中断为脉冲下降沿触发方式，否则就是电平触发方式。

② IE0/IE1：外部中断请求标志位。当 CPU 在寄存器$\overline{\text{INT0}}$/$\overline{\text{INT1}}$引脚上采样到有效中断请求信号时，由硬件电路将对应位置 1。

(2) 中断允许控制寄存器（IE）

AT89C51 单片机没有专门的开中断和关中断指令，对各个中断源的允许和屏蔽是由内部的中断允许控制寄存器（IE）的各位来控制的。IE 的地址为 0A8H，可位寻址。控制 CPU 对中断源总的开放或禁止，以及每个中断源是否允许中断。其功能表见表 5-2。

表 5-2　寄存器 IE 功能

IE.7	IE.6	IE.5	IE.4	IE.3	IE.2	IE.1	IE.0
EA	—	—	ES	ET1	EX1	ET0	EX0

① EA：中断允许总控位。如果该位为 0，则表示所有中断请求均被禁止；如果该位为 1，则是否允许中断由各个中断控制位决定。

② EX0/EX1：外部中断 0/外部中断 1 中断允许位。若该位为 1，则表示对应的外部中断源可以申请中断；否则，对应的外部中断申请被禁止。

③ ET0/ET1：T0/T1 中断允许控制位。若该位为 1，则表示对应的定时器/计数器可以申请中断；否则，对应的定时器/计数器不能申请中断。

④ ES：串行口中断控制位。若该位为 1，允许串行口中断，若该位为 0，则表示禁止串行口中断。

系统复位时，IE 的内容为 00H，如果要开放某个中断源，则必须使 IE 中的总控位 EA 位置 1 和对应的中断允许位置 1。

3. 串口控制寄存器（SCON）

SCON 地址为 98H，可位寻址，其功能见表 5-3。

表 5-3　寄存器 SCON 功能

SCON. 7	SCON. 6	SCON. 5	SCON. 4	SCON. 3	SCON. 2	SCON. 1	SCON. 0
—	—	—	—	—	—	TI	RI

① TI：串行口发送中断请求标志位。由硬件在方式 0 串行发送第 8 位结束时置位，或在其他方式串行发送停止位的开始时置位，向 CPU 发中断申请，但必须在中断服务程序中由软件清 0。

② RI：串行口接收中断请求标志位。由硬件在方式 0 串行接收第 8 位结束时置位，在其他方式串行接收到停止位的中间时置位，向 CPU 发中断申请，但必须在中断服务程序中由软件清 0。

4. 中断优先级控制寄存器（IP）

IP 的功能见表 5-4。

表 5-4　寄存器 IP 功能

IP. 7	IP. 6	IP. 5	IP. 4	IP. 3	IP. 2	IP. 1	IP. 0
—	—	—	PS	PT1	PX1	PT0	PX0

① PX0：外部中断 0 优先级设置控制位。若 PX0=1，设置外部中断 0 为高优先级；若 PX0=0，为低优先级。

② PT0：定时器/计数器 0 优先级设置控制位。若 PT0=1，设置定时器/计数器 0 为高优先级；若 PT0=0，为低优先级。

③ PX1：外部中断 1 优先级设置控制位。若 PX1=1，设置外部中断 1 为高优先级；若 PX0=0，为低优先级。

④ PT1：定时器/计数器 1 优先级设置控制位。若 PT1=1，设置定时器/计数器 1 为高优先级；若 PT1=0，为低优先级。

⑤ PS：串行口优先级设置控制位。若 PS=1，设置串行口为高优先级；若 PS=0，为低优先级。

为了更好地实现中断控制，AT89C51 单片机对中断优先级有以下控制原则：

① 低优先级中断请求不能打断高优先级别的中断服务，但高优先级中断请求可以打断低优先级别的中断服务。

② 同级中断请求不能打断同级中断服务。

③ 如果多个同级中断源同时申请中断，则 CPU 按如下默认顺序响应：

外部中断 0→定时器/计数器 0→外部中断 1→定时器/计数器 1→串行中断。

视频

中断优先级

综上所述，AT89C51 单片机对中断的控制可以用图 5-3 表示。

视频
中断系统结构图

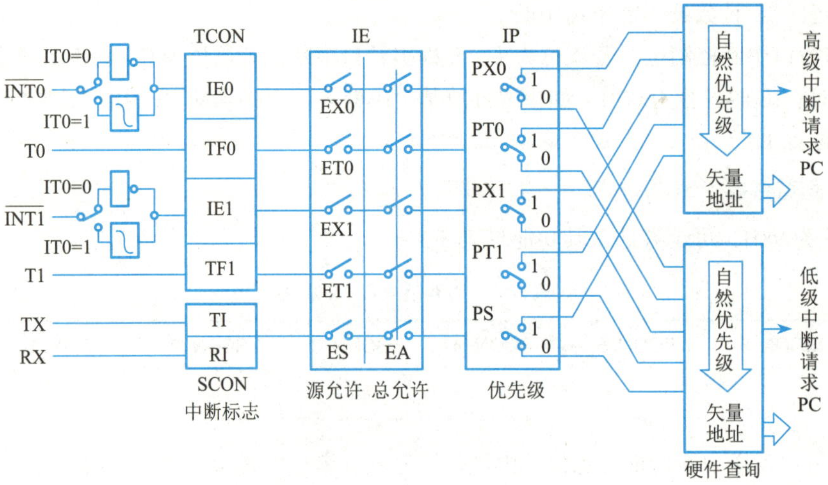

图 5-3　中断系统的结构

视频
中断响应过程

5. 中断响应

(1) 中断响应过程

AT89C51 的 CPU 在每个机器周期的 S5P2 期间，顺序采样每个中断源，CPU 在下一个机器周期 S6 期间按优先级顺序查询中断标志。如果查询到某个中断标志为 1，将在下一个机器周期 S1 期间按优先级进行中断处理。中断系统通过硬件自动将相应的中断矢量地址装入 PC，以便进入相应的中断服务程序。

下列任何一种情况存在时，中断申请将被封锁：

① CPU 正在执行一个同级或高一级的中断服务程序。

② 当前周期（即查询周期）不是执行当前指令的最后一个周期，即要保证把当前的一条指令执行后至少再执行一条指令才会响应。

中断响应的主要操作就是执行由硬件电路自动生成一条 LCALL addr16 指令，其 addr16 就是中断源的入口地址（中断矢量）。首先将程序计数器（PC）内容（断点地址）压入堆栈保护［但不保护状态寄存器（PSW）的内容，更不保护累加器 ACC 和其他寄存器的内容］，然后将对应的中断矢量 addr16 装入程序计数器，使程序转向该中断矢量地址单元中，以执行中断服务程序，各中断源及与之对应的矢量地址见表 5-5。

表 5-5　中断源及与之对应的矢量地址

中断号（m）	中　断　源	中断矢量地址（8m+3）	优　先　级
0	外部中断 0（$\overline{INT0}$）	0003H	高
1	定时器 T0 中断	000BH	↓
2	外部中断 1（$\overline{INT1}$）	0013H	↓
3	定时器 T1 中断	001BH	↓
4	串行口中断	0023H	低

中断服务程序从矢量地址开始执行，一直到返回指令 RETI 为止。RETI 指令的操作，一方面告诉中断系统中断服务程序已执行完毕，另一方面把原来压入堆栈保护的断点地址从栈顶弹出，装入程序计数器，使程序返回到被中断的程序断点处，以便继续执行。

对于有些中断源，CPU 在响应中断后会自动清除中断标志，如定时器溢出标志 TF0、TF1，以及边沿触发方式下的外部中断标志 IE0、IE1；而有些中断标志，不会自动清除，只能由用户用软件清除，如串行口接收、发送中断标志 RI、TI；在电平触发方式下的外部中断标志 IE0 和 IE1 则是根据引脚$\overline{INT0}$和$\overline{INT1}$的电平变化而变化的，CPU 无法直接干预，需要在引脚外加硬件（如 D 触发器）使其自动撤销外部中断请求。

在编写中断服务程序时应注意：

① 在中断矢量地址单元处放一条无条件转移指令（如 LJMP），使中断服务程序可灵活地安排在 64 KB 程序存储器的任何空间。

② 在中断服务程序中，用户应注意用软件保护现场，以免中断返回后，丢失原寄存器、累加器中的信息，即保护现场。

③ 若要在执行当前中断程序时禁止更高优先级中断，可以先用软件关闭 CPU 中断，或禁止某中断，在中断返回前再开中断。

(2) 外部中断响应时间

外部中断$\overline{INT0}$和$\overline{INT1}$的电平在每个机器周期的 SP2 期间，经反相后锁存到 IE0 和 IE1 标志位，CPU 在下一个机器周期才会查询到新置入的 IE0 和 IE1，这时如果满足响应条件，CPU 响应中断时，要用两个机器周期执行一条硬件长调用指令 LCALL，由硬件完成将中断矢量地址装入程序计数器，使程序转入中断矢量入口。所以，从产生外部中断到开始执行中断程序至少需要 3 个完整的机器周期。

如果在申请中断时，CPU 正在处理最长指令（如乘法和除法指令均为 4 个周期），则额外等待时间增加 3 个周期；若正在执行 RETI 或访问 IE、IP 指令，则额外等待时间又增加 2 个周期。综合估计，在单一中断源系统里，外部中断响应时间约在 3~8 个机器周期之间。

开始闯关

闯关任务及过程如下：

① 闯关任务：交通灯控制系统。

② 任务分析：设计一个十字路口交通信号灯控制电路，要求南北方向（主干道）车道和东西方向（支干道）车道两条交叉道路上的车辆交替运行，主干道每次通行时间都设为 40 s、支干道每次通行时间为 30 s。在绿灯转为红灯时，要求黄灯先亮 5 s，绿灯转为黄灯亮时，最后 6 s 闪烁，才能变换运行车道。在定时交通灯控制的基础上，增加允许急救车优先通过的需求。当有急救车经过时，路口的信号灯全部变红，以便让急救车通过。假定急救车通过时间为 10 s，急救车通过后，交通灯恢复先前状态。

视频
实验交通灯程序设计

③ 所用元件，见表 5-6。

表 5-6　交通信号灯电路所需主要元件

元 件 名 称	属 性 值	说　明	数　量
AT89C51	—	单片机	1
LED-GREEN	—	绿色 LED 灯	4
LED-RED	—	红色 LED 灯	4
LED-YELLOW	—	黄色 LED 灯	4
RES	200 Ω	电阻	12
RES	10 kΩ	电阻	1
BUTTON	—	独立按键	1

④ 电路设计：单片机控制 12 个 LED 灯闪烁模拟交通信号灯控制的电路图如图 5-4 所示，使用端口的同电位法分别连接 12 个 LED 灯，并由独立按键控制中断的完成，见表 5-7。

视 频
实验交通灯硬件电路

视 频
实验交通灯仿真

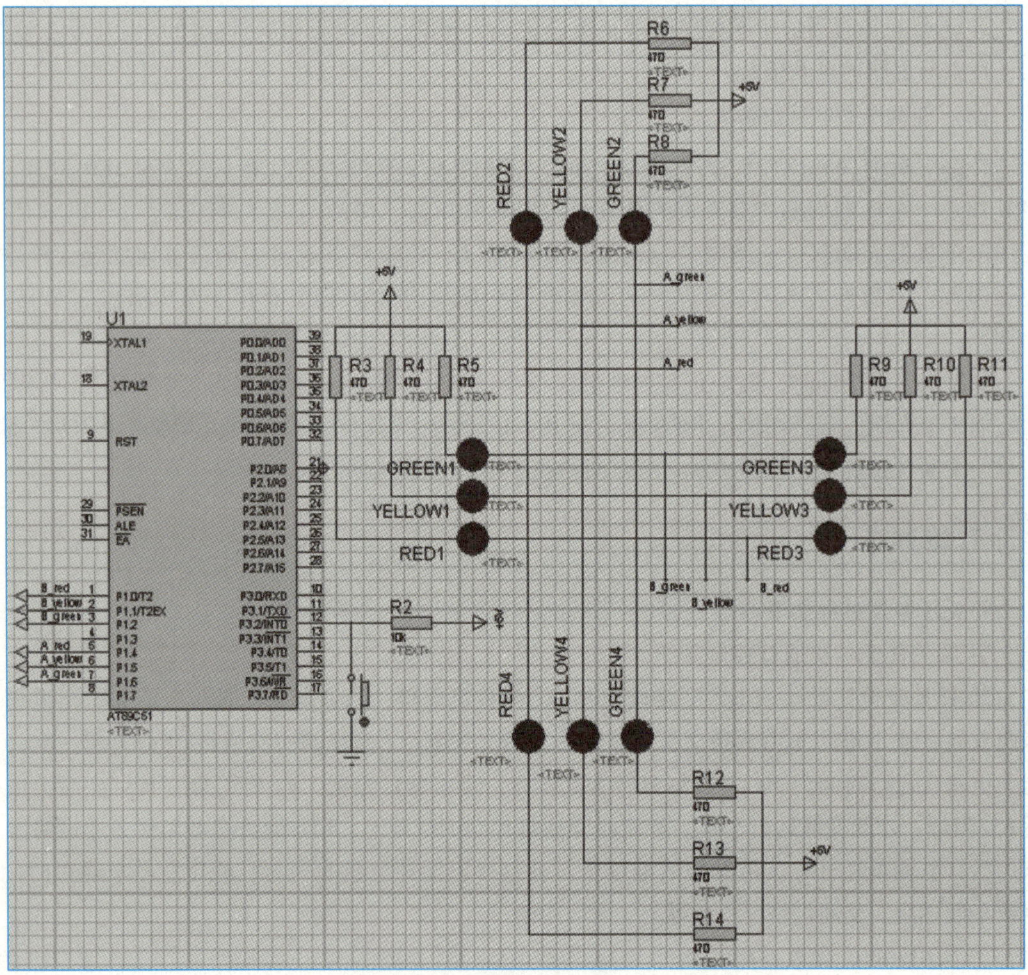

图 5-4　交通信号灯仿真图

表 5-7　交通信号灯控制端口分配及状态

P1.7	P1.6	P1.5	P1.4	P1.3	P1.2	P1.1	P1.0	P1 口数据	状态说明
灭	A 绿灯	A 黄灯	A 红灯	灭	B 绿灯	B 黄灯	B 红灯		
1	1	1	0	1	0	1	1	EBH	B 通行，A 禁止
1	1	1	0	1	0/1	1	1	EBH/EFH	B 绿闪，A 禁止
1	1	1	0	1	1	0	1	EDH	B 警告，A 禁止
1	0	1	1	1	1	1	0	BEH	A 通行，B 禁止
1	0/1	1	1	1	1	1	0	BEH/EFH	A 绿闪，B 禁止
1	1	0	1	1	1	1	0	DEH	A 警告，B 禁止
1	1	1	0	1	1	1	0	EEH	A 禁止，B 禁

⑤ 源程序设计：

流程图设计如图 5-5 所示。

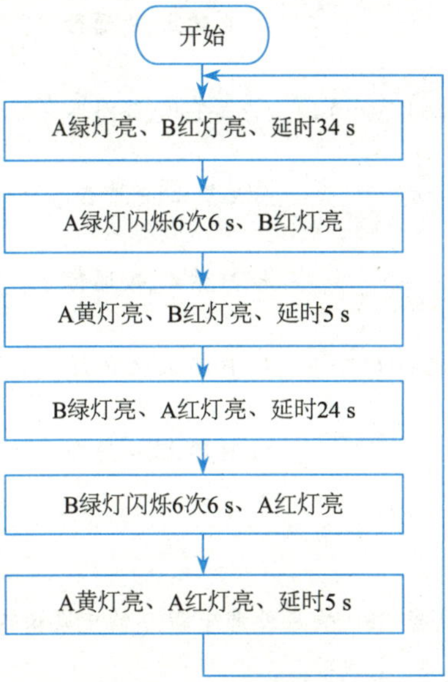

（a）主程序流程图

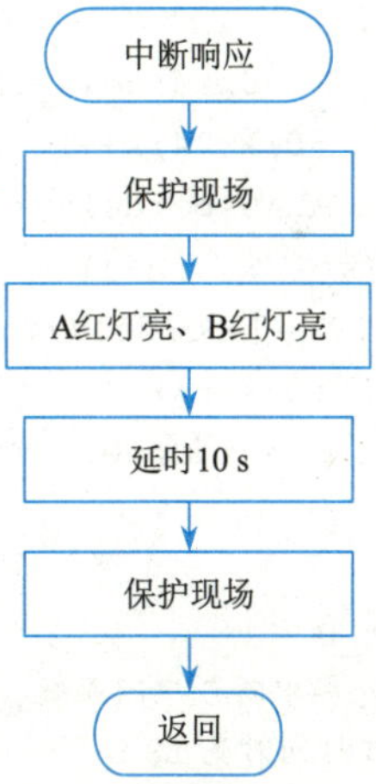

（b）中断流程图

图 5-5　中断程序流程图

程序设计：

```
#include <reg51.h>
//包含头文件
/函数名：delay
//函数功能：k× 100×1250×8 μs=ks ,当 k 为 1 时,就是 1 s 了
//形式参数:k
//返回值:无
```

```
void delay (unsigned int k)
{
    unsigned int i, j;
    while(k--)
    {   for( i=0;i<100;i++)
      { for(j=0;j<1250;j++);}
    }
}
void main()
{
    unsigned char k;
    EA=1;                                        //开总中断允许
    EX0=1;                                       //开外部中断 0 中断允许位
    IT0=1;                                       //设置外部中断 0 为下降沿触发
    while(1)
    {
        for(k=0;k<34;k++)
            { P1=0xeb;delay(1);}                 // A 禁止,B 通行
        for(k=0;k<3;k++)
            { P1=0xeb;delay(1); P1=0xef;delay(1);} // A 禁止,B 闪烁
            for(k=0;k<5;k++)
            { P1=0xed;delay(1);}                 //A 禁止,B 警告
        for(k=0;k<24;k++)
            { P1=0xbe;delay(1);}                 // B 禁止,A 通行
        for(k=0;k<3;k++)
            {P1=0xbe;delay(1);P1=0xfe;delay(1);} // B 禁止,A 闪烁
        for(k=0;k<5;k++)
            { P1=0xde;delay(1);}                 // B 禁止,A 警告
    }
}
//函数名:int_0
//函数功能:外部中断 0 中断函数,急救车来时处理,当 CPU 响应外部中断 0 的中断请求时,自动执行该函数,实现两个方向红灯同时亮 10 s
//
//形式参数:无
//返回值:无
void int_0( )  interrupt 0
{
    unsigned char a,m;
    EA=0;                                        //关中断
    a=P1;                                        //保护现场,暂存 P1 口
    for(m=0;m<10;m++) { P1=0xee;delay(1);}
    P1=a;                                        //恢复现场
    EA=1;                                        //开中断
}
```

⑥ 闯关评价：

考核内容及配分	技 术 要 求	评 分 标 准	得　分
1. 纪律与出勤：10 分	遵守实验室秩序、不迟到不早退	违反纪律视情况扣分	
2. Keil 软件中新建、保存一个工程文件：10 分	能够正确新建一个工程文件、选取正确的单片机并保存到指定位置	不会建立工程、单片机型号选取错误且没有保存到指定位置不得分	
3. 新建一个源代码文件并加载到工程中：20 分	能够正确新建一个源代码文件并加载到工程里	不会建立文件、没有加载到工程中不得分；程序拼写或语法出错根据情况酌情扣分	
4. 生成 hex 文件：10 分	正确生成 . hex 文件	不能生成 . hex 文件不得分	
5. Proteus 软件中新建一个设计文件并保存到指定位置：10 分	使用 Proteus 正确新建一个设计文件	不能够新建一个设计文件并保存在指定位置不得分	
6. 根据需要画出电路图：20 分	正确放置元件并画出原理图	画错不得分；元件选择有误或者连线出问题酌情扣分	
7. 仿真调试：20 分	正确显示项目预期效果	灯不亮不得分，部分灯没按预计的规律亮灭酌情扣分；按钮按下后没达到预计效果的酌情扣分	

关卡更新

使用单片机控制路口的黄灯亮起的时间及特殊车辆通过的时长。

提示：通过修改 k 的值来控制灯的延时时间。

程序只需修改 for 循环体，修改如下：

```
for(k=0;k<8;k++)
    { P1=0xed;delay(1);}          //A 禁止,B 警告时间改为 8 s
    …
for(k=0;k<8;k++)
    { P1=0xde;delay(1);}          //B 禁止,A 警告时间改为 8 s
    …
for(m=0;m<15;m++)
    { P1=0xee;delay(1);}          //A、B 禁止时长改为 15 s
```

关卡难度进阶

进阶任务一：改变绿灯闪烁的次数，并尝试使用其他端口实现交通灯控制实验。

① 任务分析：通过修改 for 循环次数，改变闪烁次数。

② 元件及电路分析：元件不变，启用 P2 端口进行连接交通灯操作。

③ 程序设计参考：

```
…
  while(1)
  {
    for(k=0;k<34;k++)
        { P2=0xeb;delay(1);}                //A 禁止,B 通行
    for(k=0;k<5;k++)
        { P2=0xeb;delay(1);
          P2=0xef;delay(1);}                //A 禁止,B 闪烁
    for(k=0;k<5;k++)
        { P2=0xed;delay(1);}                //A 禁止,B 警告
    for(k=0;k<24;k++)
        { P2=0xbe;delay(1);}                //B 禁止,A 通行
    for(k=0;k<5;k++)
        { P2=0xbe;delay(1);
          P2=0xfe;delay(1);}                //B 禁止,A 闪烁
    for(k=0;k<5;k++)
        { P2=0xde;delay(1);}                //B 禁止,A 警告
  }
…
```

关卡拓展

进阶任务二：中断键控流水灯。

① 任务分析：当按下 K1 时，流水灯进行流动；按下 K2 时停止流动，且全部灯灭；按下 K3 时使灯由上往下流动；按下 K4 时则使灯由下往上流动。

② 所用元件，见表 5-8。

表 5-8　中断键控流水灯电路所需主要元件

元件名称	属性值	说明	数量
AT89C51	—	单片机	1
LED-YELLOW	—	黄色 LED 灯	4
RES	100 Ω	电阻	4
RES	10 kΩ	电阻	4
BUTTON	—	独立按键	4
4082	—	双四输入与门	1

③ 电路设计：单片机通过 4 个独立按键控制 4 个 LED 灯变化的电路图如图 5-6 所示。

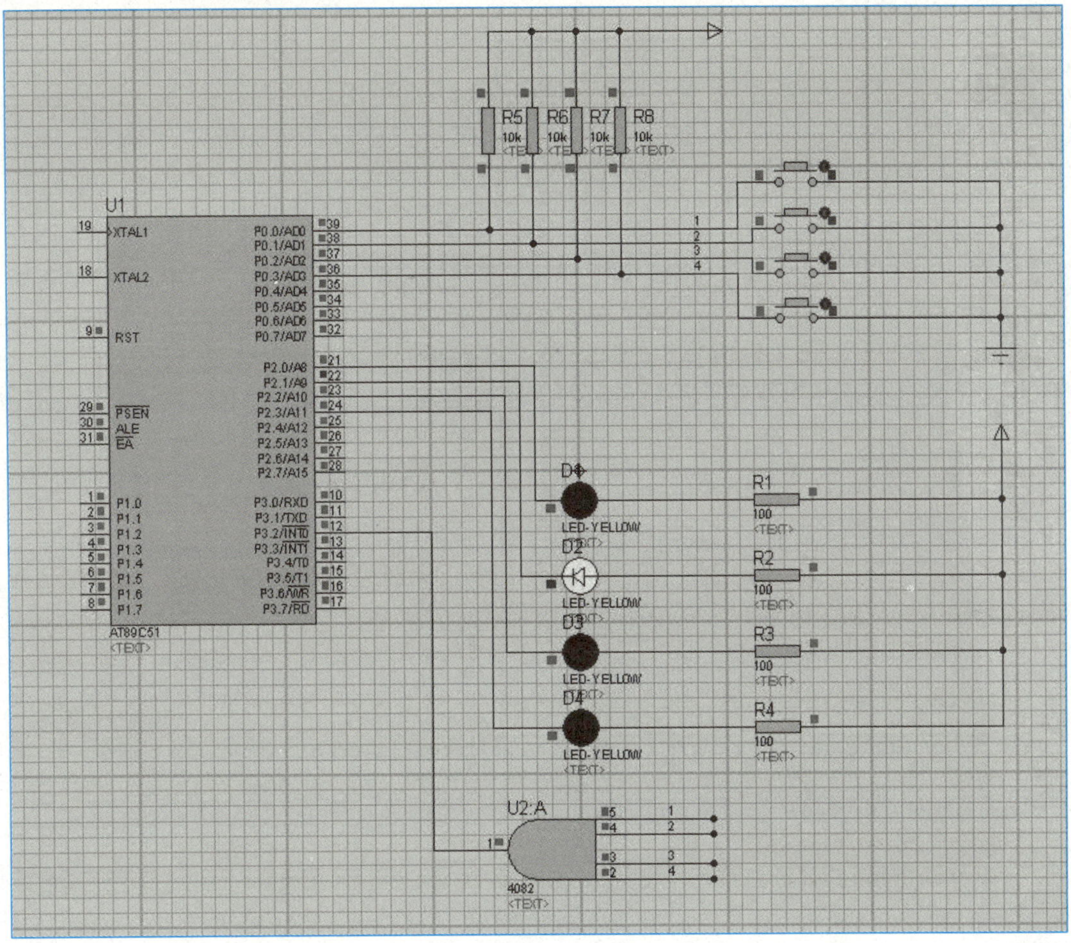

图 5-6　中断键控流水灯

④ 源程序设计：

```
#include <reg51.h>
char led[]={0xfe,0xfd,0xfb,0xf7};          //流水灯显示形码
bit dir=0,run=0;
void delay(unsigned int time);
key() interrupt 0                          //使用按键触发外部中断 0
{
    switch(P0&0x0f)                        //多分支语句
    {
        case 0x0e:run=1;break;             //当 K1 按下时,流水灯进行流动
        case 0x0d:run=0,dir=0;break;       // K2 按下时停止流动,且全部灯灭
        case 0x0b:run=1,dir=1;break;       // K3 按下时使灯由上往下流动
        case 0x07:run=1,dir=0;break;       // K4 按下时则使灯由下往上流动
    }
}
void main(void)
{
```

```
    char i;
    IT0=1;
    EX0=1;
    EA=1;
    while(1)
    {
        if(run)
            if(dir)
                for(i=0;i<=3;i++)            //流水灯从上向下依次点亮
                {
                    P2=led[i];
                    delay(200);
                }
            else
                for(i=3;i>=0;i--)            //流水灯从下向上依次点亮
                {
                    P2=led[i];
                    delay(200);
                }
        else P2=0xff;                        //流水灯全灭
    }
}
void delay (unsigned int time)               //延时函数
{
    unsigned int j=0;
    for(;time>0;time--)
        for(j=0;j<125;j++);
}
```

经验总结及提高

本关卡主要让读者了解单片机中断的概念、功能、中断的处理过程，掌握单片机中断控制系统的工作过程及应用。

本关卡主要训练了中断服务函数、延时函数的编写，同电位不连线的设置方法以及中断函数的构建方法。

延伸阅读

摩尔定律

摩尔定律是由英特尔（Intel）的联合创始人戈登·摩尔（Gordon Moore）在1965年提出的一个观察现象，它预测了集成电路上可容纳的晶体管数量大约每两年翻一番，性能也随之提升。尽管摩尔定律并非物理定律，而是基于对半导体技术发展趋势的观察，但它在过去几十年中一直是半导体行业发展的重要指导原则。

首先了解一下摩尔定律的起源：

戈登·摩尔在1965年的文章中提出到，集成电路上晶体管的数量大约每两年翻一番。1975年，他修正了这一预测，认为这一翻番周期将延长至两年。这一修正后的预测被广泛接受，并成为后来所谓的“摩尔定律”。

再看一下摩尔定律的影响：

摩尔定律对整个电子行业产生了深远的影响：随着晶体管数量的增加，电子设备的性能得到了显著提升，包括计算速度、存储容量和数据处理能力。随着生产技术的改进，单个晶体管的成本不断降低，使得高性能电子设备更加经济实惠。摩尔定律推动了技术的快速发展，促使企业不断创新，以利用新一代集成电路的性能优势。

尽管摩尔定律在过去几十年中一直有效，但随着技术的发展，它面临着一些挑战：随着晶体管尺寸的不断缩小，它们开始接近原子尺度，这可能导致量子效应干扰正常操作。晶体管数量的增加导致更多的热量产生，散热成为限制性能提升的关键因素。随着制造工艺的复杂性增加，开发和制造新一代芯片的成本也在上升。

最后了解一下摩尔定律的未来：

尽管摩尔定律在可预见的未来可能继续有效，但业界普遍认为，它不会永远持续下去。一些可能的发展趋势包括：

① 新物理材料：研究新的半导体材料，如硅以外的材料，以实现更高的性能。

② 三维集成：通过在垂直方向上堆叠晶体管，以增加集成电路的密度。

③ 异构计算：结合不同类型的处理器，如CPU、GPU和专用加速器，以优化特定任务的性能。

④ 量子计算：探索量子计算等新技术，以超越传统硅基半导体的性能极限。

摩尔定律不仅是半导体行业的一个里程碑，也是现代电子技术发展的象征。尽管它可能不会永远持续，但它所激发的创新精神将继续推动技术的进步。

习　题

一、简答题

1. 中断及中断源的定义。
2. AT89C51单片机有几个中断源？有几级中断优先级？
3. 简述中断的嵌套。
4. 简述AT89C51单片机中断响应的全过程。
5. 中断响应过程中，为什么通常要保护现场？如何保护？
6. 分析交通灯变化情况（见表5-9）

表5-9　交通灯变化情况

交通灯状态	P3.7	P3.6	P3.5	P3.4	P3.3	P3.2	P3.1	P3.0	形　码
	A绿灯	A黄灯	A红灯	灭	灭	B绿灯	B黄灯	B红灯	
A绿灯 B红灯									
A绿闪 B红灯									

续表

交通灯状态	P3.7	P3.6	P3.5	P3.4	P3.3	P3.2	P3.1	P3.0	形　码
	A 绿灯	A 黄灯	A 红灯	灭	灭	B 绿灯	B 黄灯	B 红灯	
A 黄灯 B 红灯									
A 红灯 B 绿灯									
A 红灯 B 绿闪									
A 红灯 B 黄灯									
A 红灯 B 红灯									

项目六

单片机的定时/计数器

本项目主要介绍51单片机内部定时/计数器的应用，通过完成倒计时牌任务的设计与制作，深入学习定时/计数器的工作原理、结构及工作方式。

学习目标

- 理解定时/计数器的基本功能以及它们在单片机系统中的作用。
- 掌握51单片机定时/计数器的基本结构及工作原理。
- 能够将所学的定时/计数器知识应用到解决实际的问题中。
- 熟悉并掌握定时/计数器相关寄存器的使用。
- 掌握定时/计数器的4种工作方式。
- 通过学习定时/计数器，能够分析和解决与时间控制相关的技术问题。
- 具备在定时/计数器的实际应用中的创新能力。
- 通过完成闯关任务，提升实际应用单片机定时/计数器的技能。
- 具备通过自主查询资料学习定时/计数器的高级应用和最新技术的能力。
- 具备持续学习的能力，以适应技术的快速发展。

导　学

待解决的问题

① 单片机有几个定时器，其结构是什么？

② 定时器与计数器的区别是什么？

③ 计数初值如何计算？

④ 定时/计数器的工作方式有几种？各有什么特点？

内容结构图

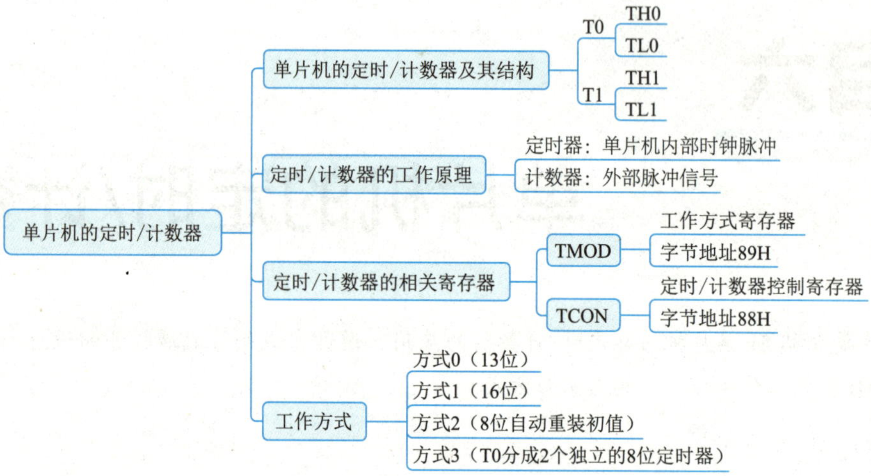

第九关　制作倒计时牌

闯关要求

每当新年来临时，我们都会看到从 9 到 0 的倒计时，每个数字间隔时间为 1 s。本关卡就是使用 AT89C51 单片机及数码管制作倒计时牌，完成一位数的倒计时，即从 9 计到 0，时间间隔为 1 s。

闯关必备

视频　了解定时计数器

一、单片机的定时/计数器及其结构

AT89C51 单片机内部有 2 个 16 位的可编程定时/计数器，称为 T0 和 T1。可编程是指其功能均可由函数语句来确定和改变。其结构如图 6-1 所示。

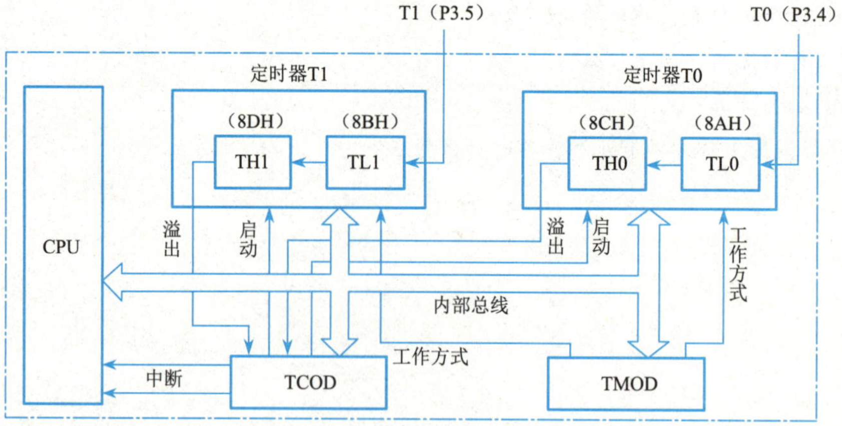

图 6-1　定时/计数器结构图

从图 6-1 可以看出，16 位的定时/计数器 T0 和 T1 分别由高 8 位和低 8 位两个特殊功能寄存器组成，即 T0 由 TH0 和 TL0 组成，T1 由 TH1 和 TL1 组成，其访问地址依次为 8AH ~ 8DH。每个寄存器均可单独访问，用于存放定时或计数初值。

定时/计数器的控制是通过两个 8 位的特殊功能寄存器实现的，其中，TMOD 为定时/计数器工作方式寄存器，用来确定定时/计数器的工作方式和功能；TCON 为定时/计数器控制寄存器，用于控制 T0 和 T1 的启动、停止、溢出和中断。

当定时/计数器工作在计数方式时，外部事件通过引脚 T0（P3.4）和 T1（P3.5）输入。

二、 定时/计数器的工作原理

16 位定时/计数器实质上是一个加 1 计数器，其控制电路受软件控制、切换，如图 6-2 所示。

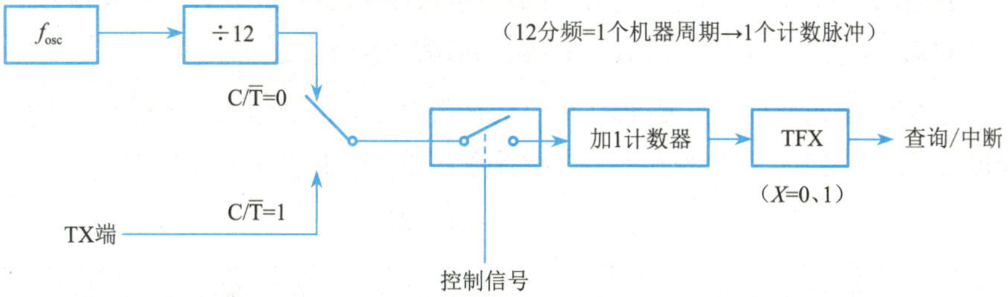

图 6-2　定时/计数器工作原理

从图 6-2 中可以看到，当 $C/\overline{T}=0$ 时，加 1 计数器的脉冲信号是来自系统内部振荡器经 12 分频后产生的，即每过一个机器周期，计数器加 1，直到计满溢出为止。此时，定时/计数器工作在定时工作方式，定时时间 t 可表示为：

$$t=(\text{计数器最大计数值}-\text{计数初值})\times\text{机器周期}=(2^n-a)\times 12/f_{osc}$$

其中，f_{osc}为时钟频率，n 为计数器容量，a 为计数初值

当 $C/\overline{T}=1$ 时，加 1 计数器的脉冲信号来自外部引脚 TX 的输入，此时定时/计数器工作在计数方式下，计数器在外部脉冲信号的负跳变时加 1，直至计满溢出。计数值 N 可表示为：

$$N=\text{计数器最大计数值}-\text{计数初值}=2^n-a$$

当 CPU 用软件给定时器设置了某种工作方式之后，定时器就会按设置的工作方式独立运行，不再占用 CPU 的操作时间，除非计数器计满溢出，才可能中断 CPU 当前操作。可见，定时器是单片机中效率高而且工作灵活的部件，这样便可以大幅降低 CPU 的操作时间。

三、 定时/计数器的相关寄存器

视频

定时器相关寄存器

定时/计数器是一种可编程部件，在定时/计数器开始工作之前，CPU 必须将一些命令（称为控制字）写入定时/计数器。将控制字写入定时/计数器的过程称为定时/计数器初始化。定时/计数器的初始化设置由两个特殊功能寄存器完成，其中，TMOD 用于设置其工作方式，TCON 用于控制其启动和中断申请。

1. TMOD 寄存器

TMOD 是定时/计数器方式控制寄存器，字节地址为 89H，不能位寻址，其格式见表 6-1。

表 6-1 TMOD 定时/计数器方式控制寄存器

定时器 1				定时器 0			
D7	D6	D5	D4	D3	D2	D1	D0
GATE	$C/\overline{T}$	M1	M0	GATE	$C/\overline{T}$	M1	M0

由表 6-1 可见，TMOD 的高 4 位用于 T1，低 4 位用于 T0，两部分的定义完全对称，以 T0 为例说明各位的含义：

① GATE：门控位，当 GATE=1 时，定时/计数器由软件控制位 TR 及外部引脚信号 $\overline{INT0}$ 共同启动；当 GATE=0 时，定时/计数器只由软件控制位 TR 决定启动和停止。

② $C/\overline{T}$：定时/计数器选择位。当 $C/\overline{T}=1$ 时，为计数器方式；$C/\overline{T}=0$，为定时器方式。

③ M1、M0：工作方式选择位见表 6-2，定时/计数器的 4 种工作方式由 M1M0 设置。

表 6-2 工作方式选择位

M1	M0	工作方式	功能
0	0	0	13 位定时/计数器
0	1	1	16 位定时/计数器
1	0	2	8 位自动重装定时/计数器，TL 用于计数，TH 用于存放初值
1	1	3	T0 用作两个独立的 8 位计数器，T1 不工作。TL0 既可计数也可定时，TH0 只能定时

提示： TMOD 不能进行位寻址，只能用字节方式设置 TMOD。单片机复位时，TMOD 所有位均为 0。也就是说，上电后的默认设置是：T0 和 T1 均为定时器，工作在方式 0 下，允许 TR0 和 TR1 启动计数器。

【例 6-1】 设置定时器 1 为定时工作方式，要求软件启动，按方式 2 工作；定时器 0 为计数方式，要求软件启动，按方式 1 工作。写出 TMOD 的值。

分析：根据表 6-1 可知，定时器 1 由 D4~D7 位控制，其中 D7 位即 GATE 位为 0 时，定时/计数器的启停是由软件控制，所以 D7=0；D6 位是 $C/\overline{T}$ 定时/计数器选择位。当 $C/\overline{T}=0$ 时为定时方式，$C/\overline{T}=1$ 时为计数方式，因此 D6=0；D5 和 D4 即 M1、M0 是工作方式选择位，当 M1M0=10 时工作方式为方式 2，因此 D5=1，D4=0。用同样的方式可以分析定时器 0，分析后的各位取值如下：

D7	D6	D5	D4	D3	D2	D1	D0
0	0	1	0	0	1	0	1

即 TMOD=0x25。

2. TCON 寄存器

TCON 是定时/计数器控制寄存器，字节地址为 88H，可位寻址。其格式见表 6-3。

表 6-3 TCON 定时/计数器控制寄存器

8FH	8EH	8DH	8CH	8BH	8AH	89H	88H
TF1	TR1	TF0	TR0	IE1	IT1	IE0	IT0

各位含义如下：

① TR1 和 TR0：T1 和 T0 的启动控制位。在门控位 GATE 的配合下，控制定时/计数器的启动和停止。由软件清 0 关闭定时器。当 GATE = 1，且 $\overline{\text{INT1}}$/$\overline{\text{INT0}}$为高电平时，TR1/TR0 置 1 启动定时器；当 GATE = 0 时，TR1/TR0 置 1 启动定时器。

② TF1 和 TF0：定时器溢出标志位。当定时器计满溢出时，由硬件使 TF1/TF0 置 1，并申请中断。开始执行中断服务程序后，由硬件自动清 0，在查询方式下用软件清 0。

③ IE1 和 IE0：外部中断 1/外部中断 0 请求标志位。

④ IT1 和 IT0：外部中断 1/外部中断 0 触发方式选择位。

3. 定时/计数器的初始化

定时/计数器的功能由软件编程确定，一般在使用定时/计数器前要对其进行初始化，即设置其功能。初始化的步骤一般如下：

① 确定定时/计数器的工作方式，即设置 TMOD 的值。

② 设置定时/计数器的初值，把初值写入 TH、TL 中。

③ 根据需要开放定时/计数器的中断，即设置 TCON 中 IE 位的值。

④ 启动定时/计数器，即设置 TCON 中 TR 位的值为 1。

视频

定时器工作方式

四、 定时/计数器的 4 种工作方式

51 单片机的定时/计数器有 4 种工作方式：方式 0、方式 1、方式 2 和方式 3。下面以 T0 为例，分别介绍各种工作方式的特点和用法。

1. 方式 0

当 M1M0 = 00 时，定时/计数器工作在方式 0 下，方式 0 是 13 位的定时/计数器，TL0 的低 5 位和 TH0 的 8 位构成一个 13 位加 1 计数器，最大计数值 $M = 2^{13} = 8192$。图 6-3 所示为 T0 方式 0 的逻辑电路结构图。

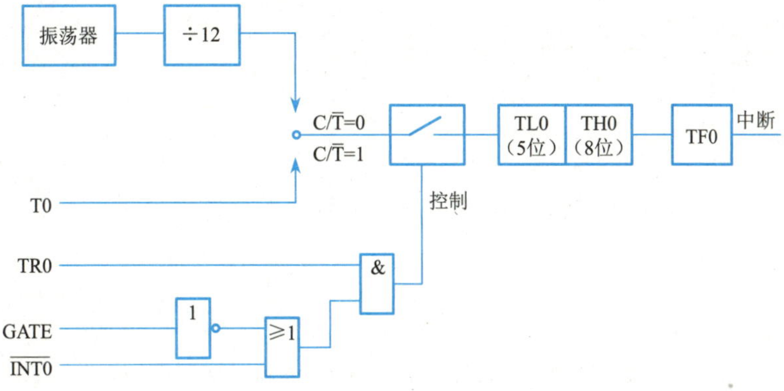

图 6-3 T0 方式 0 逻辑电路结构图

图 6-3 中，当 $C/\overline{T}=0$ 时，T0 为定时器，此时定时信号来自振荡器的 12 分频信号；$C/\overline{T}=1$，T0 为计数器，计数信号来自引脚 T0 的外部信号。若 GATE=0，T0 的启动和停止完全由 TR0 的状态决定，与$\overline{INT0}$端无关；GATE=1 时，T0 的启动和停止取决于 TR0 和$\overline{INT0}$共同的作用。

定时/计数器 T0 在工作方式 0 下的工作过程如下：

① 软件使 TR0 置 1，接通控制开关，启动定时器 T0，13 位加 1 计数器在定时初值或计数初值的基础上进行加 1 计数。

② 软件使 TR0 清 0，关断控制开关，停止 T0，加 1 计数器停止计数。

③ 计数溢出时，13 位加 1 计数器为 0，TF0 由硬件自动置 1，并申请中断，同时 13 位加 1 计数器继续从 0 开始计数。

提示：方式 0 的 TL0 的高三位是无效的，计算初值时要特别留意。

【例 6-2】 单片机系统的晶振频率为 12 MHz，用 T0、工作方式 0 实现 1 s 的延时。

分析：方式 0 是 13 位计数器，其最大定时时间为 8 192×1 μs=8.192 ms，因此可选择定时时间为 5 ms，循环 200 次达到 1 s 的延时。

定时时间为 5 ms，则计数值为 5 000，T0 的初值为：

$$a=2^{13}-5\,000=8\,192-5\,000=3\,192=\text{C78H}=0110001111000\text{B}$$

注意：13 位计数器中 TL0 的高 3 位没有用，以 0 填充，所以 a 的实际值应写为：

$$a=0110001100011000\text{B}=6318\text{H}$$

使用 T0 工作在方式 0 下实现 1 s 延时的延时函数如下：

```
void delay1s()
{
    unsigned char i;
    TMOD=0x00;                 //置 T0 为工作方式 0
    for(i=0;i<200;i++)         //设置循环次数
    {
        TH0=0x63;              //设置定时器初值
        TL0=0x18;
        TR0=1;                 //启动 T0
        while(!TF0);
        TF0=0;
    }
}
```

提示：由于方式 0 的初值计算比较麻烦，实际应用中很少使用方式 0，一般采用方式 1 代替。

2. 方式 1

当 M1M0=01 时，定时/计数器工作于方式 1。方式 1 是 16 位的定时/计数器，TL0 的 8 位和 TH0 的 8 位构成一个 16 位加 1 计数器，最大计数值 $M=2^{16}=65\,536$。图 6-4 所示为 T0 方式 1 的逻辑电路结构图。

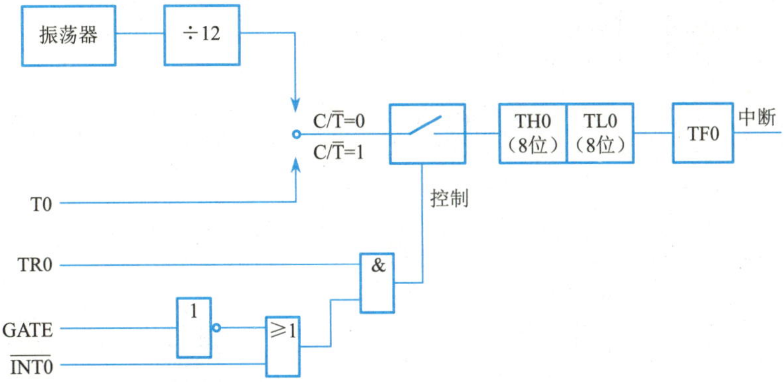

图 6-4 T0 方式 1 逻辑电路结构图

方式 1 与方式 0 的结构和操作基本相同，区别仅在于二者计数位数不同。

【例 6-3】 写出单片机系统的晶振频率为 12 MHz，用 T0 工作在方式 1 下实现 1 s 延时的延时函数。

分析：T0 工作在方式 1 下，即采用 16 位计数器，其最大定时时间为

$$2^{16}=65\ 536\times 1\ \mu s=65.536\ ms$$

定时时间设为 50 ms，循环 20 次即可定时 1 s。其初值 $a=2^{16}-50\ 000=15\ 536=$3CB0H

用 T0 工作在方式 1 下实现 1 s 的延时函数如下：

```
void delay1s()
{    unsigned char  i;
     TMOD=0x01;               //置 T0 为工作方式 1
     for(i=0;i<20;i++)        //设置循环次数
     {
        TH0=0x3C;             //设置定时器初值
        TL0=0xB0;
        TR0=1;                //启动 T0
        while(!TF0);
        TF0=0;
     }
}
```

3. 方式 2

当 M1M0=10 时，定时/计数器工作于方式 2。方式 2 是可自动装入初值的 8 位定时/计数器，TL0 作为 8 位计数器使用，TH0 用来存放初值，最大计数值 $M=2^8=256$。图 6-5 所示为 T0 方式 2 的逻辑电路结构图。

定时/计数器在方式 0 和方式 1 下，每次计满溢出后，计数器自动复位为 0，若要进行新一轮的计数，必须重置计数初值。方式 2 具有自动重装初值的功能，由图 6-5 中可以看出，若 TL0 计数溢出，TH0 会自动将其初值重新送入 TL0 中。方式 2 可产生非常精确的定时时间，尤其适合作为串行口波特率发生器。

【例 6-4】 写出单片机系统的晶振频率为 12 MHz，用 T0 工作在方式 2 下实现 1 s 延时的延时函数。

分析：T0 工作在方式 2 下，即采用 8 位计数器，其最大定时时间为 $2^8=256\times 1\ \mu s=256\ \mu s$，可选择定时时间为 250 μs，循环 4 000 次即可定时 1 s，其初值 $a=2^8-250=6$。

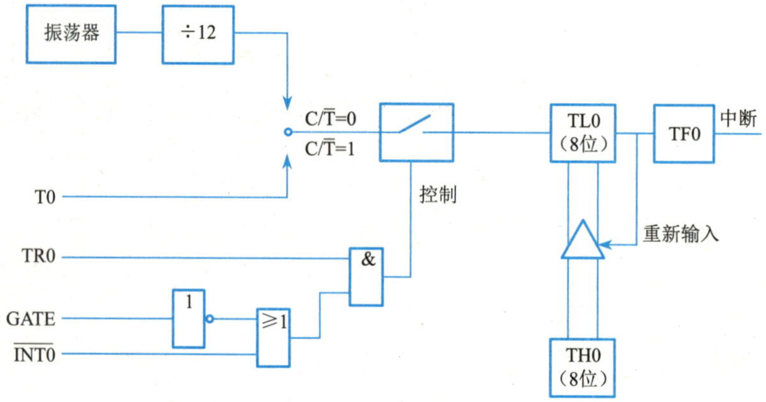

图 6-5　T0 方式 2 的逻辑电路结构图

用 T0 工作在方式 2 下实现 1 s 的延时函数如下：

```
void delay1s()
{  unsigned  int  i;
   TMOD=0x02;                    //置 T0 为工作方式 2
   TH0=6;
   TL0=6;
   for(i=0;i<4000;i++)           //设置 4000 次循环
   {  TR0=1;                     //启动 T1
      while(!TF0);
      TF0=0;
   }
}
```

4. 方式 3

当 M1M0=11 时，定时/计数器工作于方式 3。方式 3 是 8 位定时/计数器，只适用于 T0。图 6-6 所示为 T0 方式 3 的逻辑电路结构图。

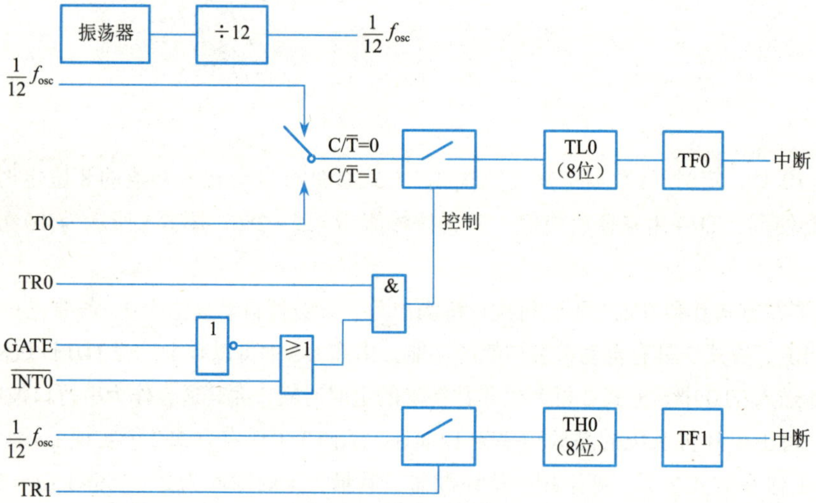

图 6-6　T0 方式 3 逻辑电路结构图

由图 6-6 可知，方式 3 下，TH0 和 TL0 分别作为两个独立的 8 位计数器。其中，TL0 既可作为定时器又可用作计数器使用，除计数位数不同于方式 0 外，其功能、操作与方式 0 完全相同。而 TH0 只能对机器周期进行计数，可以用作简单的内部定时器，不能用作对外部脉冲进行计数，在作为定时器使用时，TH0 占用了 T1 的控制位 TR1、TF1 和中断源，其启动和停止仅取决于 TR1。

开始闯关

视频

实验倒计时牌的制作

闯关任务及过程如下：

① 闯关任务：制作倒计时牌。

② 任务分析：使用单片机 AT89C51 控制一位数码管，实现倒计时的效果，从 9 到 0，间隔时间为 1 s。

③ 所用元件，见表 6-4。

表 6-4　倒计时牌电路所需主要元件

元件名称	属性值	说　明	数　量
AT89C51		单片机	1
7SEG-COM-ANODE		7 段共阳极 LED 数码管	1
RES	470 Ω	电阻	7

④ 电路设计：单片机控制一位数码管电路图如图 6-7 所示，使用 P0 口的 P0. 0~P0. 6 连接 1 个 7 段共阳极 LED 数码管。

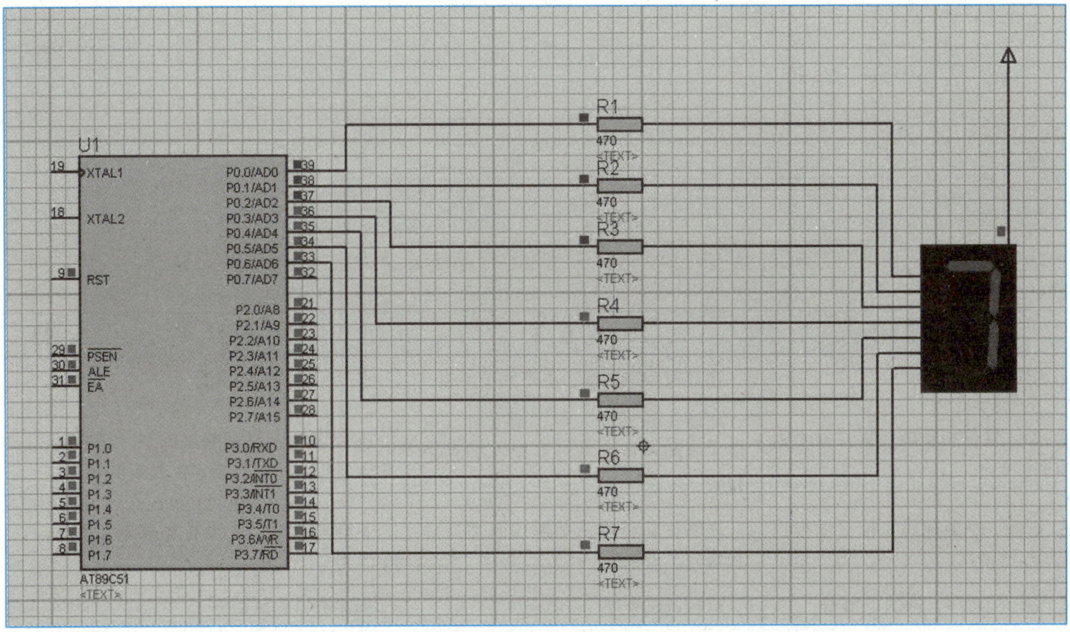

图 6-7　倒计时牌电路图

⑤ 源程序设计：使用定时器 T0 工作在方式 1 下，完成 1 s 定时。

```
#include<reg51.h>                    //包含头文件
#define uchar unsigned char
uchar tab[]={0x90,0x80,0xf8,0x82,0x92,0x99,0xb0,0xa4,0xf9,0xc0};  //设置 9~0 的字形码
//函数名:delay()
//函数功能:延时 1 s
//形式参数:无
//返回值:无
void delay()
{
    uchar i;
    for(i=0;i<20;i++)
    {
        TH0=0x3c;                    //设置定时初值
        TL0=0xb0;
        TR0=1;                       //启动定时器 T0
        while(!TF0);
        TF0=0;
    }
}
void main(void)
{
    uchar x;
    TMOD=0x01;                       //设置定时器 T0 工作在方式 1 下
    while(1)
    {
        for(x=0;x<10;x++)
        {
            P0=tab[x];
            delay();
        }
    }
}
```

⑥ 闯关评价：

考核内容及配分	技术要求	评分标准	得分
1. 纪律与出勤：10 分	遵守实验室秩序、不迟到不早退	违反纪律视情况扣分	
2. Keil 软件中新建、保存一个工程文件：5 分	能够正确新建一个工程文件、选取正确的单片机型号并保存到指定位置	不会建立工程、单片机型号选取错误且没有保存到指定位置不得分	
3. 新建一个源代码文件并加载到工程中：5 分	能够正确新建一个源代码文件并加载到工程里	不会建立文件、没有加载到工程中不得分	
4. 编辑源程序，调试：20 分	运行调试程序	程序有错酌情扣分	
5. 设置工程选项，对源程序进行编译，并生成 HEX 文件：10 分	正确生成 .hex 文件	工程选项设置不对，不能生成 .hex 文件不得分	

续表

考核内容及配分	技 术 要 求	评 分 标 准	得　分
6. Proteus 软件中新建一个设计文件并保存到指定位置：5 分	使用 Proteus 正确新建一个设计文件	新建一个设计文件没有保存在指定位置不得分	
7. 根据需要画出电路图：25 分	正确选择、放置元件、设置元件属性并画出原理图	画错酌情扣分，电路图不清晰、元件选择错误、元件位置不整齐、连线混乱酌情扣分	
8. 仿真调试：20 分	正确显示项目预期效果	数码管不能正常显示数字、部分数字显示不全、数字切换过快等情况酌情扣分	

关卡更新

秒表控制系统的制作：

用单片机控制两个 LED 数码管，采用静态连接方式，要求两个数码管显示 00~99 计数，时间间隔为 1 s，电路图如图 6-8 所示，两个数码管分别由 P0、P2 端口控制，公共端接地，即共阴极数码管。

用单片机定时器 T1 工作在方式 1 下，编制 1 s 延时程序，假定系统采用 12 MHz 晶振，T1 的工作方式 1 定时时间为 50 ms，循环 20 次即可定时到 1 s。

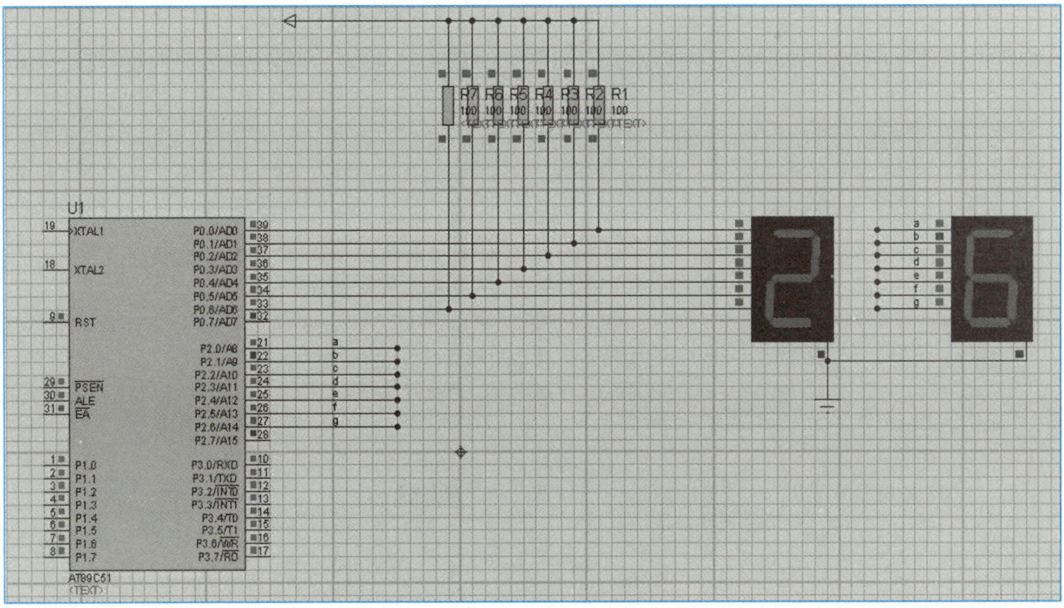

图 6-8　秒表控制系统电路图

程序代码：

```
#include <reg51.h>
unsigned char count=0;              //对 50 ms 定时时间进行计数
unsigned char miao=0;               //秒计数器
//函数名:timer_1()
```

```
//函数功能:定时器 T1 中断函数,T1 在工作方式 1 下每 50 ms 产生中断,执行该中断函数
void timer_1() interrupt 3                  //T1 的中断类型号为 3
{
    TH1=(65536-50000)/256;                  //重新设置 T1 计数初值高 8 位
    TL1=(65536-50000)%256;                  //重新设置 T1 计数初值低 8 位
    count++;                                //50 ms 计数器加 1
    if(count==20)                           //1 s 时间到
    {
        count=0;                            //50 ms 计数器清 0
        miao++;                             //秒计数器加 1
        if(miao==100)
        miao=0;                             //miao 计数到 100,则从 0 开始计数
    }
}
//函数名:disp(unsigned char i)
//函数功能:将 i 的值显示在两个静态连接的数码管上
//形式参数:i,取值范围 0~99
//返回值:无
void disp(unsigned char i)
{
unsigned char led[]={0xc0,0xf9,0xa4,0xb0,0x99,0x92,0x82,0xf8,0x80,0x90};
                                            //定义 0~9 显示码,共阴极数码管
P1=led[i/10];                               //显示 i 高位
P2=led[i%10];                               //显示 i 低位
}
void main()
{
    TMOD=0x10;                              //设置 T1 为工作方式 1
    TH1=(65536-50000)/256;                  //设置 T1 计数初值高 8 位,定时时间 50 ms
    TL1=(65536-50000)%256;                  //设置 T1 计数初值低 8 位
    ET1=1;                                  //开 T1 中断
    EA=1;                                   //开总中断
    TR1=1;                                  //启动 T1 开始计数
    while(1)
    {
        disp(miao);                         //显示秒计数器值
    }
}
```

关卡难度进阶

电子时钟的制作：

使用 AT89C51 内部时钟实现自动计时并用 LED 数码管（6 位）动态显示时、分、秒。

单片机的 P2 口作为位输出口，接 6 位共阴极数码管的公共端；P0 口作为段输出口经上拉电阻接 6 位共阴极数码管的各个字段输入端。电路图如图 6-9 所示。

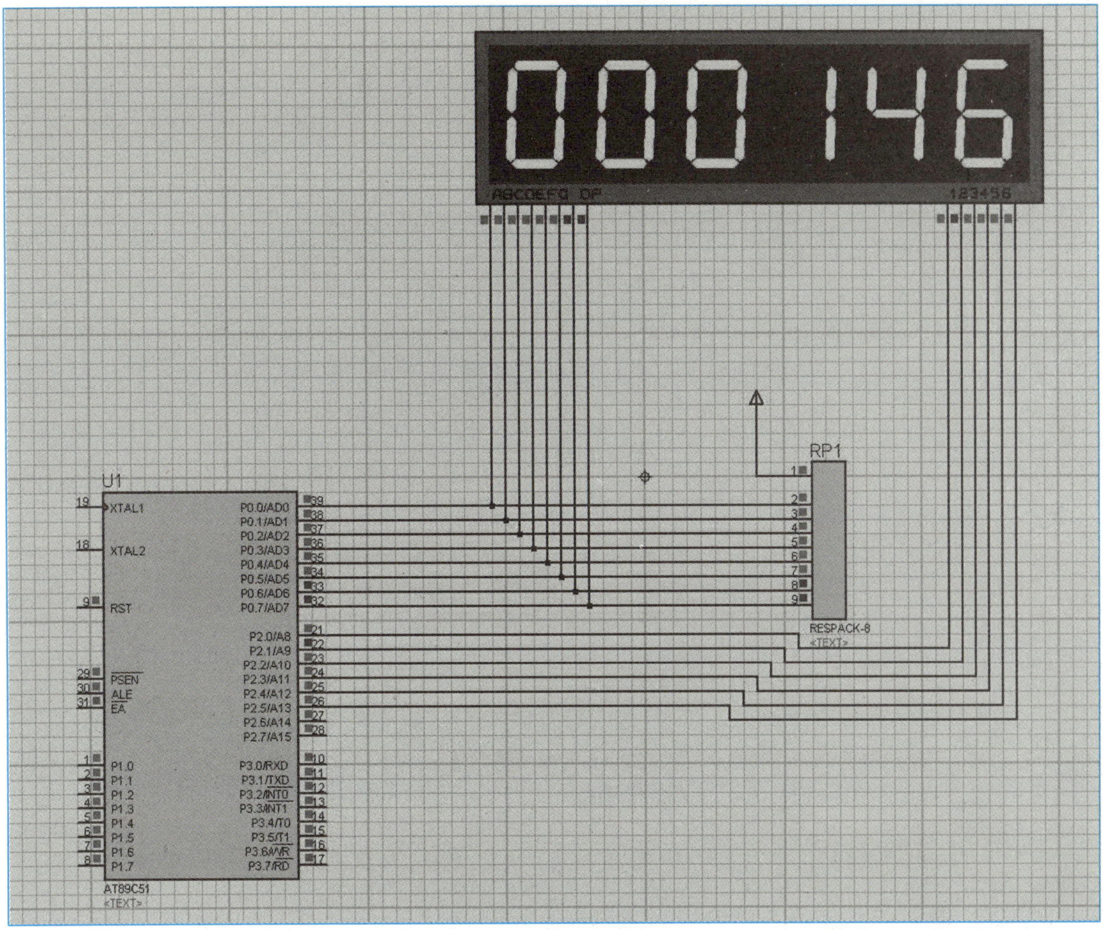

图 6-9　电子时钟电路图

程序设计思路，AT89C51 单片机工作频率是 12 MHz，定时器 12 分频后累加计数，即 1 μs 计数一次。定时 1 s，定时器装入初值 50 000，则需要进入中断 20 次，才能实现（50 000×20 μs = 1 000 000 μs = 1 s）。使定时器 T0 工作在方式 1 下进行 1 s 的定时，累计 60 个 1 s 为 1 分钟，3 600 个 1 s 为 1 小时，86 400 个 1 s 为 24 小时。源代码如下：

```
#include<reg51.h>
#define uchar unsigned char
#define uint unsigned int
uint num;                       //秒计数
uchar cunt;                     //对 50 ms 时间进行计数
uchar tab1[]={0x3f,0x06,0x5b,0x4f,0x66,0x6d,0x7d,0x07,0x7f,0x6f,0x40};
                                //数码管段选编码
uchar code tab2[]={0xfe,0xfd,0xfb,0xf7,0xef,0xdf,0xbf,0x7f};
                                //数码管位选编码
void display(uint num);         //声明显示函数
void delay()                    //定义延时函数
{
```

```
    uchar x,y;
    for(x=100;x>0;x--)
        for(y=10;y>0;y--);
}
void init()                             //中断初始化
{
    TMOD=0x01;                          //设置定时器 T0 为 16 位定时模式
    TH0=0x3c;                           //设置 T0 计数初值高 8 位,定时时间 50 ms
    TL0=0xb0;                           //设置 T0 计数初值低 8 位
    EA=1;                               //开总中断
    ET0=1;                              //开 T0 中断
    TR0=1;                              //启动 T0
    cunt=0;                             //50 ms 计数标志初始化
    num=0;                              //秒计数初始化
}
void main()
{
    init();
    while(1)
    {
        if(cunt==20)                    //检测 1 s
        {
            cunt=0;                     //50 ms 计数标志清零
            num++;                      //秒计数加 1
        }
        if(num>86400)                   //计数 86400 次后,秒计数清零即 24 小时后计时清零
        num=0;
        display(num);                   //显示时、分、秒
    }
}
void timer0() interrupt 1               //中断函数,T0 的中断号为 1
{
    TH0=0x3c;
    TL0=0xb0;
    cunt++;                             //每进中断服务程序一次,cunt 加 1
}
void display(uint num)                  //数码管动态显示函数
{
    uchar hou1,hou2,min1,min2,sec1,sec2;    //定义时、分、秒变量
    sec1=num%10;
    sec2=num%60/10;
    min1=num%600/60%10;
    min2=num%3600/600%10;
    hou1=num/3600%10;
    hou2=num/36000;
    P0=tab1[sec1];                      //P0 口段选输出
    P2=tab2[5];                         //P2 口位选输出,数码管最低位即第六位
```

```
    delay();
    P2=0xff;                    //去消隐
    P0=tab1[sec2];              //秒输出
    P2=tab2[4];                 //数码管第五位
    delay();
    P2=0xff;
    P0=tab1[min1];              //分输出
    P2=tab2[3];                 //数码管第四位
    delay();
    P2=0xff;
    P0=tab1[min2];              //分输出
    P2=tab2[2];                 //数码管第三位
    delay();
    P2=0xff;
    P0=tab1[hou1];              //时输出
    P2=tab2[1];                 //数码管第二位
    delay();
    P2=0xff;
    P0=tab1[hou2];              //时输出
    P2=tab2[0];                 //数码管第一位
    delay();
    P2=0xff;
}
```

提示：在数码动态显示过程中，若进行片选切换时没有对上一片显示的内容进行清空，则会导致当前数码管中出现上一片内容的余影，从而使显示模糊，影响了整个显示效果。数码管去消隐的方法可以是在全部数码显示完，全部熄灭后再跳到第一个显示。

经验总结及提高

本关卡主要介绍了单片机的定时/计数器，包括定时/计数器的结构、工作原理及工作方式，重点训练了定时/计数器的应用和编程方法。

51 单片机包括两个 16 位定时器 T0 和 T1，还包括两个控制寄存器 TCON 和 TMOD。定时/计数器有 4 种工作方式。

延伸阅读

关于专用芯片

专用芯片，通常是指为某一特定应用或任务而设计的集成电路（IC）。与通用芯片相比，专用芯片在设计时就针对特定的功能进行了优化，因此在执行这些特定任务时，它们往往能提供更高的效率和性能。

1. 什么是专用芯片

想象一下，如果你有一把瑞士军刀，它有很多工具，但如果只需要一把刀片，那么瑞士军刀就显得过于复杂且笨重。类似地，专用芯片就像是一把专为特定任务设计的简单刀具，它只包含完成任务所需的功能。

2. 专用芯片的设计

专用芯片的设计过程通常从明确其应用场景开始。设计者会根据任务的需求来决定芯片的架构和功能。这包括确定所需的计算能力、内存、输入/输出接口等。设计完成后，芯片会被制造出来，并通过测试来验证其性能是否符合预期。

3. 应用场景

专用芯片的应用非常广泛，从人们日常使用的手机、计算机到复杂的工业控制系统，都涉及专用芯片。一些常见的应用包括：

① 图形处理器（GPU）：专为处理图像和视频而设计，常用于游戏和专业图形设计。

② 数字信号处理器（DSP）：优化了对数字信号的处理，常用于手机和无线电通信。

③ 现场可编程门阵列（FPGA）：可以根据需要重新配置，适用于需要快速原型开发和特定算法实现的场景。

④ 人工智能芯片：专门为执行机器学习算法而设计，能够高效地处理大量数据。

4. 优势

专用芯片的主要优势在于高效率和高性能。由于专用芯片是为特定任务量身定制的，因此在执行这些任务时，比通用芯片更快、更省电。此外，专用芯片通常更小、更便宜。

5. 局限性

专用芯片也有其局限性，最主要的是灵活性较低。一旦设计完成，就很难适应新的任务或技术变革。这意味着如果市场或技术发生变化，专用芯片可能很快就会变得过时。

6. 未来趋势

随着技术的发展，专用芯片的设计也在不断进步。例如，通过使用更先进的制造工艺，可以在单个芯片上集成更多的功能，从而提高性能和降低成本。同时，也有一些尝试将专用芯片和通用芯片的优势结合起来，创造出既灵活又高效的混合解决方案。

专用芯片是现代电子设备中不可或缺的一部分，它们通过为特定任务提供优化的解决方案，极大地推动了技术的发展。虽然它们有局限性，但通过不断创新和改进，专用芯片在未来仍将继续在各个领域发挥重要作用。

习　题

一、选择题

1. AT89C51 单片机晶振频率为 12 MHz，则 T0 最大定时时间为（　　）。

A. 8 092 μs　　B. 256 μs　　C. 512 μs　　D. 65 536 μs

2. AT89C51 单片机的定时器 T0 用作计数方式时是（　　）。

A. 由内部时钟频率定时，一个时钟周期加 1　B. 由外部计数脉冲计数，下降沿加 1

C. 由内部时钟频率定时，一个机器周期加 1　D. 由外部计数脉冲计数，一个机器周期加 1

3. 用 AT89C51 的定时器 T1 工作于计数方式，用工作方式 2，则工作方式控制字为（　　）。

A. 20H　　B. 06H　　C. 02H　　D. 60H

4. 启动定时器0开始计数的指令是使TCON的（　　）。

A. TR0位置1　　B. TF0位置1

C. TR0位置0　　D. TR1位置0

5. 若单片机定时器工作在循环定时或循环计数场合（即自动装载模式），应选用（　　）。

A. 工作方式0　　B. 工作方式1

C. 工作方式2　　D. 工作方式3

6. AT89C51系列单片机的定时/计数器工作方式1是（　　）。

A. 16位计数器结构　　B. 8位计数器结构

C. 2个8位计数器结构　　D. 13位计数器结构

7. 下列4个特殊寄存器中，可以位寻址的是（　　）。

A. TL0　　B. TMOD　　C. TCON　　D. TH0

8. 设T0为工作方式1，定时功能，GATE=0。T1为工作方式2，计数功能，GATE=0。工作方式寄存器TMOD应赋值（　　）。

A. 0x60　　B. 0x21　　C. 0x20　　D. 0x61

9. 语句TR1=1；的作用是（　　）。

A. 启动T0计数　　B. 停止T0计数

C. 停止T1计数　　D. 启动T1计数

10. 当AT89C51单片机中允许CPU响应定时器T1的中断请求时，IE中（　　）为必须为1。

A. ET1和EA　　B. EX0和EA

C. ES和EA　　D. ET0和EA

11. 单片机定时器和计数器的本质都是计数，当工作于定时模式时，是对单片机内部的（　　）脉冲进行计数。

A. 机器周期　　B. 指令周期　　C. 状态周期　　D. 时钟周期

12. AT89C51单片机定时/计数器有（　　）种工作方式。

A. 1　　B. 3　　C. 2　　D. 4

13. 在TMOD的设置中，当M1M0=10时，定时器工作于（　　）方式。

A. 8位自动重载定时/计数器　　B. 13定时/计数器

C. 16位定时/计数器　　D. 两个独立的8位定时/计数器

14. 对于AT89C51单片机，当晶振频率为12 MHz时，最大定时时间为（　　）。

A. 1 000 ms　　B. 32. 768 ms　　C. 131.072 ms　　D. 65.536 ms

15. 定时器T1的溢出标志是（　　）。

A. PX1　　B. IE1　　C. TR1　　D. TF1

16. 定时器/计数器工作方式1的计数初值X与计数个数N的关系为（　　）。

A. $X=2^8-N$　　B. $X=2^{13}-N$　　C. $X=2^{10}-N$　　D. $X=2^{16}-N$

17. 定时器T0工作在方式2下，若需要计数50次，则初始值为（　　）。

A. 50　　B. 0　　C. 206　　D. 256

18. n位计数器的最大计数个数M是（　　）。

A. $2n$　　B. 2的n次方　　C. $8n$　　D. 2的8次方

二、简答题

1. 51 系列单片机定时/计数器的定时功能和计数功能有什么不同？

2. 51 单片机定时/计数器有几种工作方式？各自的特点有哪些？

3. 设置定时器 1 为定时工作方式，要求软件启动按方式 1 进行工作，定时器 0 为计数方式，要求软件启动按方式 3 进行工作，试写出 TMOD 的值。

4. 控制寄存器 TCON 各位的含义是什么？

5. 已知单片机时钟频率为 12 MHz，当要求定时时间为 0.5 s 和 2 s 时，使用 T1 工作在方式 1 下，试编写定时/计数器的初始化程序。

项目七

串行通信技术应用

本项目简单介绍了串行通信的基础知识以及51单片机的串行接口，并通过逐步进阶的三个典型应用实例，使读者进一步认识和了解单片机的串行通信技术。

学习目标

- 理解串行通信的基础知识。
- 掌握单片机串行口的结构、控制寄存器、工作方式。
- 学会如何根据时钟频率设置串行通信的波特率。
- 能够编写代码初始化单片机的串行口。
- 通过分析具体的单片机串行通信实例，理解串行通信技术在实际项目中的应用。
- 具备通过分析串行通信系统的需求分析问题、解决问题的能力。
- 具备查阅单片机相关技术资料进行自主学习的能力。
- 具备团队协作精神及沟通能力。
- 通过任务的实践，积累操作经验，增强理论与实践融通的能力。

导　学

待解决的问题

① 什么是并行通信？什么是串行通信？

② 什么是单工通信？什么是半双工通信？什么是全双工通信？

③ 什么是同步通信？什么是异步通信？

④ 常见的串行通信协议有哪些？

⑤ 串行口的内部结构包括什么？

⑥ 串行口的工作方式有哪些？如何设置？

⑦ 如何设计串行通信系统？

内容结构图

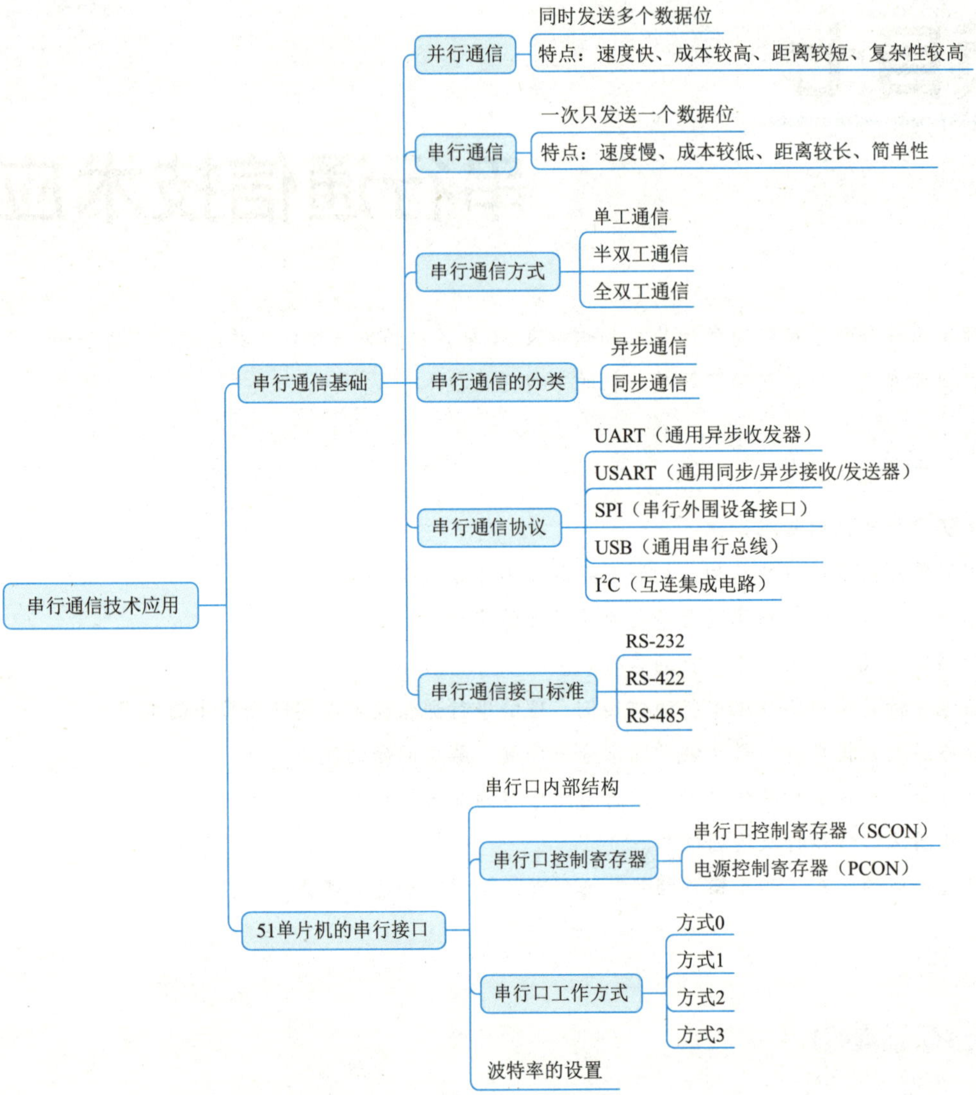

第十关　双机传送数据

闯关要求

两台 AT89C51 单片机，通过串行通信相互交互，甲机负责发送计数器的当前值，乙机负责接收甲机发送的值，并将该值回传给甲机，同时在接收到数据后在 P2 端口显示对应的数字。甲机接收到乙机回传的值后，如果该值与甲机发送的值相同，则甲机也在 P2 端口显示对应的数字，并且递增计数器的值，计数器计到 9 时清零，重新计数。

闯关必备

一、串行通信基础

计算机通信是指计算机与外围设备或者计算机与计算机之间的信息交换。基本的通信方式有并行通信和串行通信两种。

1. 并行通信

并行通信是指同时发送多个数据位，如同多车道的高速公路，每条车道都可以同时行驶一辆车，这样多辆车可以同时前进。计算机内部组件之间的数据传输，如 CPU 与 RAM 之间的数据传输采用的就是并行通信。

并行通信具有如下特点：

① 速度快：因为多个数据位同时传输，所以并行通信的速度通常比串行通信快。

② 成本较高：需要更多的电线或通道来传输数据，这可能导致成本增加。

③ 距离较短：由于信号干扰和衰减，适合短距离通信。

④ 复杂性较高：设计和制造并行通信设备通常比串行设备复杂。

2. 串行通信

串行通信是指一次只发送一个数据位，如同单行车道，车辆只能一辆接一辆地通过。计算机与外围设备之间的数据传输，如 USB 连接就是串行通信。

串行通信具有如下特点：

① 速度慢：由于一次只传输一个数据位，所以速度相对较慢。

② 成本较低：只需要一条或几条线，成本较低。

③ 距离较长：适合长距离通信，因为信号不容易受到干扰。

④ 简单性：设计和制造相对简单。

并行通信与串行通信如图 7-1 所示。

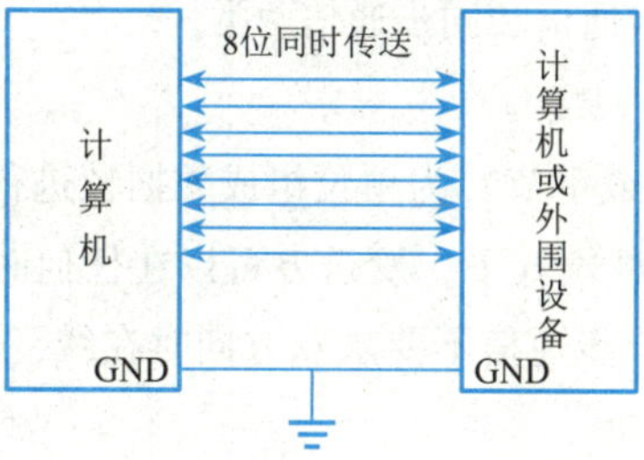

（a）并行通信

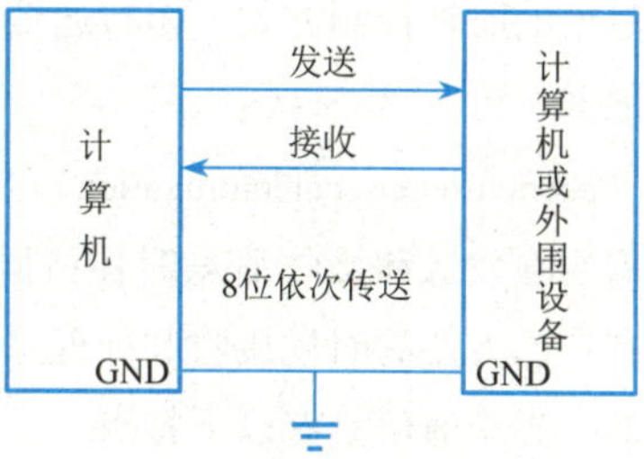

（b）串行通信

图 7-1　并行通信与串行通信

3. 串行通信方式

在串行通信中，数据是在两个站之间进行传送的。按照数据传送方向，串行通信可分为单工、半双工及全双工 3 种方式，如图 7-2 所示。

① 单工通信：指数据传输仅能沿一个方向，不能实现反向传输，即通信一方只具备发送器，另一方则只具备接收器，如图 7-2（a）所示。例如，通过无线电广播收听新闻，只能听新闻，不能通过同一个频道向广播电台发送信息。

② 半双工通信：指数据传输可以沿两个方向，但需要分时进行，即通信双方都备有发送器和接收器，但同一时刻只能有一方发送，另一方接收，如图 7-2（b）所示。例如，对讲机，当你按下通话键时，你说话，对方听；当你松开按键时，对方可以回复。

③ 全双工通信：指数据可以同时进行双向传输，发送与接收装置同时工作，即通信双方都有发送器和接收器，且可以同时发送和接收，如图 7-2（c）所示。例如，打电话，当通过电话与某人交谈时，两个人可以同时说话且同时听到对方说话。

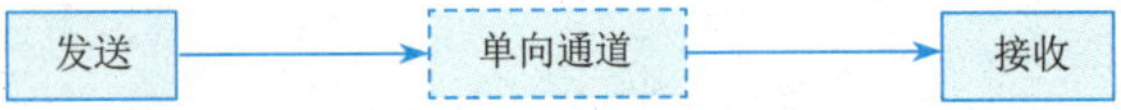

（a）单工通信

（b）半双工通信

（c）全双工通信

图 7-2　串行通信方式的 3 种方式

在实际应用中，尽管多数串行通信接口电路具有全双工功能，一般情况只工作于半双工制式下，这种用法简单、实用。

4. 串行通信的分类

按照串行数据的时钟控制方式，串行通信可分为异步通信和同步通信两类。

(1) 异步通信

异步通信（asynchronous communication）是以字符（或字节）为单位组成数据帧进行的数据传送。通信的双方不需要在发送和接收消息时保持同步。在这种模式下，发送方可以在任何时间发送消息，而接收方可以在自己方便的时候接收和处理这些消息。异步通信不要求双方同时在线，也不要求消息的交换是实时的。异步通信具有以下特点：

- 消息发送和接收可以在不同时间进行。
- 没有实时的交互要求。
- 适用于处理不需要即时响应的任务。

异步通信有两个比较重要的指标：字符帧和波特率。

① 字符帧：字符帧也称数据帧，一帧数据由起始位、数据位、奇偶校验位和停止位四部分组成，如图 7-3 所示。

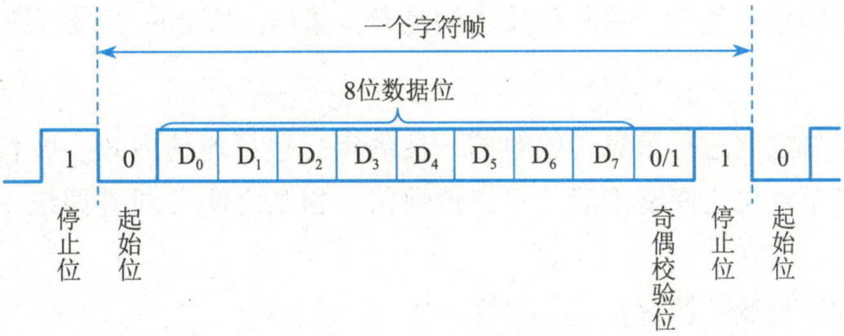

图 7-3 异步通信的字符帧格式

• 起始位：位于数据帧的开头，占 1 位，始终为低电平，标志传送数据的开始，用于向接收设备表示发送端开始发送一帧数据。

• 数据位：要传送的数据信息，一般为 5~8 位，由低位开始传送。

• 奇偶校验位：位于数据位之后，占 1 位，用来检测在传输数据时有没有出错，可根据需要采用奇校验、偶校验或无校验。在多机串行通信时，还用此位传送联络信息。

• 停止位：位于数据帧的最后，占 1 位，始终为高电平，表示一个数据发送结束。

② 波特率：指数据传递的速率，即每秒传送二进制数据的位数，单位为波特（Bd）或 bit/s。例如，传递速率为 960 个字符/秒，每个字符为 10 位（1 位起始位、8 位数据位、1 位停止位），则其波特率为 10×960＝9 600 Bd 或 9 600 bit/s。波特率越高，数据传输的速度越快。通常，异步通信的波特率为 50~19 200 bit/s。

(2) 同步通信

同步通信（synchronous communication）是一种要求通信的双方在发送和接收消息时必须保持同步的通信方式。这意味着发送方发送消息后，必须等待接收方的响应才能继续发送下一条消息。同步通信具有以下特点：

① 消息的发送和接收是实时进行的。

② 发送方通常需要等待接收方的响应。

③ 适用于需要即时交流和快速反馈的场景。

同步通信是把许多字符组成一个数据帧，即数据以块为单位连续进行传送，字符可以逐个地传输，在每组数据帧的开始处要加上同步字符，在没有数据传输时，要填上空字符，因为同步传输不允许有间隙。同步方式下，发送方除了发送数据外，还要传输同步时钟信号，信息传输的双方用同一个时钟信号确定传输过程中每一位的位置。同步通信的数据格式如图 7-4 所示。

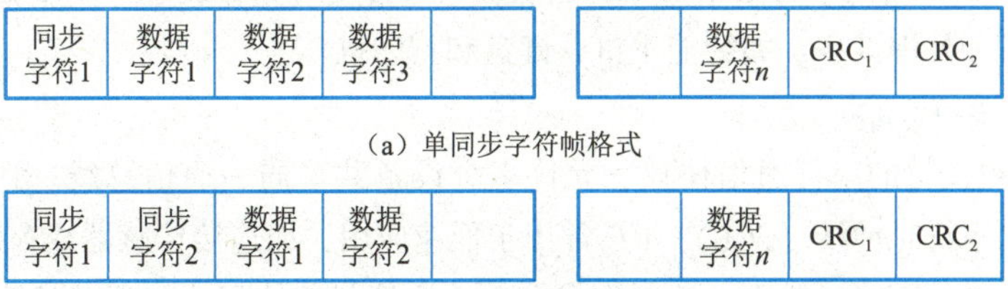

（a）单同步字符帧格式

（b）双同步字符帧格式

图 7-4 同步通信的数据格式

同步通信的硬件结构比较复杂，单片机使用的是异步通信，因此同步通信简单了解即可。

5. 串行通信协议

通信协议是指单片机之间进行信息传输时的一些约定，包括通信方式、波特率、双机之间握手信号的约定等。为了保证单片机之间能准确、可靠地通信，相互之间必须遵循统一的通信协议，在通信前一定要设置好。

以下是一些常见的串行通信协议：

(1) UART（通用异步收发器）

UART 是一种非常基础的串行通信协议，广泛用于短距离、低速率的数据传输，如计算机与外设、微控制器之间的通信。它使用两条线（发送线 TX 和接收线 RX）来传输数据，并且通常用于嵌入式系统中的设备间通信。UART 的特点如下：

①异步通信：UART 使用异步通信，这意味着它不依赖于来自时钟信号的同步。数据传输速率由波特率决定，而波特率由发送和接收设备独立设置。

②简单性：UART 通常只需要两条线（TX 和 RX），使其成为简单且低成本的通信解决方案。

③易用性：UART 易于实现，大多数微控制器都内置了 UART 接口。

(2) USART（通用同步/异步接收/发送器）

USART 是 UART 的扩展，支持同步模式，允许使用额外的时钟线进行数据同步。USART 可用于更复杂的通信任务，如与调制解调器通信。USART 的特点如下：

① 同步模式：USART 除了支持 UART 的异步模式外，还可以工作在同步模式下。在同步模式下，USART 使用一个共同的时钟信号（SCLK）来同步数据传输。

② 多主机通信：USART 支持多主机通信，允许多个设备共享同一通信线路，这是通过使用额外的控制线（如 CTS 和 RTS）实现的。

③ 错误检测：USART 通常具有更高级的错误检测和处理机制，如奇偶校验和数据帧结构。

④ 数据完整性：由于同步模式的存在，USART 在数据传输的完整性和可靠性方面可能更优。

(3) SPI（串行外围设备接口）

SPI 是一种高速的串行通信协议，通常用于嵌入式系统中的微控制器和其他 IC 之间的短距离通信。它使用主/从架构，并且有以下四个信号：MOSI（主出/从入）、MISO（主入/从出）、SCK（串行时钟）、SS（从属选择）。芯片上 SS 的引脚数决定了可连接到总线上的器件数量。在 SPI 传输过程中，数据是同步进行发送和接收的。数据传输的时钟来自主处理器的时钟脉冲 SCK。

(4) USB（通用串行总线）

虽然 USB 通常不被认为是串行通信协议，但它确实支持串行数据传输。USB 是一种广泛使用的接口，用于连接计算机和外围设备，如智能手机、键盘和打印机。

(5) I^2C（互连集成电路）

I^2C 是一种多主机支持的串行通信协议，允许多个设备共享同一通信总线。它只需要两条线：串行数据线（SDA）和串行时钟线（SCL）。I^2C 常用于低速应用，如连接传感器或存储设备。I^2C 是同步通信的一种特殊形式，具有接口线少、控制方式简单、器件封装体积小、通信速率较高等优点，已经成为微电子通信控制领域广泛采用的一种总线标准。

I^2C 支持多主和主从两种工作方式，通常为主从工作方式。在主从工作方式中，总线上只有一个主控器件（单片机），连接在总线上的任何器件都是具有 I^2C 总线的从器件。

6. 串行通信接口标准

串行通信接口标准是用于定义串行通信物理层和数据链路层特性的规范。即使这些设备是由不同的制造商生产的，这些标准也能确保不同设备之间能够进行有效的数据交换。以下是一些常见的串行通信接口标准：

(1) RS-232

RS-232 是一种传统的串行通信接口标准，它在 1960 年由电子工业联盟（EIA）发布，后来被国际电信联盟（ITU）作为 V. 24 标准采纳。RS（recommended standard）代表 EIA 的"推荐标准"，232 为标识号。RS-232 广泛用于计算机与外设（如调制解调器、鼠标、打印机）之间的通信，尤其是在工业、科研和商业领域。RS-232 具有以下一些关键特点：

① 电气特性：

• 信号电平：RS-232 使用正负电压来表示二进制数据。通常，3～15 V 表示二进制"0"（空闲状态），-15～-3 V 表示二进制"1"。这种电平转换使得 RS-232 具有一定的抗干扰能力。

• 信号线：RS-232 接口通常使用 9 针或 25 针的 D-sub 连接器，其中一些引脚用于数据传输，其他引脚用于控制信号。

② 物理特性：

• 连接器：RS-232 通常使用 DB9 或 DB25 类型的 D-sub 连接器。DB9 有 9 个引脚，而 DB25 有 25 个引脚。在实际应用中，DB9 更为常见。

• 引脚定义：RS-232 定义了多个引脚的功能，包括数据发送（TX）、数据接收（RX）、数据终端就绪（DTR）、数据集就绪（DSR）等。

③ 通信特性：

• 全双工通信：RS-232 支持全双工通信，即发送和接收可以同时进行，不需要交替进行。

• 波特率：RS-232 的数据传输速率（波特率）可以从 300 波特到 115. 2 千波特不等，取决于设备的能力。

• 数据格式：RS-232 允许灵活的数据格式设置，包括数据位（7 或 8 位）、停止位（1 或 2 位）和奇偶校验位。

④ 应用场景：

• 计算机与外设通信：RS-232 常用于连接计算机与鼠标、键盘、打印机、调制解调器等外设。

• 工业控制系统：在工业控制系统中，RS-232 用于连接 PLC（可编程逻辑控制器）、传感器和其他控制设备。

• 远程通信：RS-232 也用于一些远程通信应用，如连接远程传感器或控制设备。

⑤ 局限性：

• 通信距离：RS-232 的通信距离有限，通常在 15 m 以内。超过这个距离，信号可能会受到衰减和干扰。

• 数据速率：虽然 RS-232 支持较高的数据传输速率，但在长距离通信时，数据传输速率会受到限制。

• 电磁兼容性：RS-232 使用单端信号传输，不如差分信号传输（如 RS-422 或 RS-485）具有抗电磁干扰能力。

(2) RS-422

RS-422是一种差分信号串行通信标准，提供比RS-232更好的抗电磁干扰能力。它支持更远的通信距离和更高的数据传输速率。RS-422使用平衡线对传输数据，通常用于工业自动化和数据采集系统。

(3) RS-485

RS-485是RS-422的扩展，支持多点通信，允许多达32个设备连接到同一总线上。它使用差分信号传输，提供比RS-232更高的数据传输速率和更远的通信距离。RS-485常用于工业网络、楼宇自动化和远程监控系统。

二、51单片机的串行接口

1. 串行口内部结构

51单片机内部有一个可编程的全双工串行通信接口，可以作为通用异步收发器（UART），也可作为同步移位寄存器。它的数据帧格式可为8位、10位和11位3种，可设置多种不同的波特率，通过引脚RXD（P3.0）和TXD（P3.1）与外界进行通信。51单片机的异步串行通信接口内部结构如图7-5所示。

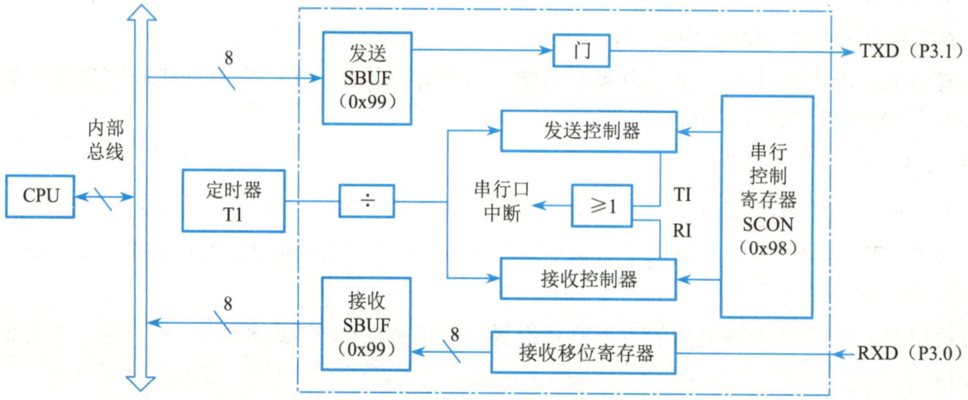

图7-5 串行接口内部结构

图7-5中，点画线框部分为串行接口内部结构，其中包括两个数据缓冲器SBUF（用于存放发送/接收的数据）、串行控制寄存器SCON（用于控制串行口的工作方式，表示串行口的工作状态）、接收移位寄存器、发送控制器和接收控制器。

两个数据缓冲器SBUF在物理上是相互独立的，一个用于发送数据，一个用于接收数据。但发送数据缓冲器只能写入数据，不能读出数据，接收数据缓冲器只能读出数据，不能写入数据。所以，两个SBUF共用一个地址（0x99），通过读/写指令区别是发送还是接收。

发送控制器的作用是在门电路和定时器T1的配合下，将发送数据缓冲器中的并行数据转为串行数据，并自动添加起始位、奇偶校验位、停止位。这一过程结束后可使发送中断请求标志位TI自动置1，用来通知CPU已将发送数据缓冲器中的数据输出到了TXD引脚。

接收控制器的作用是在接收移位寄存器和定时器 T1 的配合下，使来自 RXD 引脚的串行数据转为并行数据，并自动过滤掉起始位、奇偶校验位、停止位。这一过程结束后，可使接收中断请求标志位 RI 自动置 1，用来通知 CPU 接收的数据已存入接收数据缓冲器中。

从数据的发送和接收过程能看出，发送的数据从发送数据缓冲器直接送出，接收的数据则经过接收移位寄存器后才到达接收数据缓冲器。当接收数据进入接收数据缓冲器后，接收端还可以通过接收移位寄存器接收下一帧数据。由此可见，发送端为单缓冲结构，接收端为双缓冲结构，这样可以避免在第 2 帧接收数据到来时，CPU 因未及时将第 1 帧数据读走而引起两帧数据重叠的错误。

定时器 T1 的作用是产生用以收发过程中节拍控制的通信时钟，也就是作为波特率发生器，波特率与单片机晶振频率、定时器 T1 初值、串行口工作方式以及波特率选择位 SMOD 有关。

2. 串行口控制寄存器

51 单片机用于串行通信控制的特殊功能寄存器有两个：串行口控制寄存器 SCON 和电源控制寄存器 PCON。

(1) 串行口控制寄存器（SCON）

SCON 是 51 单片机的一个按位寻址的特殊功能寄存器，字节地址是 98H，用于设置串行口的工作方式、接收/发送控制以及设置状态标志等。单片机复位时，所有位都清零，其格式见表 7-1。

表 7-1　串行口控制寄存器 SCON

位序号	D7	D6	D5	D4	D3	D2	D1	D0
位符号	SM0	SM1	SM2	REN	TB8	RB8	TI	RI
位地址	9FH	9EH	9DH	9CH	9BH	9AH	99H	98H

SCON 中的每一位在 reg51. h 头文件中已经做了声明，可以直接进行位操作。下面详细介绍每一位的含义。

① SM0 和 SM1：串行口工作方式选择位。串行口共有 4 种工作方式，通过 SM0 和 SM1 的不同取值决定，4 种工作方式的不同之处在于其通信协议不同，即帧格式与波特率不同，具体见表 7-2。

表 7-2　串行口工作方式选择位

SM0	SM1	方　式	说　明	波 特 率
0	0	0	8 位同步移位寄存器方式	$f_{OSC}/12$
0	1	1	10 位数据异步通信方式（8 位数据）	可变
1	0	2	11 位数据异步通信方式（9 位数据）	$f_{OSC}/64$ 或 $f_{OSC}/322$
1	1	3	11 位数据异步通信方式（9 位数据）	可变

这 4 种工作方式中，第一种方式不属于异步通信方式，而是同步移位寄存器方式（主要用于串并转换），后 3 种才是严格意义上的异步通信。

② SM2：多机通信控制位，主要用于方式 2 和方式 3。

在方式 2、3 处于接收时，若 SM2＝1 时，且接收到第 9 位数据（RB8）为 1，RI 才会置 1；若 SM2＝1，RB8＝0，则不激活 RI。

在方式 2、3 处于发送方式时，若 SM2＝0，则不论接收到的第 9 位 RB8 为 0 还是为 1，TI、RI 都以正常方式被激活。通过控制 SM2，可以实现多机通信。

③ REN：允许串行接收位，由软件置位或清零。REN＝1 时，允许接收；REN＝0 时，禁止接收。

④ TB8：发送数据的第 9 位。在方式 2 和方式 3 中，由软件置位或清零，一般可做奇偶校验位。在多机通信中，可作为区别地址帧或数据帧的标志位，一般约定地址帧时 TB8 为 1，约定数据帧时 TB8 为 0。在方式 0 和方式 1 中，该位未用，默认为 0。

⑤ RB8：接收数据的第 9 位。在方式 2 或方式 3 中，是接收数据的第 9 位，是奇偶校验位或地址帧/数据帧的标志位。在方式 1 时，若 SM2＝0，则 RB8 是接收到的停止位。

⑥ TI：发送中断标志位。在方式 0 时，当串行发送完第 8 位数据后，该位由硬件置位。在其他方式下，在发送停止位之前，由内部硬件使 TI 置 1，并向 CPU 发中断申请，表示帧发送结束，其状态既可供软件查询使用，也可向 CPU 请求中断。TI 位必须由软件清 0，以取消此中断请求。

⑦ RI：接收中断标志位。在方式 0 中，接收完 8 位数据后，由硬件置位；在其他方式中，当接收到停止位时该位由硬件置 1。因此，RI＝1 表示帧接收结束。其状态既可供软件查询使用，也可以向 CPU 请求中断。RI 位必须由软件清 0，取消此中断申请。

(2) 电源控制寄存器（PCON）

PCON 是电源控制寄存器，是为 CHMOS 型单片机的电源控制而设置的特殊功能寄存器，字节地址为 87H，不能位寻址，其格式见表 7-3。

表 7-3　电源控制寄存器 PCON

位序号	D7	D6	D5	D4	D3	D2	D1	D0
位符号	SMOD	×	×	×	GF1	GF0	PD	IDL

在 PCON 中只有一位 SMOD 与串行口工作有关，它表示波特率选择位，用于决定串行通信时钟的波特率是否加倍。在方式 1、2 和 3 时，串行通信的波特率与 SMOD 有关。当 SMOD＝1 时，波特率提高一倍；当 SMOD＝0 时，波特率不变。

51 单片机串行通信以定时器 T1 为波特率信号发生器，其溢出脉冲经过分频单元（图 7-5 中的除号框）后送到收、发控制器中，分频单元的内部结构如图 7-6 所示。T1 溢出脉冲可以有两种分频路径，即 16 分频或 32 分频，SMOD 就是决定分频路径的逻辑开关。

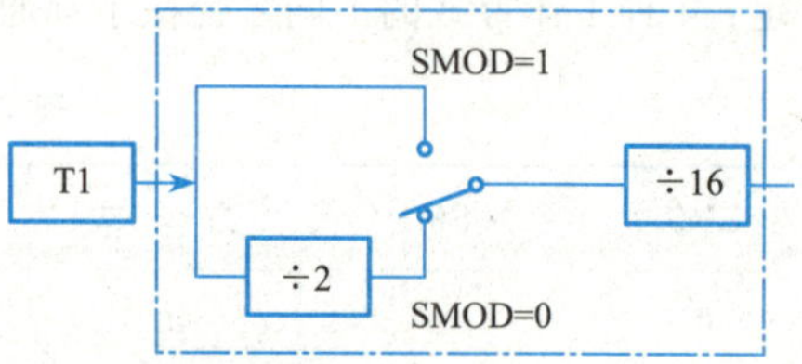

图 7-6　波特率信号的分频单元内部结构

视频

串口工作方式

3. 串行口工作方式

串行口工作方式共有 4 种，其中方式 1 最为常用。在单片机之间、单片机与计算机、计算机与计算机串行口通信时，基本选择方式 1。

(1) 方式 0

当 SM0＝0、SM1＝0 时，串行口选择为方式 0。在方式 0 下，串行口作同步移位寄存器用，其波特率固定为 $f_{osc}/12$。串行数据从 RXD（P3.0）引脚输入或输出，同步移位脉冲由 TXD（P3.1）

输出。方式 0 接收/发送的是 8 位数据，传输时低位在前。

① 发送：当执行任何一条写 SBUF 的指令时，就启动串行数据的发送。即当一个数据写入串行口发送缓冲器 SBUF 时，串行口将 8 位数据以 $f_{OSC}/12$ 的波特率从 RXD 引脚输出，发送完置中断标志 TI=1，请求中断。再次发送数据之前，必须由软件将 TI 清 0。方式中发送电路如图 7-7 所示，其中 74LS164 为串入并出移位寄存器。方式 0 的发送时序如图 7-8 所示。

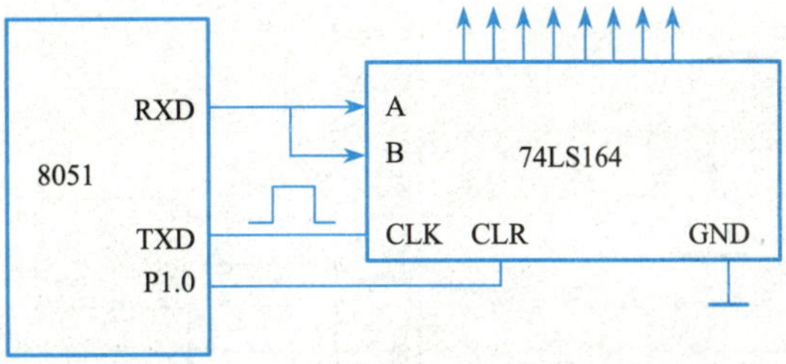

图 7-7　方式 0 发送电路

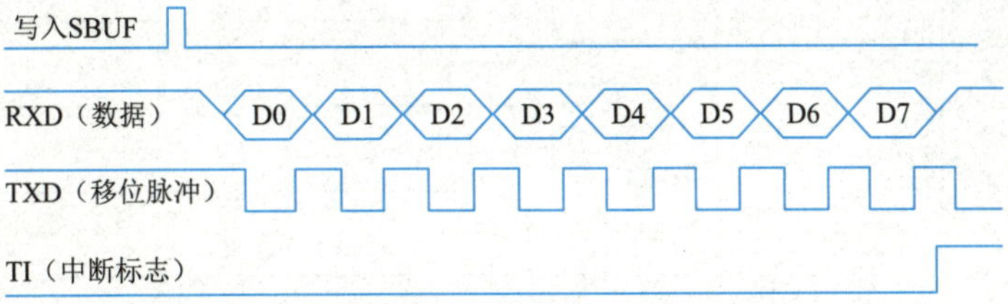

图 7-8　方式 0 发送时序

② 接收：当满足 REN=1（允许接收）且接收中断标志 RI=0 时，就会启动一次接收过程。串行口开始从 RXD 端以 $f_{OSC}/12$ 的波特率输入数据，当接收完 8 位数据后，置中断标志 RI 为 1，请求中断。再次接收数据之前，必须由软件将 RI 清 0。方式 0 接收电路如图 7-9 所示，其中 74LS165 为并入串出移位寄存器。方式 0 的接收时序如图 7-10 所示。

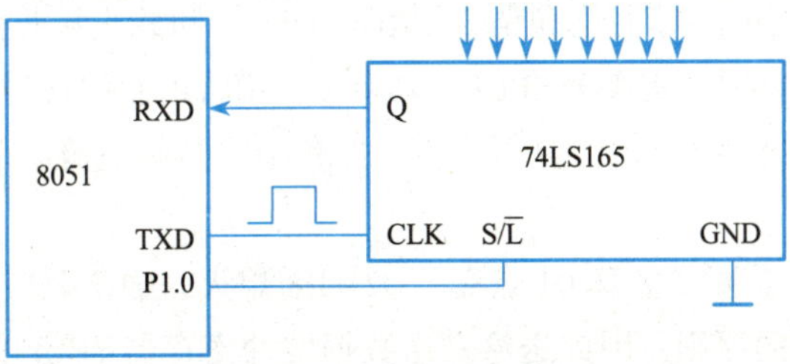

图 7-9　方式 0 接收电路

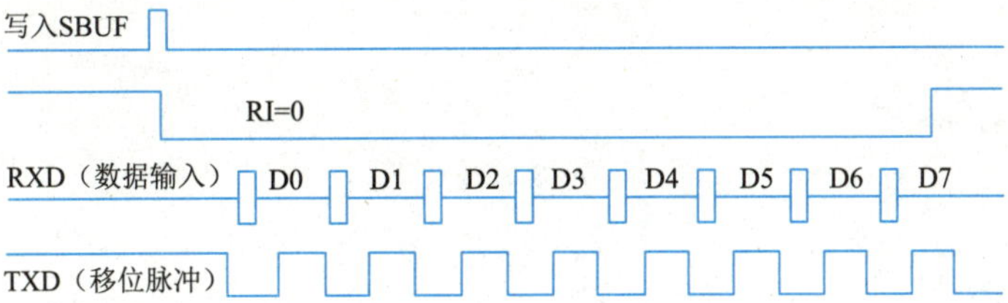

图 7-10　方式 0 接收时序

【例 7-1】　方式 0 应用：用单片机的串行口外接 74LS164，编程实现发光二极管灯自上而下循环点亮。电路图如图 7-11 所示。

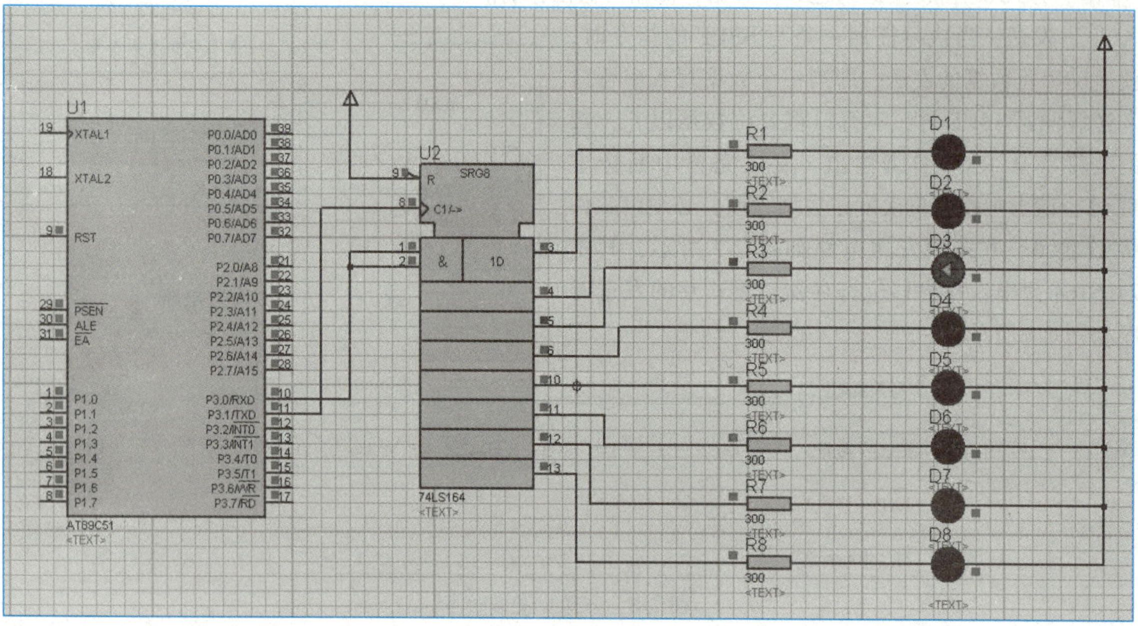

图 7-11　串口方式 0 应用电路图

电路分析：图中使用的 74LS164 是一种 8 位串入并出移位寄存器。将单片机的 P3.0（RXD）和 P3.1（TXD）扩展为 8 位的输出口，串口工作在方式 0，作为同步移位寄存器使用。

编程分析：首先要对串行口的工作方式进行设置，即串口初始化。利用 SCON=0 设置串口工作在方式 0 下，并同时实现串口中断请求标志位清 0（RI=TI=0）和禁止接收数据（REN=0）。被发送的字节数据只需赋值给发送数据缓冲寄存器 SBUF，其余工作都将由硬件自动完成。但在发送下一字节数据前需要了解发送数据缓冲寄存器 SBUF 是否为空，以免造成数据重叠。可采用中断或软件查询进行判别。

根据图 7-11 所示电路，若要二极管 D1 点亮，D2～D8 熄灭，输出码应为 11111110B，但考虑到串行数据发送时低位数据在先的原则，因此送给发送数据缓冲寄存器 SBUF 的输出码应为 01111111B 即 0x7f。为实现发光二极管灯自上向下依次点亮，发送数据缓冲寄存器 SBUF 的输出码应循环右移，可以通过（a>>1）| 0x80 语句实现。

程序代码如下：

```
#include <reg51.h>
void delay()                    //延时函数
{
    unsigned int i;
    for(i=0;i<20000;i++);
}
void main()
{
    unsigned char m,a;          //定义循环变量和输出码变量
```

```
SCON=0;                          //串行口初始化    while(1)
{
    a=0x7f;                      //输出码初值(D1 点亮,其余熄灭)
    for(m=0;m<8;m++)
    {
        SBUF=a;                  //发送输出码
        do{}                     //判断发送是否结束
        while(!TI);
        a=((a>>1)|0x80);         //右移 1 位且高位置 1
        delay();
    }
}
}
```

(2) 方式 1

当 SM0=0、SM1=1 时，串行口选择为方式 1，在方式 1 下，串行口为波特率可调的 10 位通用异步接口 UART、TXD（P3.1）引脚发送数据，RXD（P3.0）引脚接收数据，发送或接收一帧信息为 10 位：包括 1 位起始位 0、8 位数据位（低位在前）和 1 位停止位 1。其帧格式如图 7-12 所示。

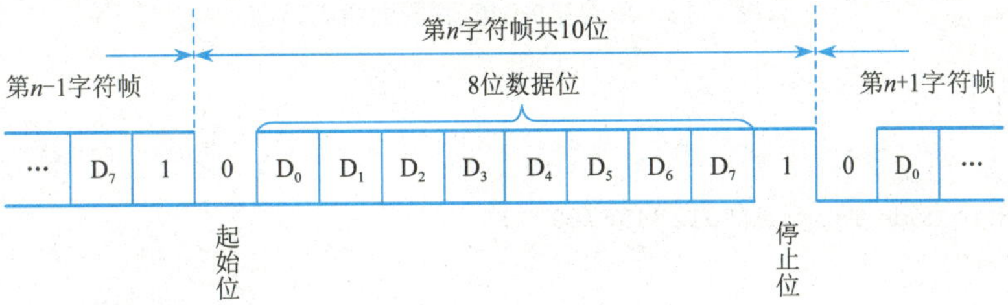

图 7-12 10 位的帧格式

① 发送：以方式 1 发送时，数据从引脚 TXD 发送，当数据写入发送缓冲器 SBUF 后，由内部硬件自动加入起始位和停止位，构成一个完整的数据帧，然后发送器自动开始发送。在发送停止位之前，由内部硬件将 TI 置 1，向 CPU 发送中断申请，表示帧发送结束。TI 位必须由软件清 0，取消此中断申请后，才能继续发送下一帧数据。方式 1 所传送的波特率取决于定时器 T1 的溢出和 PCON 中的 SMOD 位。

② 接收：以方式 1 接收时，由软件将 REN 置 1 允许接收，串行口采样 RXD，当采样到 RXD 引脚电平由 1 到 0 的负跳变时，确认是起始位“0”，就开始接收一帧数据。当 RI=0 且停止位为 1 或 SM2=0 时，将接收到的 8 位数据装入接收缓冲器 SBUF，停止位进入 RB8，并由硬件将 RI 置 1，向 CPU 发中断申请，表示这一帧数据接收结束。RI 位必须由软件清 0，取消此中断申请后，才能继续接收下一帧数据。

【例 7-2】 方式 1 应用：通过串行口向计算机发送 0~9 的数字，由计算机接收。此例中省略了 MAX232，实际应用中需要电平转换，关于 MAX232 的使用，请查阅相关手册。电路图如图 7-13 所示。

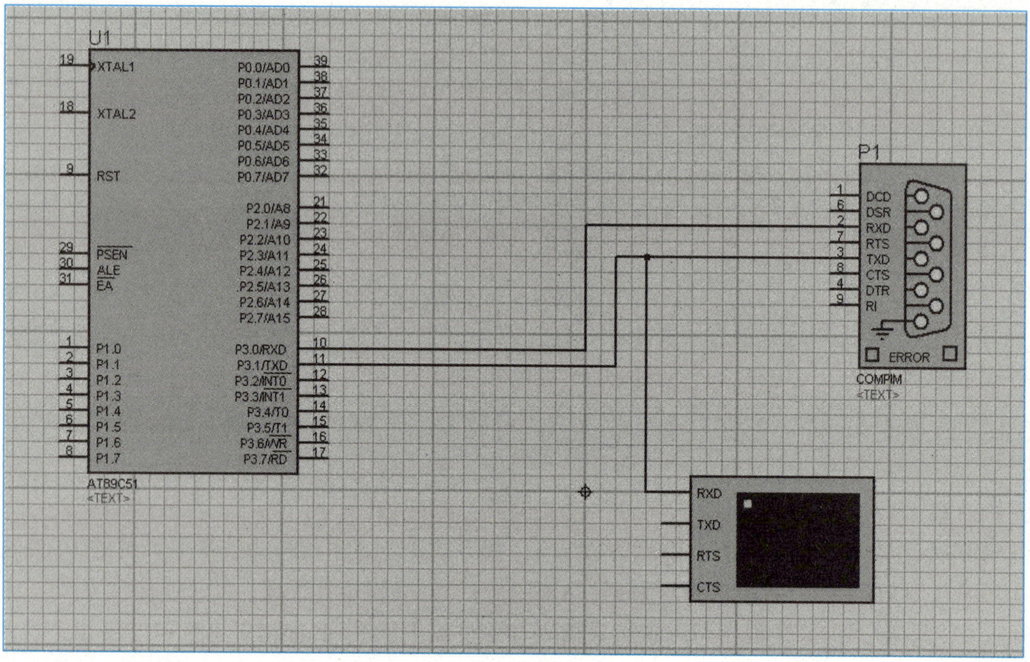

图 7-13　单片机向 PC 发送数据电路图

程序代码如下：

```
#include <reg51.h>
unsigned char code Tab[]={"0123456789"};
void ini(void)
{
    SCON=0x40;              //设置串行口工作方式为方式 1
    PCON=0x80;              //通信波特率加倍
    TMOD=0x20;              //定时器 T1 工作在方式 2 即 8 位自动重装方式
    TH1=0xfa;               //设置波特率为 4.8 bit/s
    TL1=0xfa;
    TR1=1;                  //启动 T1
    ES=0;                   //禁止串行口中断
}
void send(char a)
{
    SBUF=a;                 //将待发送的数据放串行缓冲寄存器中
    while(TI==0);           //查询等待发送是否完成,TI 为 1 时表示发送完成
    TI=0;                   //发送完成后,TI 由软件清零
}
void main(void)
{
    unsigned char i;
    ini();
    send(0x0a);             //发送一个换行符到 PC
    while(1)
```

```
    {
        for(i=0;i<10;i++)
        {
            send(Tab[i]);           //发送数组中的当前字符
        }
        send(0x0a);                 //发送一个换行符
        send(0x0d);                 //发送一个回车符
    }
}
```

仿真运行结果如图 7-14 所示。

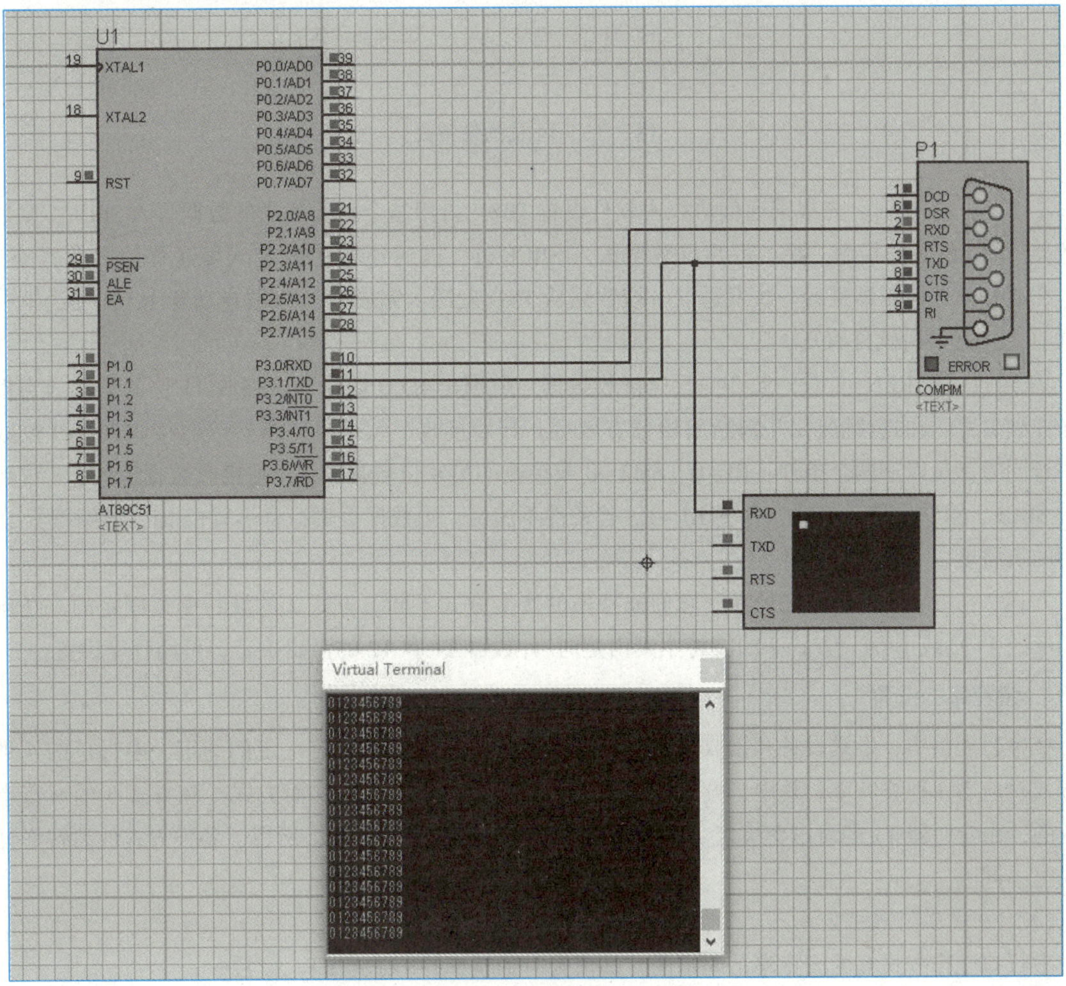

图 7-14　单片机向 PC 发送数据仿真结果

提示：此程序将无限循环地发送数组 Tab 中的数字，每次发送完毕后换行。程序中 0x0a 表示换行符、0x0d 表示回车符，在 Windows 操作系统中，0x0a 和 0x0d 放在一起表示行的结束。

(3) 方式 2 和方式 3

当 SM0 = 1、SM1 = 0 时，串行口选择方式 2，当 SM0 = 1、SM1 = 1 时，串行口选择方式 3；方式 2 或方式 3 为 11 位数据的异步通信口，TXD 为数据发送引脚，RXD 为数据接收引脚；数据帧由 11 位组成，包括 1 位起始位 0、8 位数据位、1 位可编程位（用于奇偶校验）和 1 位停止位 1，其数据帧格式如图 7-15 所示。

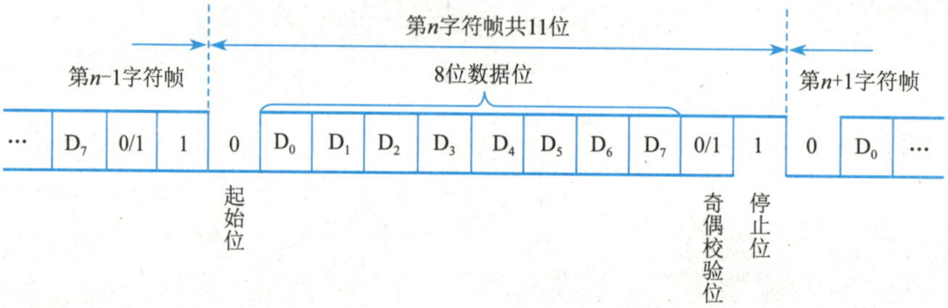

图 7-15　11 位的帧格式

① 发送：发送时，先根据通信协议由软件设置 TB8，再用指令将要发送的数据写入 SBUF，则启动发送器。写 SBUF 的指令，除了将 8 位数据送入 SBUF 外，同时还将 TB8 装入发送移位寄存器的第 9 位，并通知发送控制器进行一次发送。一帧数据从 TXD 发送，完成后，TI 被自动置 1，在发送下一帧数据前，TI 必须由软件清 0。

② 接收：当 REN = 1 时，允许串行口接收数据。数据由 RXD 端输入，接收 11 位的信息。当接收器采样到 RXD 端的负跳变，并判断起始位有效后，开始接收一帧信息。当接收器接收到第 9 位数据后，若同时满足以下两个条件：RI = 0、SM2 = 0 或接收的第 9 位数据为 1，则接收数据有效，8 位数据送入 SBUF，第 9 位送入 RB8，并置 RI = 1。若条件不满足，则数据丢失，且不置位 RI，继续搜索 RXD 引脚的负跳变。

方式 2 与方式 3 的不同之处在于它们波特率的产生方式不同。方式 2 的波特率是固定的，是振荡器频率的 1/32 或 1/64。方式 3 的波特率则由定时/计数器 T1 和 T2 的溢出决定，可用程序设置。

4. 波特率的设置

在串行通信中，发送设备和接收设备对发送或接收的数据速率要有一定的约定，串行口的 4 种工作方式对应着 3 种波特率。其中，方式 0 和方式 2 的波特率是固定的，而方式 1 和方式 3 的波特率是可变的，由定时器 T1 的溢出率决定。由于输入的移位时钟的来源不同，所以，各种方式的波特率计算公式也不同。

(1) 方式 0 和方式 2

串行口工作方式 0 的波特率是固定的，其值为时钟频率的 1/12，即 $f_{OSC}/12$。

串行口工作方式 2 的波特率也是固定的，其值为：

$$波特率 = f_{OSC} \times 2^{SMOD}/64$$

其中，SMOD 是 PCON 中的 SMOD 位即串行口波特率倍增位，当 SMOD = 0 时，波特率为 $f_{OSC}/64$；当 SMOD = 1 时，波特率为 $f_{OSC}/32$。

(2) 方式 1 和方式 3

在方式 1 和方式 3 下，波特率由定时器 T1 的溢出率和 SMOD 共同决定。即方式 1 和方式 3 的波特率 $=(2^{SMOD}/32)\times$T1溢出率。

其中，T1 的溢出率取决于单片机定时器 T1 的计数速率和定时器的初值，在定时器 T1 的方式 2 中，TL1 作为计数用，而自动装入的初值放在 TH1 中，假设计数初值为 X，则每过 $256-X$ 个机器周期，定时器 T1 就会产生一次溢出。计数溢出周期为：$(12/f_{OSC})\times(256-X)$，其中 $12/f_{OSC}$ 表示一个机器周期。

T1 的溢出率为溢出周期的倒数：

$$\text{T1 溢出率}=f_{OSC}/[12\times(256-X)]$$

则波特率计算公式为：

$$\text{波特率}=(2^{SMOD}/32)\times\text{T1 溢出率}=(2^{SMOD}/32)\times\{f_{OSC}/[12\times(256-X)]\}$$

开始闯关

视频

双机传送数据

闯关任务及过程如下：

① 闯关任务：两个 51 单片机进行串口方式 1 通信，其中两机 f_{OSC} 约为 12 MHz，波特率为 2.4 Bd。甲机循环发送数字 0~9，并根据乙机的返回值决定发送新数（返回值与发送值相同时）或重复当前数（返回值与发送值不同时）；乙机接收数据后直接返回接收值；双机都将当前值显示在各机的共阴极数码管上。

② 任务分析：通过单片机的双机通信实现数据从甲机传送到乙机。初始化工作包括设置串行口工作方式、定时器工作方式、定时计数初值等。51 单片机串行口波特率由 T1 提供，由于定时器工作方式 2 具有自动重装初值的特点，定时精度较高，因此选择定时器方式 2。表 7-4 列出晶振频率为 11.059 2 MHz、定时方式 2 时的标准波特率参数设置。

表 7-4　定时方式 2 时的标准波特率参数表

序　号	波特率/Bd	SMOD	定时器初值
1	62 500	1	0xff
2	19 200	1	0xfd
3	9 600	0	0xfd
4	4 800	0	0xfa
5	2 400	0	0xf4
6	1 200	0	0xe8

根据任务要求，2.4 Bd 波特率的对应参数可取 SMOD=0、TH1=TL1=0xf4。

③ 所用元件，见表 7-5。

表 7-5　双机传送数据系统所需主要元件

元件名称	说　明	数　量
AT89C51	单片机	2
7SEG-COM-CATHODE	7 段共阴极数码管	2

④ 电路设计：两片单片机各接一个共阴极数码管，电路图如图 7-16 所示。

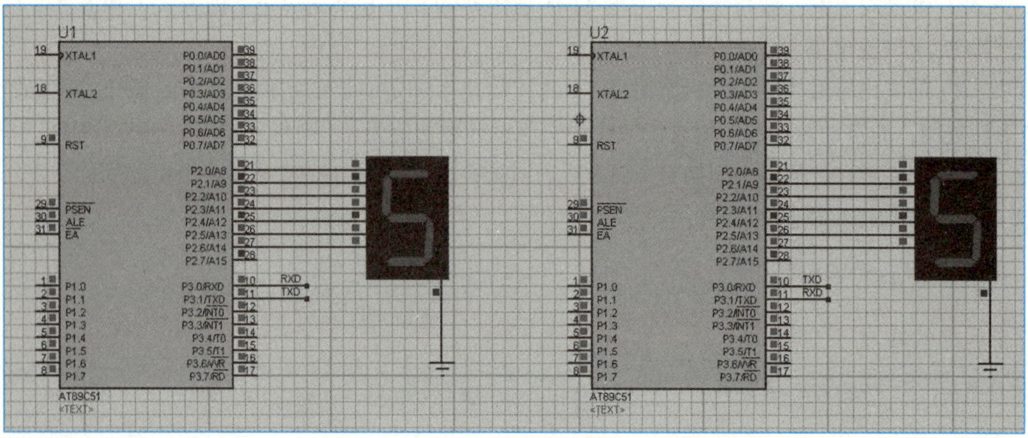

图 7-16　双机传送数据电路图

⑤ 源程序设计。

甲机发送数据程序：

```
#include <reg51.h>
#define uchar unsigned char
char code map[]={0x3F,0x06,0x5B,0x4F,0x66,0x6D,0x7D,0x07,0x7F,0x6F};  //'0'~'9'字型码
void delay(unsigned int time){
    unsigned int j = 0;
    for(;time>0;time--)
        for(j=0;j<125;j++);
}
void main(void){
    uchar counter=0;                    //定义计数器
    TMOD=0x20;                          //T1 定时方式 2
    TH1 = TL1 = 0xf4;                   //2 400 bit/s
    PCON=0;                             //波特率不加倍
    SCON = 0x50;                        //串行口方式 1,TI=0,RI=0,允许接收
    TR1=1;                              //启动 T1
    while(1){
        SBUF = counter;                 //发送联络信号
        while(TI==0);                   //等待发送完成
        TI = 0;                         //清标志位
        while(RI==0);                   //等待乙机回答
        RI = 0;
        if(SBUF ==counter){             //若返回值与发送值相同,则组织新数据
            P2 = map[counter];          //显示已经发送的数据
            if(++counter>9) counter=0;  //修正计数器值
            delay(500);
        }
    }
}
```

乙机接收数据程序：

```
#include <reg51.h>
#define uchar unsigned char
char code map[]={0x3F,0x06,0x5B,0x4F,0x66,0x6D,0x7D,0x07,0x7F,0x6F};//'0'~'9'字型码
void main(void){
    uchar receiv;                        //定义接收缓冲
    TMOD=0x20;                           //T1 定时方式 2
    TH1=TL1=0xf4;                        //2 400 bit/s
    PCON=0;                              //波特率不加倍
    SCON=0x50;                           //串行口方式 1,TI=0,RI=0,允许接收
    TR1=1;                               //启动 T1
    while(1){
        while(RI==1){                    //等待接收完成
            RI=0;                        //清标志位
            receiv=SBUF;                 //取得接收值
            SBUF=receiv;                 //结果返给主机
            while(TI==0);                //等待发送结束
            TI=0;                        //清标志位
            P2=map[receiv];              //显示接收值
        }
    }
}
```

提示：由于甲机和乙机的程序是独立的，因此需要建立各自的工程文件，并在其中完成相应程序的编辑和编译。生成两个 hex 文件分别加载到电路图中的两个 AT89C51 单片机中，进行仿真运行。

⑥ 闯关评价：

考核内容及配分	技 术 要 求	评 分 标 准	得　分
1. 纪律与出勤：10 分	遵守实验室秩序、不迟到不早退	违反纪律视情况扣分	
2. Keil 软件中新建、保存一个工程文件：5 分	能够正确新建甲机乙机两个工程文件、选取正确的单片机并保存到指定位置	不会建立工程或只创建了一个工程文件、单片机型号选取错误且没有保存到指定位置不得分	
3. 新建一个源代码文件并加载到工程中：25 分	能够正确创建甲机乙机源代码文件并加载到工程里，经调试能够正常运行	不会建立文件、没有加载到工程中不得分；程序出现错误酌情扣分	
4. 生成 hex 文件：10 分	正确生成两个 .hex 文件	不能生成 .hex 文件不得分	
5. Proteus 软件中新建一个设计文件并保存到指定位置：5 分	使用 Proteus 正确新建一个设计文件	不能够新建一个设计文件并保存在指定位置不得分	
6. 根据需要画出电路图：25 分	正确放置元件并画出电路图	画错不得分，连线混乱、元件位置不整齐酌情扣分	
7. 仿真调试：20 分	正确显示项目预期效果	甲机、乙机不能正常通信、两机的数码管数据显示有误不得分	

关卡更新

单片机甲机、乙机串行通信，双机 RXD 和 TXD 相互交叉相连，甲机 P1 口接 8 个开关，乙机 P1 口接 8 个发光二极管灯，使用甲机的开关控制乙机的发光二极管灯点亮，即甲机读入 P1 口的 8 个开关的状态后，通过串行口发送到乙机，乙机将接收到的甲机的 8 个开关的状态数据送入 P1 口，由 P1 口的 8 个发光二极管来显示 8 个开关的状态。双方晶振均采用 11.059 2 MHz。电路图如图 7-17 所示。

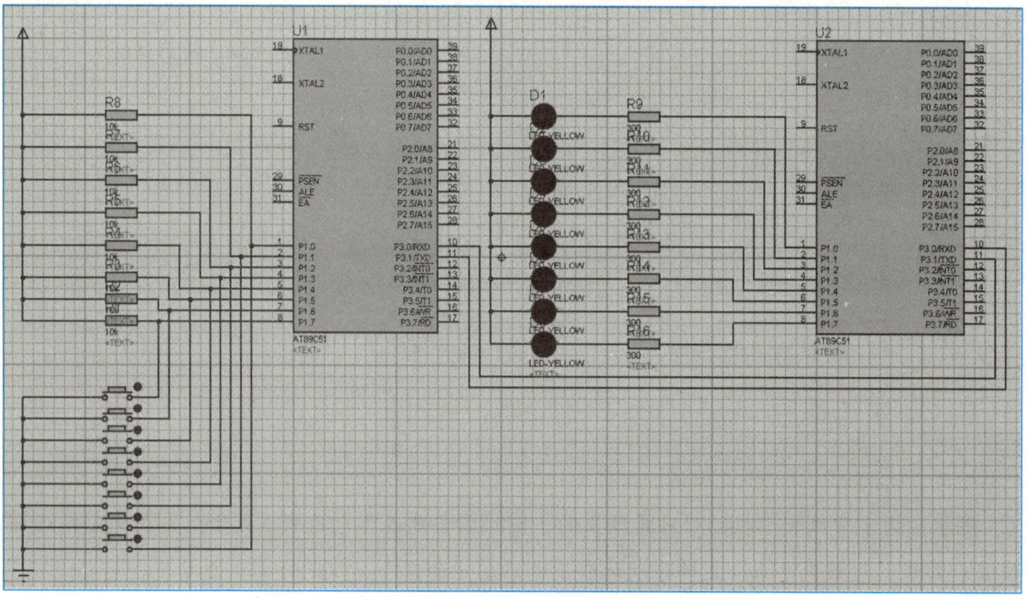

图 7-17　关卡更新电路图

甲机程序：

```
#include <reg51.h>
#define uchar unsigned char
#define uint unsigned int
void main()
{
    uchar temp=0;
    TMOD=0x20;              //设置定时器 T1 为工作方式 2
    TH1=0xfd;               //设置串行口波特率为 9 600 bit/s
    TL1=0xfd;
    SCON=0x40;              //设置串行口的工作方式为方式 1
    PCON=0x00;              //设置波特率不变
    TR1=1;
    P1=0xff;
    while(1)
    {
        temp=P1;
        SBUF=temp;
        while(TI==0);       //查询等待发送是否完成
```

```
        TI=0;                    //发送完成,TI由软件清零
    }
}
```

乙机程序：

```
#include <reg51.h>
#define uchar unsigned char
#define uint unsigned int
void main()
{
    uchar temp=0;
    TMOD=0x20;
    TH1=0xfd;
    TL1=0xfd;
    SCON=0x50;               //定义串行口工作在方式1下,允许接收
    PCON=0x00;
    TR1=1;
    while(1)
    {
        while(RI==0);        //查询等待接收
        RI=0;                //接收完毕,RI由软件清零
        temp=SBUF;
        P1=temp;
    }
}
```

关卡难度进阶

设计两片AT89C51的单片机双机系统，点击甲机的按键，通过串行接口控制乙机的发光二极管灯以3种不同频率进行闪烁。电路图如图7-18所示。

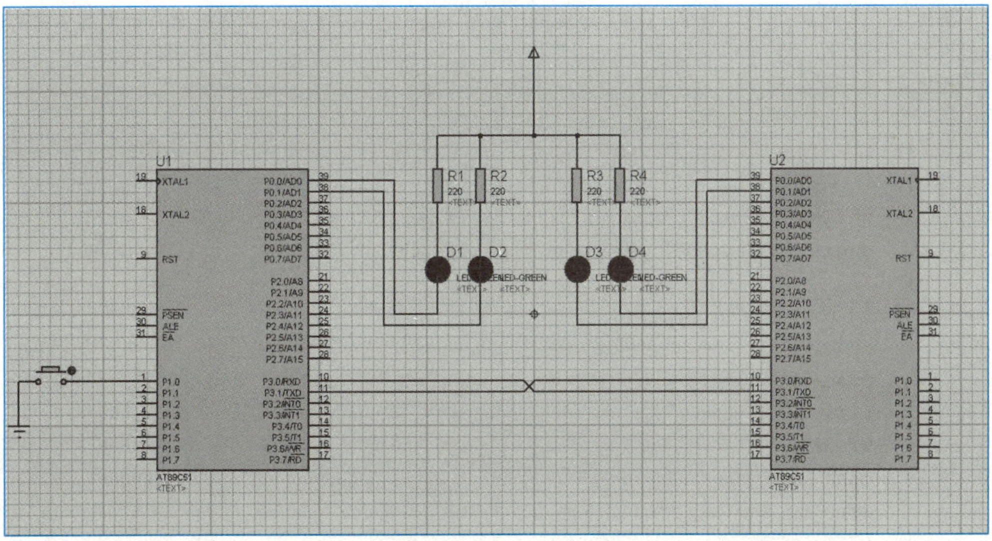

图7-18　关卡进阶电路图

甲机程序：

```
#include <reg51.h>
#define uint unsigned int
#define uchar unsigned char
sbit LED1=P0^0;
sbit LED2=P0^1;
sbit K1=P1^0;
void delay(uint x)
{
    uchar i;
    while(x--)
    {
        for(i=0;i<120;i++);
    }
}
void send_to_serialport(uchar c)
{
    SBUF=c;
    while(TI==0);
    TI=0;
}
void main()
{
    uchar operation_type=0;
    SCON=0x40;
    TMOD=0x20;
    PCON=0x00;
    TH1=0xfd;
    TL1=0xfd;
    TR1=1;
    TI=0;
/*下面的while循环,通过按键K1触发,切换操作类型operation_type,并通过串行口发送不同的指令字符:X、Y、Z*/
    while(1)
    {
        if(K1==0)
        {
            while(K1==0);
            operation_type=(operation_type+1)% 4;
        }
        switch(operation_type)
        {
            case 0:
            LED1=LED2=1;
            break;
            case 1:
            send_to_serialport('X');
            LED1=~LED1;
```

```
            LED2=1;
            break;
            case 2:
            send_to_serialport('Y');
            LED2=~LED2;
            LED1=1;
            break;
            case 3:
            send_to_serialport('Z');
            LED1=~LED1;
            LED2=LED1;
            break;
        }
        delay(100);
    }
}
```

乙机程序：

```
#include <reg51.h>
#define uint unsigned int
#define uchar unsigned char
sbit LED1=P0^0;
sbit LED2=P0^1;
void delay(uint x)
{
    uchar i;
    while(x--)
    {
        for(i=0;i<120;i++);
    }
}
void main()
{
    SCON=0x50;
    TMOD=0x20;
    PCON=0x00;
    TH1=0xfd;
    TL1=0xfd;
    TR1=1;
    RI=0;
    LED1=LED2=1;
    while(1)
    {
        if(RI==1)
        {
            RI=0;
            switch(SBUF)   //根据接收到的字符(X、Y、Z),切换 LED1 和 LED2 的状态
            {
```

```
            case 'X':LED1=~LED1;
            LED2=1;
            break;
            case 'Y':LED2=~LED2;
            LED1=1;
            break;
            case 'Z':LED1=~LED1;
            LED2=LED1;
          }
        }
        else
          LED1=LED2=1;     //如果没有接收到数据,保持两个LED都熄灭
        delay(100);
      }
    }
```

提示：甲机和乙机的波特率设置应保持一致，以确保通信的稳定性。

经验总结及提高

本关卡主要介绍了单片机的串行通信技术，51 单片机内部具有一个全双工的异步串行通信接口，该串行口有 4 种工作方式，其波特率和帧格式可以编程设置。工作方式 0 和工作方式 2 的传送波特率是固定的，工作方式 1 和工作方式 3 的波特率是可变的，由定时器 1 的溢出率决定。

单片机与单片机之间、单片机与 PC 之间都可以进行通信。

延伸阅读

光刻机是如何工作的

光刻机是半导体制造过程中的关键设备，它利用光学和化学原理在硅片上复制芯片图案。光刻机的工作过程如下：

① 准备硅片：首先，将硅片清洗干净，去除表面的杂质。然后，涂覆一层光敏抗蚀剂（光刻胶），它在受光照射后能发生化学变化。

② 掩模制作：光刻过程需要一个掩模（也称为光罩），这是一个包含芯片图案的透明玻璃板，其上覆盖着一层含有图案的不透明材料。

③ 光源曝光：光刻机使用紫外光源（UV），通过掩模照射到涂有光刻胶的硅片上。掩模上的图案决定哪些区域的光刻胶被曝光。

④ 光刻胶反应：曝光后的光刻胶会发生化学反应，导致其在某些区域变得可溶。未曝光区域的光刻胶保持不变。

⑤ 显影过程：将硅片放入显影液中，曝光区域的光刻胶被溶解，从而在硅片上形成与掩模相同的图案。

⑥ 蚀刻：在一些过程中，可能会使用蚀刻步骤进一步转移图案。蚀刻液会去除未被光刻胶保护的硅片部分，从而深化图案。

⑦ 检查：完成光刻后，硅片会经过检查，确保图案正确无误。

⑧ 重复过程：现代集成电路制造可能需要多次光刻步骤，每次使用不同的掩模来创建不同的图案层。

⑨ 后续处理：光刻后的硅片将经历离子注入、蚀刻、沉积、抛光等后续步骤，逐步构建起完整的集成电路。

光刻机的精度是半导体制造中的关键因素，它直接影响到芯片的性能和功耗。随着技术的发展，光刻机也在不断进步，例如采用极紫外（EUV）光源以实现更小的特征尺寸。

光刻机的制造非常复杂，涉及精密工程、光学设计、自动化控制和化学工艺等多个领域。目前，全球只有少数几家公司能够生产先进的光刻机，光刻机的发展对于推动半导体行业的技术进步具有重要意义。

习　题

一、单项选择题

1. 在 51 单片机中，（　　）寄存器用于设置串行通信的波特率。

A. TCON　　B. TMOD　　C. TH1　　D. SCON

2. 下列（　　）中断标志位表示 51 单片机串行发送已完成。

A. RI　　B. TI　　C. TF　　D. EX1

3. 在串行通信中，全双工通信模式允许（　　）。

A. 单向传输　　B. 双向同时传输　　C. 单向交替传输　　D. 双向交替传输

4. 串行口工作在方式 0 时，串行数据从（　　）输入或输出。

A. RI　　B. TXD　　C. RXD　　D. REN

5. 串行通信中，奇偶校验的作用是（　　）。

A. 增加数据传输速率　　B. 减少数据传输速率

C. 检测数据传输中的错误　　D. 增加数据传输的安全性

6. 在 51 单片机中，串行通信的接收中断标志位是（　　）。

A. RI　　B. TI　　C. RB8　　D. TF

7. 如果需要改变 51 单片机的串行通信工作模式，应修改（　　）寄存器。

A. TCON　　B. TMOD　　C. PCON　　D. SCON

8. 在串行通信中，停止位的作用是（　　）。

A. 表示数据开始　　B. 表示数据结束　　C. 表示传输速率　　D. 表示数据长度

9. 串行通信中的“波特率”指的是（　　）。

A. 数据传输速率　　B. 数据传输格式　　C. 数据传输距离　　D. 数据传输方向

10. 串行口工作在方式 1 时，其波特率（　　）。

A. 取决于定时器 T1 的溢出率

B. 取决于 PCON 中的 SMOD 位

C. 取决于时钟频率

D. 取决于 PCON 中的 SMOD 位和定时器 T1 溢出率

二、判断题

1. 串行通信比并行通信传输速率慢。 ( )
2. 波特率是串行通信中数据传输速率的单位。 ( )
3. 在串行通信中，数据位、停止位和奇偶校验位共同决定了数据格式。 ( )
4. 51 单片机的串行通信默认工作在模式 1。 ( )
5. 串行通信在方式 0 下波特率是时钟频率的 1/12。 ( )
6. 51 单片机的串行通信可以通过定时器溢出来产生中断。 ( )
7. 方式 2 和方式 3 都是 11 位异步收发器，两者没有区别。 ( )
8. 在串行通信中，使用奇偶校验可以确保数据的完整性。 ( )
9. 51 单片机的串行通信波特率只能通过定时器的重装载值来设置。 ( )
10. 全双工通信允许数据在两个方向上独立进行，而不需要额外的控制信号。 ( )

三、简答题

1. 什么是串行通信？它有哪些特点？
2. 描述一下单片机串行通信的初始化过程。
3. 解释串行通信中的“波特率”和“数据格式”。
4. 串行通信中的“方式 2”和“方式 3”有什么区别？
5. 如何在 51 单片机中实现串行通信的发送和接收？

四、编程题

1. 编写一个 51 单片机的程序片段，实现通过串行端口发送一个字符'A'，并等待发送完成。
2. 设计一个简单的 51 单片机串行通信程序，实现从串行端口接收一个字符，并将其回显给发送方。

项目八

A/D与D/A转换接口设计

模拟信号是一种连续的信号，分布于自然界的各个角落，如每天的温度变化、湿度变化、光线变化等，人类直接感受的就是模拟信号。而数字信号是人为抽象出来的在时间上不连续的信号，并用0和1的有限组合来表示自然的各种物理量。

在生产环节，单片机实时控制和智能仪表等应用系统中，控制或测量对象的有关信号通常是一些连续变化的模拟信号，如温度、压力、流量及速度等。而单片机只能够处理数字信号，因此在采集的前端电路，必须将模拟信号转化为数字信号，才能输入到单片机中进行处理。

在另一些系统中，除了信号的采集和显示之外，还涉及单片机的控制。例如，在电烤箱的温度控制系统中，单片机还应能够根据采集的温度和设置温度的对比，控制加热器的工作。此时，在单片机的输出部分，还涉及把单片机输出的数字信号转化为控制加热器工作的模拟信号。

本项目从模拟量/数字量转换设计入手，首先让读者对 A/D、D/A 转换有初步了解，然后介绍 ADC0809、DAC0832 转换器的功能及设计方法，并介绍 A/D、D/A 转换的相关电路和程序设计方法。通过 A/D、D/A 转换电路模拟仿真，读者进一步了解 A/D、D/A 转换的应用。

学习目标

- 了解 A/D、D/A 转换及应用。
- 掌握 ADC0809、DAC0832 的结构和引脚功能。
- 了解 ADC0809、DAC0832 的工作过程。
- 掌握 ADC0809、DAC0832 的电路和程序设计。
- 能够应用 C 语言程序完成 ADC0809、DAC0832 转换器的相关编程，实现软硬件联调的过程。
- 具备认真细致、实事求是、积极探索的科学态度和工作作风，形成理论联系实际、自主学习和探索创新的良好习惯，力争精益求精、追求卓越。
- 具备合作意识，在协同合作中，善于与人交流，平等互助，具有团队精神，遵守职业道德精神，具有一定沟通能力、抗压能力。
- 提高学生的职业道德素养，主动关心科技发展现状与趋势，有振兴中华的使命感与责任感。
- 具备一定的工程能力、创新能力与研究能力。

导 学

待解决的问题

① 模拟信号是什么？数字信号是什么？为什么要进行转换？

② ADC0809 引脚的功能是什么？

③ ADC0809 的工作原理是什么？

④ DAC0832 引脚的功能是什么？

⑤ DAC0832 有哪 3 种工作方式？

内容结构图

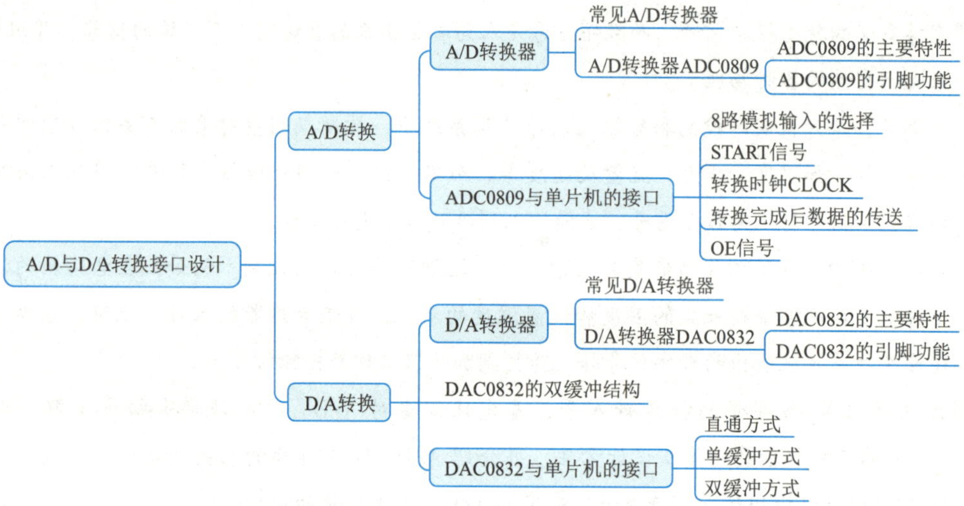

第十一关　ADC0809 的应用

闯关要求

模拟量由电位器模拟产生，使用 ADC0808 模数转换器，可以将电位器上的模拟量（模拟电压）转换为数字量，把转换结果送到 LED 上显示。

闯关必备

一、A/D 转换器

1. 常见 A/D 转换器

A/D 转换的原理有多种：逐次比较式、双积分式、并行式等，双积分式 A/D 转换器的优点是精度高，抗干扰性好，价格便宜，但速度慢；逐次比较式 A/D 转换器精度、速度、价格适中；并行式 A/D 转换器速度快，价格昂贵。

采用上述 3 种转换原理的 A/D 转换器芯片主要有 ADC0801～0805（8 位，单通道输入）、ADC0808/0809（8 位，8 通道输入）、ADC0816/0817（8 位、16 输入通道）等。

本任务以 ADC0809 为例，介绍 A/D 转换器的应用。

2. A/D 转换器 ADC0809

ADC0809 是美国国家半导体（NS）公司生产的逐次比较式 A/D 转换器，是目前单片机应用系统中使用最广泛的 A/D 转换器。

(1) ADC0809 的主要特性

① 8 路模拟信号输入。

② 8 路数字量输出，即分辨率为 8 位。

③ 输入/输出与 TTL 兼容，易于单片机连接。

④ 转换时间为 128 μs。

⑤ 单个+5 V 电源供电。

⑥ 单极性模拟量输入，输入电压范围 0～+5 V。

⑦ 具有转换启停控制端口。

⑧ 工作温度范围是-40 ℃～+85 ℃。

(2) ADC0809 的引脚功能

ADC0809 芯片有 28 条引脚，采用双列直插式封装，如图 8-1 所示。

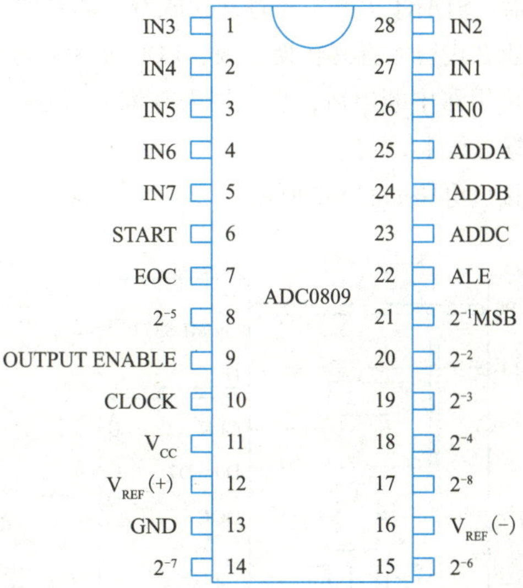

图 8-1　ADC0809 芯片引脚图

各引脚定义如下：

① IN0～IN7：8 路模拟量输入端，范围 0～+5 V，一次只能选通其中的一路进行转换，选通信号由 ALE 上升沿时 C、B、A 引脚信号决定。

② ADDC、ADDB、ADDA（C、B、A）：3 位地址输入线，用于选择 8 路输入模拟信号中的一路，000～111 的组合，分别选择 IN0～IN7。

③ D0～D7（2^{-8}～2^{-1}）：8 位数据量输出端，可与单片机的 P0 端口相连，2^{-8}为最低位，2^{-1}为最高位。

④ START：A/D 转换启动信号，输入。上升沿时逐次比较寄存器复位，下降沿时开始 A/D 转换，在转换过程中 START 保持低电平。

⑤ EOC：A/D 转换结束信号，输出。转换期间 EOC 维持为低电平，EOC = 1 时表明转换结束，该信号可作为查询的状态标志，也可以作为中断请求信号使用。

⑥ $V_{REF}(+)$、$V_{REF}(-)$：参考电源，用来与输入的模拟信号进行比较，作为逐次逼近的基准。$V_{REF}(+)$= +5 V、$V_{REF}(-)$= 0 V。

⑦ ALE：地址锁存允许信号，在它的上升沿，将 C、B、A 的状态送入地址锁存器中。

⑧ CLOCK：时钟信号，ADC0809 的内部没有时钟电路，所需时钟信号由外界提供，通常使用频率为 500 kHz 的时钟信号。

⑨ OE（OUTPUT ENABLE）：输出允许信号，用于控制三态输出锁存器向单片机输出转换得到的数据。OE = 0，输出数据线呈高阻；OE = 1，输出转换得到的数据。

⑩ V_{CC}：+5 V 电源。

⑪ GND：地。

二、 ADC0809 与单片机的接口

ADC0809 的工作过程：首先输入 3 位地址，并使 ALE = 1，将地址存入地址锁存器中，此地址译码选通 8 路模拟输入之一到比较器。START 上升沿将逐次比较寄存器复位，下降沿启动 A/D 转换，之后 EOC 输出信号变低，指示转换正在进行。直到转换完成，EOC 变为高电平，指示转换结束，结果数据已存入数据锁存器。EOC 信号可用作中断申请，也可用来查询。当 OE 输入高电平时，打开三态输出锁存器，将转换结果输出到数据总线上。

ADC0809 与单片机的典型接口电路如图 8-2 所示。

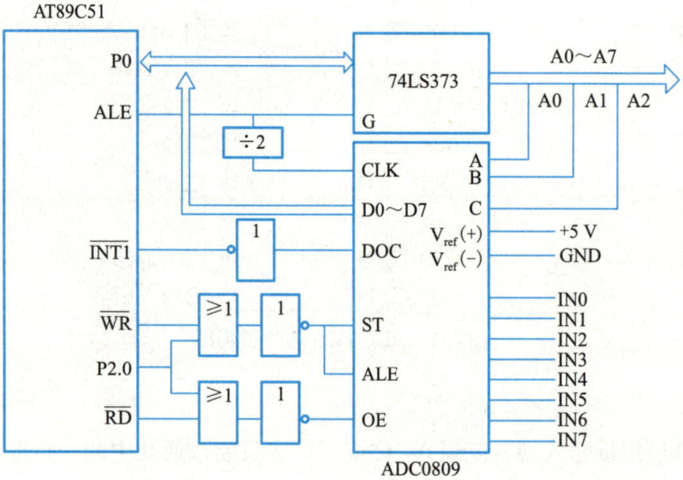

图 8-2　ADC0809 与单片机的典型接口电路

在接口电路的设计和接口程序设计中需要注意以下几点：

1. 8路模拟输入的选择

A、B、C分别接地址锁存器74LS373提供的低三位，在ALE=1时，实现通道的选择。ADC0809的ALE由单片机P2.0与$\overline{WR}$信号相“或”后在经反相产生，因此，ADC0809的8路通道地址确定为0000H~0007H（P2.0=0）。

2. START信号

START与ALE连在一起，P2.0与$\overline{WR}$同为0时，反相器就会出现高电平，在其上升沿，A、B、C地址状态将被装入地址锁存器中，在下降沿时，启动转换。

$\overline{WR}$信号只有单片机启动读取片外RAM数据时才会有效，因此在程序设计时，只需要定义一个外部数据变量，向该变量赋值。

3. 转换时钟CLOCK

ADC0809的转换时钟不能超过640 kHz，若单片机f_{osc}=6 MHz，则单片机的ALE信号频率为2×f_{osc}/12=1 MHz，经过二分频后得到500 kHz信号，满足ADC0809的时钟要求。

4. 转换完成后数据的传送

A/D转换后的数据应输入单片机中进行处理，但只能在确认转换已经完成后，才能进行传送。可采用查询方式或中断方式。

图8-2中将EOC引脚经反相器接在单片机的$\overline{INT1}$引脚上，转换结束后EOC=1，反相后的信号可以向单片机发出中断请求，也可以作为查询转换结束的标志。

5. OE信号

$\overline{RD}$与P2.0相“或”后反相接至OE脚，因此只要两者同为0就能使OE出现高电平，打开三态输出锁存器，转换的结果出现在P0口上。因此，启动对外部数据区（xdata）的读操作即可让$\overline{RD}$信号低电平有效。

ADC0809每采集一次一般需100 μs。由于ADC0809A/D转换器转换结束后会自动产生EOC信号（高电平有效），取反后将其与AT89C51的$\overline{INT0}$相连，可以用中断方式读取A/D转换结果。

视频

数模转换

开始闯关

闯关任务及过程如下：

① 闯关任务：模数转换LED显示电路。

② 任务分析：模数转换LED显示设计是通过模数转换器ADC0808对电位器上的模拟电压进行采集，并根据所采电压的大小来控制与P1口相连的8个LED的亮灭（每个LED亮代表二进制“1”、灭代表二进制“0”），通过LED的亮灭所代表的二进制数反映电位器上分压的高低。

提示：在PROTEUS仿真软件中ADC0809的稳定性不如ADC0808，所以大多数时候，采用ADC0808进行仿真实验，两种芯片功能引脚基本相同。

③ 所用元件，见表 8-1。

表 8-1　模数转换 LED 显示电路所需主要元件

元件名称	属性值	说　明	数　量
AT89C51	—	单片机	1
ADC0808	—	模数转换器	1
RES	220 Ω	电阻	8
LED-GREEN	—	绿色 LED 灯	8
POT-HG	1 kΩ	电位器	1

④ 电路设计：模数转换 LED 显示电路如图 8-3 所示。

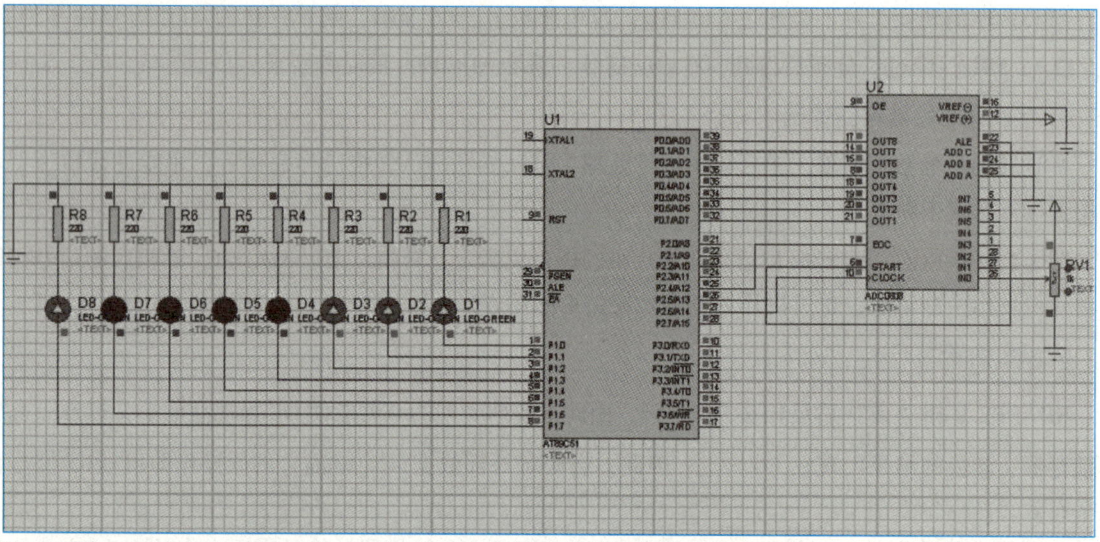

图 8-3　模数转换 LED 显示电路

⑤ 源程序设计：

```
#include<reg51.h>
#include<INTRINS.H>
sbit EOC=P2^4;                //定义 ADC0808 转换结束信号
sbit START=P2^5;              //定义 ADC0808 启动转换信号
sbit CLOCK=P2^6;              //定义 ADC0808 时钟脉冲输入位
sbit OE=P2^7;                 //定义 ADC0808 数据输出允许位
unsigned char temp;
void main(void)
{
    TMOD=0x02;
```

```
    TH0=206;
    TL0=206;
    EA=1;
    ET0=1;
    TR0=1;
    while(1)
        {
            START=0;
            START=1;            //启动 A/D 转换
            START=0;
            while(EOC==0);      //等待 A/D 转换结束
            OE=1;               //数据输出允许
            temp=P0;            //读取 A/D 转换结果
            P1=temp;            //A/D 转换结果送 LED 显示
            _nop_();
            _nop_();
        }
}
void t0(void) interrupt 1 using 0
{
    CLOCK=~CLOCK;           //产生 ADC0808 时钟脉冲信号
}
```

⑥ 闯关评价：

考核内容及配分	技 术 要 求	评 分 标 准	得 分
1. 纪律与出勤：10分	遵守实验室秩序、不迟到不早退	违反纪律视情况扣分	
2. Keil软件中新建、保存一个工程文件：10分	能够正确新建一个工程文件、选取正确的单片机并保存到指定位置	不会建立工程、单片机型号选取错误且没有保存到指定位置不得分	
3. 新建一个源代码文件并加载到工程中：20分	能够正确新建一个源代码文件并加载到工程里	不会建立文件、没有加载到工程中不得分；程序拼写或语法出错根据情况酌情扣分	
4. 生成hex文件：10分	正确生成.hex文件	不能生成.hex文件不得分	
5. Proteus软件中新建一个设计文件并保存到指定位置：10分	使用Proteus正确新建一个设计文件	不能够新建一个设计文件并保存在指定位置不得分	
6. 根据需要画出电路图：20分	正确放置元件并画出原理图	画错不得分；元件选择有误或者连线出问题酌情扣分	
7. 仿真调试：20分	正确显示项目预期效果	LED不亮不得分，部分LED没按预计的规律亮灭酌情扣分；电位器变换电阻时，LED灯没达到预计变化效果的酌情扣分	

关卡更新

更新任务及过程如下：

① 更新任务：模数转换十六进制数码管显示电路。

② 任务分析：将由 IN7 通道输入的模拟量信号进行 A/D 转换，结果以十六进制数形式显示。设 ADC0808 芯片的工作时钟由虚拟信号发生器提供，频率为 5 kHz。

③ 所用元件，见表 8-2。

表 8-2　模数转换十六进制数码管显示电路所需主要元件

元件名称	属性值	说明	数量
AT89C51	—	单片机	1
7SEG-BCD-BLUE	—	BCD 数码管	4
74HC02	—	或非门	2
74HC14	—	非门	1
74LS373	—	三态输出锁存器	1
ADC0808	—	模数转换器	1
POT-HG	10 kΩ	电位器	1

④ 电路设计：频率设置如图 8-4 所示，电路如图 8-5 所示。

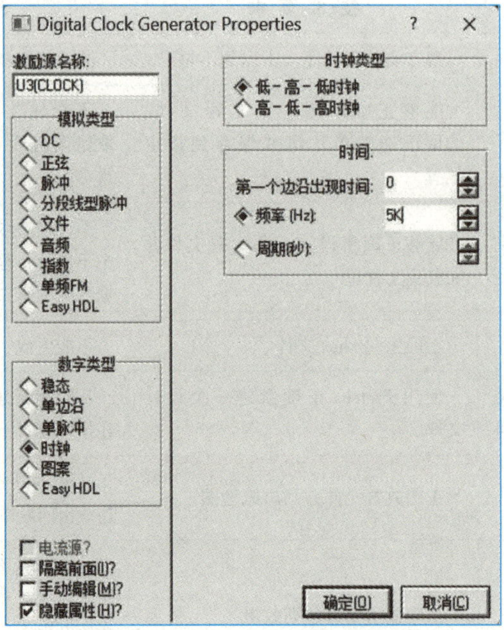

图 8-4　ADC0808 芯片频率设置

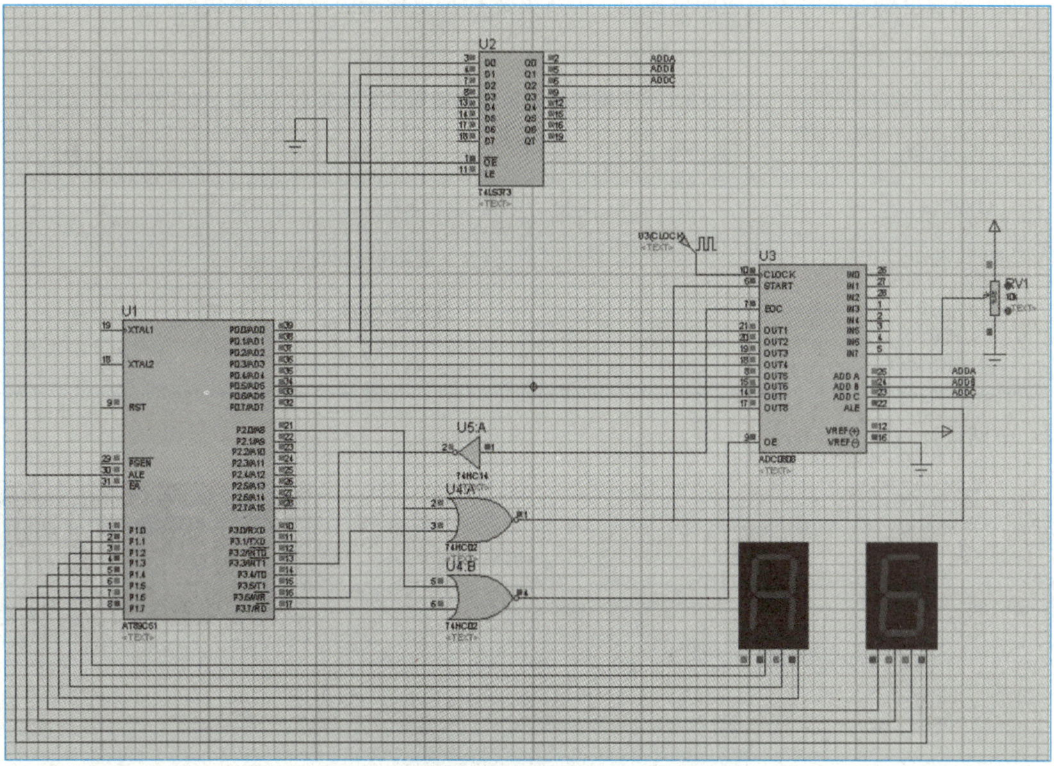

图 8-5　模数转换十六进制数码管显示电路

⑤ 源程序设计

```
#include<reg51.h>
#include<absacc.h>
#define AD_IN7 XBYTE[0xfeff]              //IN7 通道访问地址
sbit ad_busy=P3^3;                        //A/D 转换结束标志定义
void main(void)
{
    while(1)
    {
        AD_IN7=0;                         //启动 IN7 通道 A/D 转换
        while(ad_busy==1);                //等待 A/D 转换结束
        P1=AD_IN7;                        //转换数据显示
    }
}
```

关卡难度进阶

进阶任务及过程如下：

① 进阶任务：数字电压表。

② 任务分析：使用 AT89C51 单片机的端口，采用 ADC0808 采集 0~5 V 连续变化的模拟电压，在

四位集成数码管上动态显示出对应的电压值。0~5 V 的模拟电压通过电位器来获得。

③ 所用元件，见表 8-3。

表 8-3　数字电压表显示电路所需主要元件

元件名称	属性值	说明	数量
AT89C51	—	单片机	1
7SEG-MPX4-CA-BLUE	—	4 位 7 段共阴极数码管	1
ADC0808	—	模数转换器	1
POT-HG	1 kΩ	电位器	1

④ 电路设计（见图 8-6）：

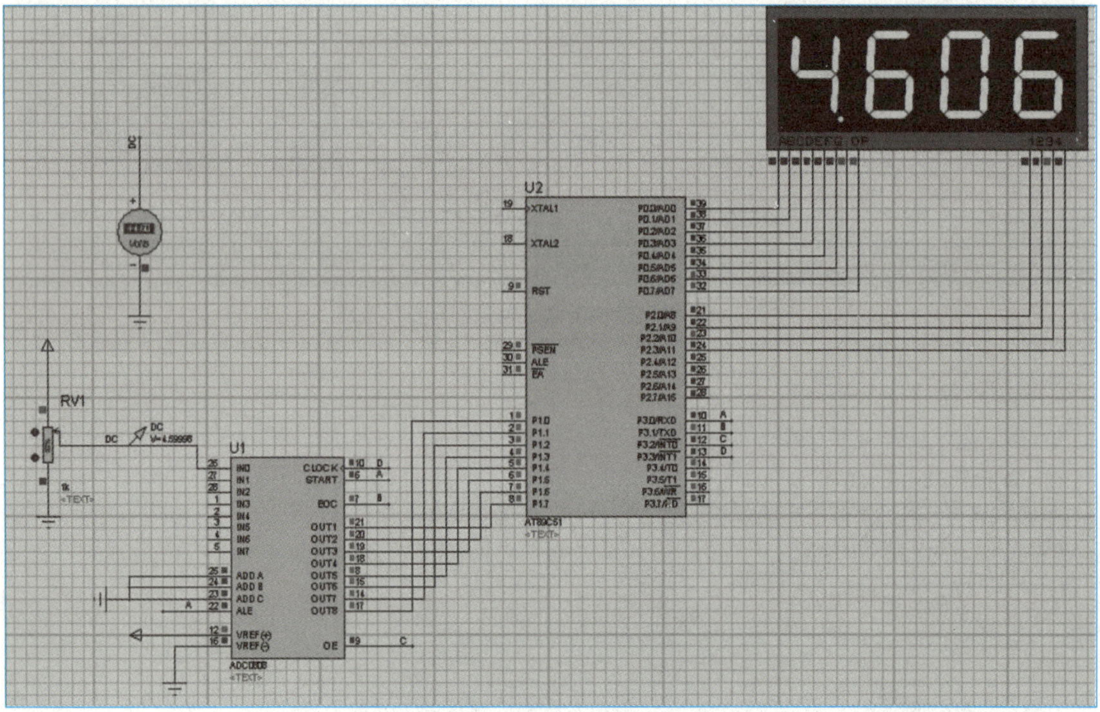

图 8-6　数字电压表仿真电路

⑤ 源程序设计：

```
#include <reg51.h>
#define uchar unsigned char
#define uint unsigned int
uchar code led[10]={0xc0,0xF9,0xA4,0xB0,0x99,0x92,0x82,0xF8,0x80,0x90};  //共阳极
数码管字形表
uint volt;
sbit CLK=P3^3;                    //定义 ADC0808 时钟线
sbit START=P3^0;                  //定义启动信号
```

```
sbit EOC=P3^1;                    //定义转换终了信号线
sbit OE=P3^2;
void delay(uint z)
{
    uchar x,y;
    for(x=z;x>0;x--)
        for(y=250;y>0;y--);
}
void ADC()
{
    START=0;
    START=1;
    START=0;                      //启动采集
    while(EOC==0);                //等待采集结束
    OE=1;
    volt=P1;                      //读取采集结果
    OE=0;
    volt=volt* 196;
}
void display()                    //结果转化
{
    P0=0xFF;
    P2=0x01;
    P0=led[volt/10000]&0x7F;      //千分位
    delay(2);
    P0=0xFF;
    P2=0x02;
    P0=led[(volt/1000)%10];       //百分位
    delay(2);
    P0=0xFF;
    P2=0x04;
    P0=led[(volt/100)%10];        //十分位
    delay(2);
    P0=0xFF;
    P2=0x08;
    P0=led[(volt/10)%10];         //个位
    delay(2);
}
void main()                       //定时器初始化
{
    EA=1;
    TMOD=0x02;
    TH0=0xF6;
    TL0=0xF6;
    ET0=1;
    TR0=1;
```

```
    while(1)
    {
        ADC();
        display();
    }
}
void timer() interrupt 1
{
    CLK=~CLK;              //产生 ADC0808 时钟脉冲信号
}
```

经验总结及提高

本关卡通过简易数字电压表的制作，让读者对 A/D 转换技术在单片机系统中的硬件设计与软件编程有所了解，初步熟悉模拟信号采集与输出数据显示的综合程序设计与调试方法，并熟悉各种虚拟仿真设备的使用方法，为今后应用单片机处理相关问题奠定基础。

习　　题

一、选择题

1. 下列型号的芯片中，(　　) 是模数转换器。

   A. 74LS273　　B. ADC0809　　C. 74LS373　　D. DAC0832

2. 模数转换器 ADC0809 的 ADDA、ADDB、ADDC 引脚分别接 GND、V_{CC}、V_{CC} 时，选中的多路模拟量是第 (　　) 通道。

   A. 0　　B. 3　　C. 7　　D. 6

3. 下列关于 ADC0809 工作原理的描述中，(　　) 是错误的。

   A. ADC0809 由电压比较器、D/A 转换器和锁存缓冲器等核心单元所组成

   B. 当待转换电压送入电压比较器后，START 引脚上的一个正脉冲可启动 A/D 转换过程

   C. 转换过程是按照从低位开始逐位修正数字转换量的，直至最高位修正后转换结束。

   D. 转换结束后，数字转换量由锁存缓冲器输出，EOC 引脚发出一负脉冲表示转换结束。

4. ADC0809 是 (　　)。

   A. 4 通道 8 位　　B. 8 通道 8 位　　C. 4 通道 12 位　　D. 8 通道 12 位

5. ADC0809 启动 A/D 转换的方式是 (　　)。

   A. 高电平　　B. 低电平　　C. 正脉冲　　D. 负脉冲

二、简答题

1. 简述 ADC0809 的引脚及功能。
2. 简述模数转换的基本过程。
3. A/D 转换的原理有哪几种？
4. ADC0809 的主要特性有哪些？

第十二关 制作波形发生器

闯关要求

控制系统中，需要将单片机内处理的数字量转换为连续变化的模拟量，用以控制、调节一些执行电路，实现对被控对象的控制。根据控制的需求，经常需要单片机能够输出各类波形。本关卡将介绍利用 DAC0832 设计一个简易波形发生器，在单片机的控制下可以产生波形。

闯关必备

一、 D/A 转换器

1. 常见 D/A 转换器

单片机应用系统中均采用集成芯片形式的 D/A 转换器。通常这类芯片具有数字输入锁存功能，带有数据存储器和 D/A 转换控制器，CPU 可直接控制数字量的输入和输出，对应的芯片系列有 DAC0830、DAC1208 系列和 DAC1230 系列。近期推出的 D/A 转换芯片不断将外围器件集成到芯片内部。例如，内部带有参考电压源，大多数芯片有输出放大器，可实现模拟电压的单极性或双极性输出。

数字-模拟转换部分通常由电阻网络组成，电路形式有加权电阻网络及 R-2R 电阻网络两种，在数字电子技术的数模转换部分都有详细介绍。本书在此不再详述，读者可参阅相关书籍。

下面将以 DAC0832 为例，介绍 D/A 转换器的应用。

2. D/A 转换器 DAC0832

DAC0832 是目前国内应用比较普遍的 8 位 D/A 转换器。

(1) DAC0832 的主要特性

① 分辨率 8 位，建立时间 1 μs，功率 20 mW。

② 8 位数字量输出，即分辨率为 8 位。

③ 与 TTL 兼容，易于单片机连接。

④ 单电源供电，可为+5～+15 V。

⑤ 内部无参考电压，需要外接，范围是-10～+10 V。

⑥ 电流输出型，若要获得模拟电压输出，需要外接转换电路。

⑦ 数字输入端具有双重锁存功能，可以双缓冲或单缓冲或直通数字输入，实现多通道 D/A 的同步转换输出。

(2) DAC0832 的引脚功能

DAC0832 芯片为 20 引脚，双列直插式封装，其引脚排列如图 8-7 所示。

各引脚定义如下：

① DI7～DI0：转换数据输入。

② $\overline{CS}$：片选信号（输入），低电平有效。

③ ILE：数据锁存允许信号（输入），高电平有效。

④ $\overline{WR1}$：第 1 写信号（输入），低电平有效。

上述 ILE、$\overline{WR1}$信号控制输入寄存器是数据直通方式还是数据锁存方式：当 ILE＝1 和$\overline{WR1}$＝0 时，为输入寄存器直通方式；当 ILE＝1 和$\overline{WR1}$＝1 时，为输入寄存器锁存方式。

⑤ $\overline{WR2}$：第 2 写信号（输入），低电平有效。

⑥ $\overline{XFER}$：数据传送控制信号（输入），低电平有效。

$\overline{WR2}$、$\overline{XFER}$两个信号控制 DAC 寄存器是数据直通方式还是数据锁存方式：当$\overline{WR2}$＝0 和$\overline{XFER}$＝0 时，为 DAC 寄存器直通方式；当$\overline{WR2}$＝1 和$\overline{XFER}$＝0 时，为 DAC 寄存器锁存方式。

⑦ I_{OUT1}：电流输出 1。

⑧ I_{OUT2}：电流输出 2。$I_{OUT1}+I_{OUT2}$＝常数。

⑨ R_{fb}：反馈电阻端。

DAC0832 是电流输出，为了取得电压输出，需要在电压输出端接运算放大器，R_{fb}即为运算放大器的反馈电阻端。运算放大器的连接如图 8-8 所示。

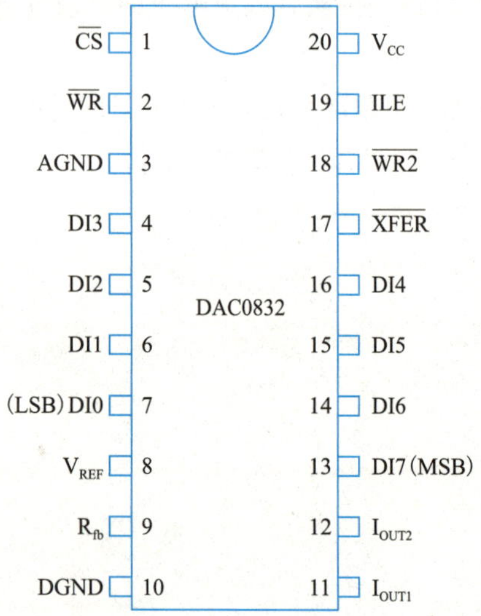

图 8-7　DAC0832 引脚图

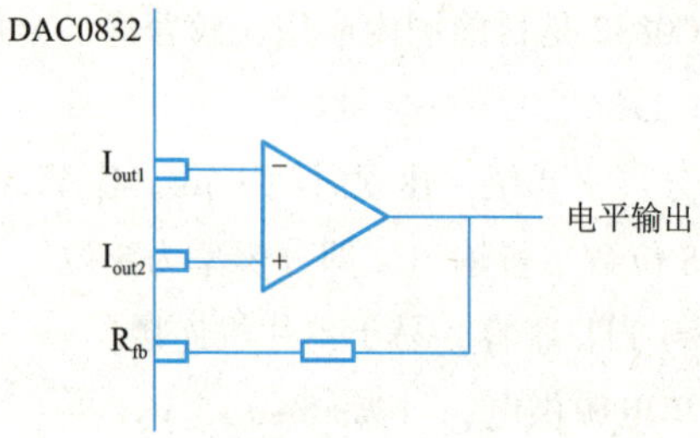

图 8-8　电压输出转换电路

⑩ V_{REF}：基准电压，其电压范围为－10～＋10 V。

⑪ V_{CC}：逻辑电源端，＋5～＋15 V。

⑫ DGND：数字地。

⑬ AGND：模拟地。

二、DAC0832 的双缓冲结构

DAC0832 的内部具有双重锁存功能，其双缓冲结构如图 8-9 所示。

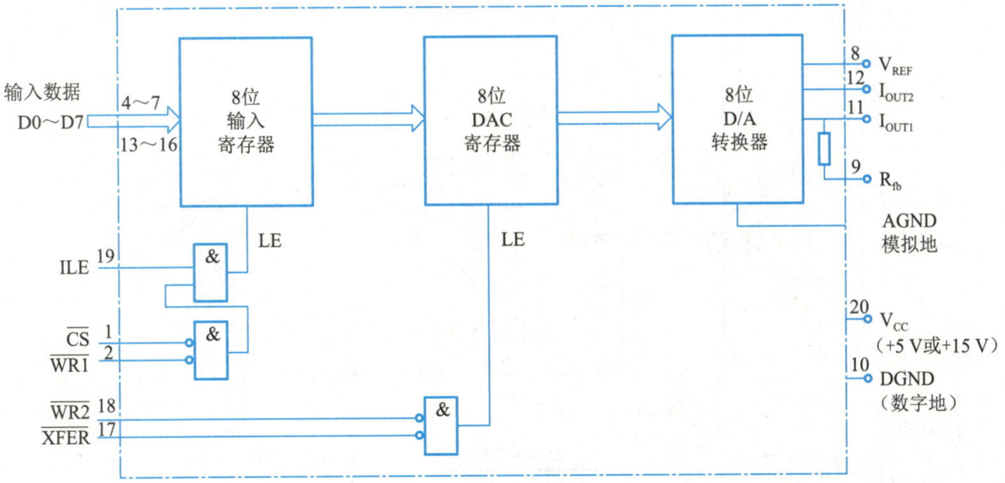

图 8-9　DAC0832 的双缓冲结构

从图 8-9 中可以看出输入寄存器由 ILE、$\overline{CS}$、$\overline{WR1}$共同选通：ILE 为高，$\overline{CS}$、$\overline{WR1}$同时为低时，输入寄存器打开；第二级 DAC 寄存器由$\overline{WR2}$、$\overline{XFER}$共同选通，两者同时为低时，DAC 寄存器打开，并开始进行转换。

了解双缓冲结构有助于理解 DAC0832 的 3 种工作方式。

三、DAC0832 与单片机的接口

DAC0832 实现 D/A 转换有 3 种方式：直通方式、单缓冲方式和双缓冲方式。通常直通方式用于不采用微机的控制系统中；单缓冲方式通常用于只有一路模拟输出的情况；双缓冲方式常用于多路 D/A 转换系统，以实现多路模拟信号同步输出的目的。

1. 直通方式

当 ILE 接高电平，$\overline{CS}$、$\overline{WR1}$、$\overline{WR2}$和$\overline{XFER}$都接数字地时，输入寄存器和 DAC 寄存器处于直通方式，8 位数字量一旦到达 DI7～DI0 输入端，就立即加到 8 位 D/A 转换器，被转换成模拟量。

2. 单缓冲方式

所谓单缓冲方式，就是使 DAC0832 的输入寄存器和 DAC 寄存器中有一个处于直通状态，而另一个处于受控的锁存方式，此时只需要一次写操作就可以打开锁存器，连接方式有两种，如图 8-10 所示。

图 8-10（a）中将两级寄存器的控制端分别接到一起，这样单片机输出的控制信号可同时打开两级缓冲；图 8-10（b）中将第二级的控制端$\overline{WR2}$、$\overline{XFER}$直接接地，即令第二级寄存器处于直通状态，也可实现单缓冲功能。

在图 8-10 所示的连接下，P2.7＝0 且$\overline{WR}$＝0 即可选通 DAC0832。设端口地址为 7FFFH（由片选

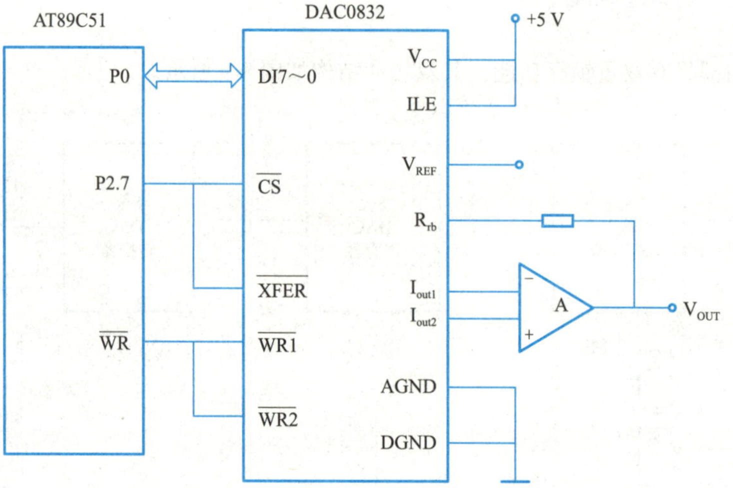

（a）

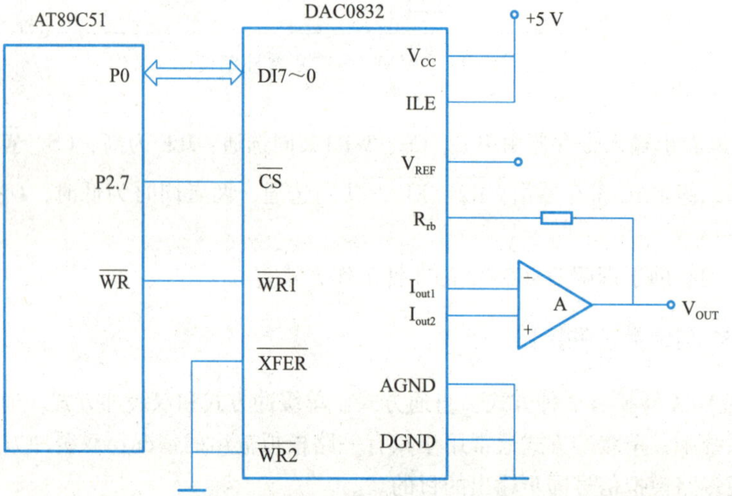

（b）

图 8-10　DAC0832 单缓冲方式连接

P2.7 决定)，对片外 7FFFH 地址写数据，即可满足上述两个条件，在芯片输出端得到模拟电流输出。

其他数据、电源、地线的连接在此不再赘述。

在实际应用中，如果有几路模拟量，但不需要同时输出时，也可以采用这种单缓冲方式。

3. 双缓冲方式

双缓冲方式就是把 DAC0832 的输入寄存器和 DAC 寄存器都接成受控锁存方式，如图 8-11 所示。双缓冲方式用于多路数/模转换系统，以实现多路模拟信号同步输出的目的。

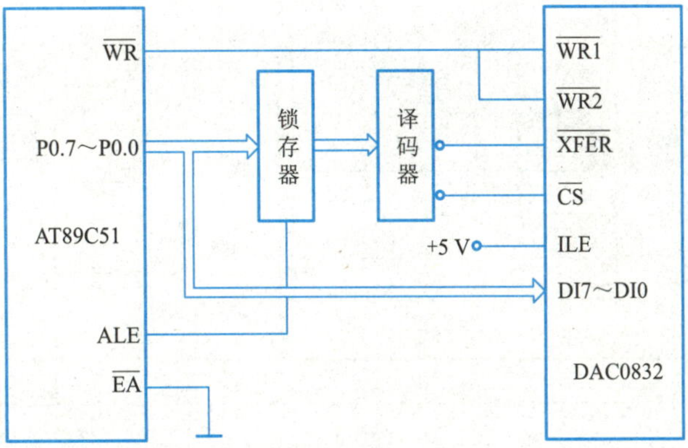

图 8-11　DAC0832 的双缓冲方式连接

视频
产生三角波

开始闯关

闯关任务及过程如下：

① 闯关任务：产生三角波。

② 任务分析：根据三角波的特点，三角波将按照一定的斜率线性上升，达到最大值后又按照一定的斜率线性下降，达到最小值后又从 0 开始上升，周期往复就可以得到三角波。由此可以看出，只要将送给 DAC0832 的二进制数每隔一定的时间加 1，当加到设置的最大值时，再每隔一定的时间减 1，当减到设置的最小值（一般是为 0）时，再从最小值重新开始前面的操作，这样再通过放大电路就可以输出一个周期性的三角波。

③ 所用元件，见表 8-4。

表 8-4　生成三角波仿真电路所需主要元件

元件名称	属性值	说　明	数　量
AT89C51	—	单片机	1
DAC0832	—	模数转换器	1
RES	5 kΩ	电阻	1
RES	10 kΩ	电阻	2
RESPACK-8	—	排阻	1
LM324	—	四运算放大器	2
OSCILLOSCOPE	—	示波器	1

④ 电路设计：图 8-12 所示为生成三角波仿真电路，图 8-13 所示为使用示波器生成三角波结果。

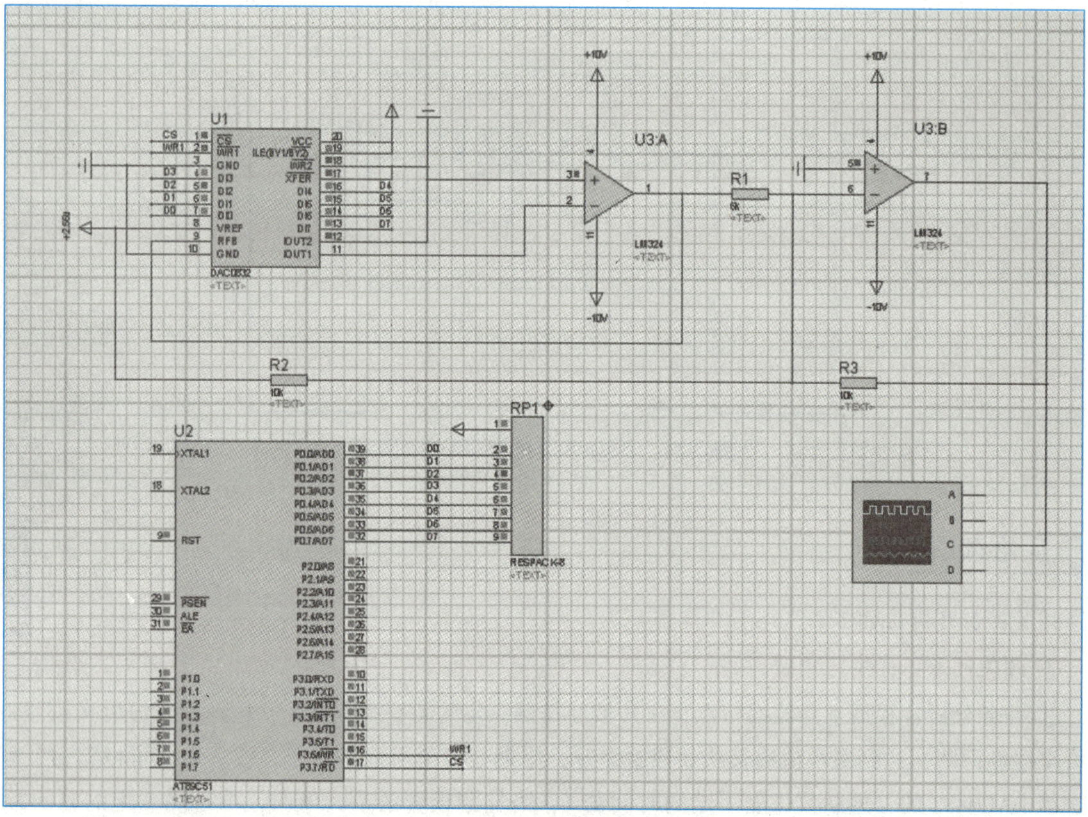

图 8-12　生成三角波仿真电路

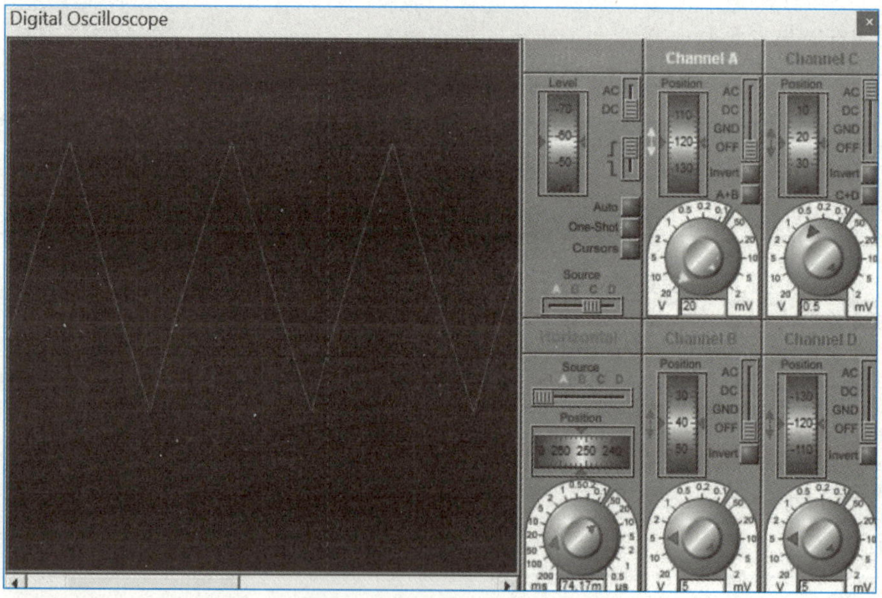

图 8-13　生成三角波结果

⑤ 源程序设计：

```
#include <reg51.h>
sbit CS=P3^7;
sbit WR1=P3^6;
void delay(unsigned int m)
{
    while(m--);
}
void main()
{
    int i;
    CS=0;                          //实现了单缓冲连接方式
    WR1=0;
    while(1)
    {
        for(i=0;i<=255;i++)        //三角波的上升边输出
        {
            P0=i;                  //D/A 转换输出
            delay(100);            //改变延迟函数的参数,可以改变三角波的斜率
        }
        for(i=255;i>=0;i--)        //三角波的下降边输出
        {
            P0=i;
            delay(100);
        }
    }
}
```

⑥ 闯关评价：

考核内容及配分	技术要求	评分标准	得分
1. 纪律与出勤：10分	遵守实验室秩序、不迟到不早退	违反纪律视情况扣分	
2. Keil软件中新建、保存一个工程文件：10分	能够正确新建一个工程文件、选取正确的单片机并保存到指定位置	不会建立工程、单片机型号选取错误且没有保存到指定位置不得分	
3. 新建一个源代码文件并加载到工程中：20分	能够正确新建一个源代码文件并加载到工程里	不会建立文件、没有加载到工程中不得分；程序拼写或语法出错根据情况酌情扣分	
4. 生成hex文件：10分	正确生成.hex文件	不能生成.hex文件不得分	
5. Proteus软件中新建一个设计文件并保存到指定位置：10分	使用Proteus正确新建一个设计文件	不能够新建一个设计文件并保存在指定位置不得分	
6. 根据需要画出电路图：20分	正确放置元件并画出原理图	画错不得分；元件选择有误或者连线出问题酌情扣分	
7. 仿真调试：20分	正确显示项目预期效果	示波器没有波形、波形显示不正确不得分，波形调试不正确酌情扣分	

关卡更新

更新任务及过程如下：

① 更新任务：DAC0832 双缓冲方式应用。

② 任务分析：编程实现两路锯齿波的同步发生功能。

③ 所用元件，见表 8-5。

表 8-5　生成两路锯齿波仿真电路所需主要元件

元 件 名 称	属 性 值	说　明	数　量
AT89C51	—	单片机	1
DAC0832	—	数模转换器	2
POT-HG	10 kΩ	电位器	2
741	—	放大器	2
OSCILLOSCOPE	—	示波器	1

④ 电路设计：

图 8-14 所示为生成两路锯齿波仿真电路，图 8-15 所示为使用示波器显示两路锯齿波结果。

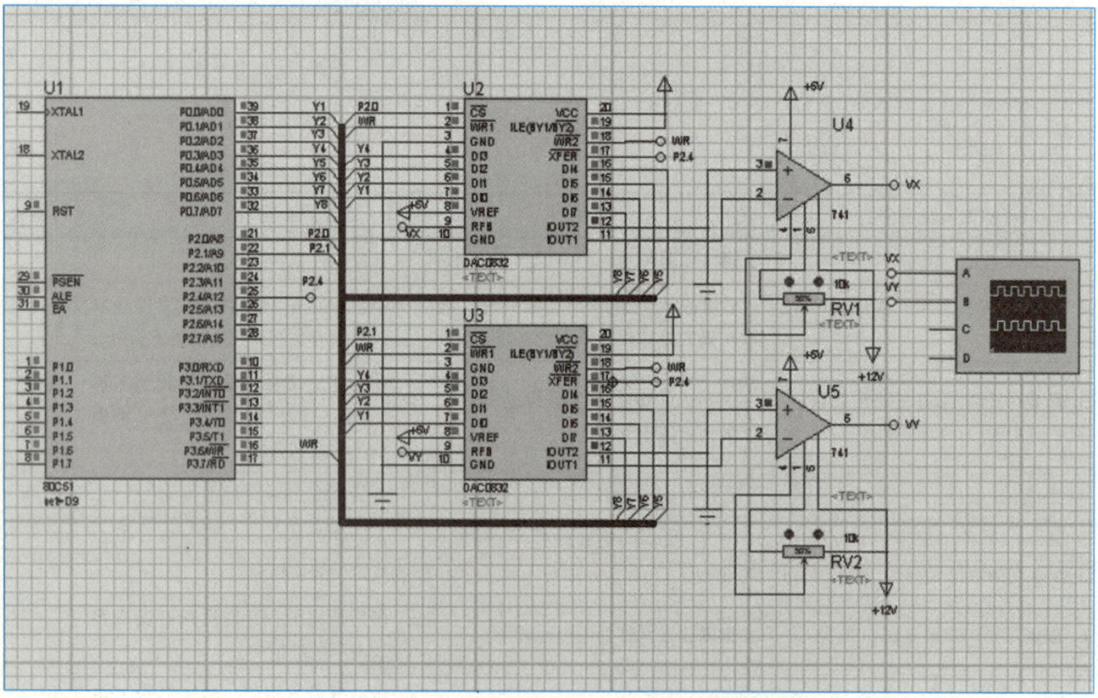

图 8-14　生成两路锯齿波仿真电路

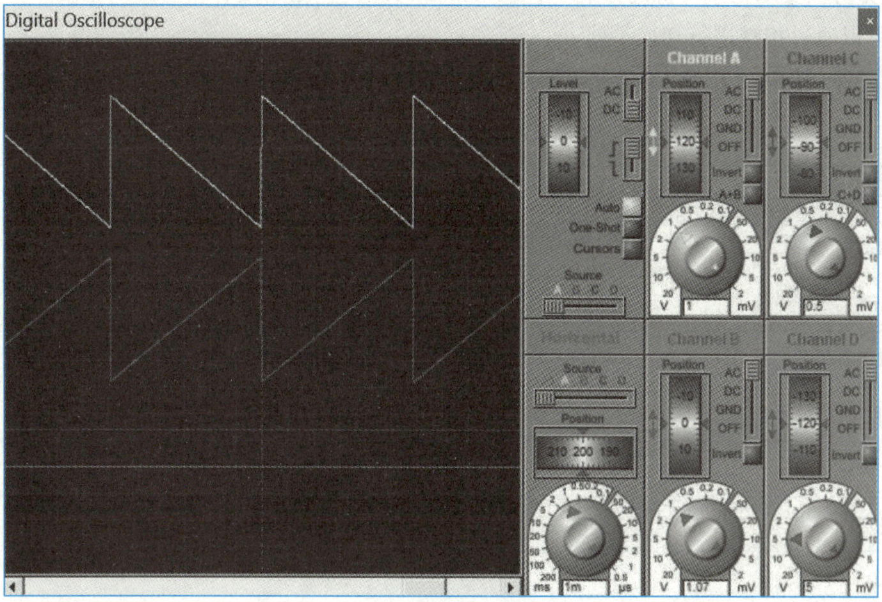

图 8-15　示波器显示两路锯齿波结果

⑤ 源程序设计：

```
#include<absacc.h>
#include<reg51.h>
#define  DAC1  XBYTE[0xfeff]    //设置 1#DAC0832 输入锁存器的访问地址
#define  DAC2  XBYTE[0xfdff]    //设置 2#DAC0832 输入锁存器的访问地址
#define  DAOUT XBYTE[0xefff]    //两个 DAC0832 的 DAC 寄存器访问地址
void main (void)
{
    unsigned char num;              //需要转换的数据
    while(1)
    {
        for(num =0; num <=255; num++)
        {
            DAC1 = num;             //上锯齿送入 1#DAC
            DAC2 = 255-num;         //下锯齿送入 2#DAC
            DAOUT = num;            //两路同时进行 D/A 转换输出
        }
    }
}
```

关卡难度进阶

进阶任务及过程如下：

① 进阶任务：多种波形发生器。

② 任务分析：要求在单片机的控制下，DAC0832 可以产生三角波、锯齿波、方波、正弦波等多种波形。波形可以通过按键进行切换。

③ 所用元件，见表 8-6。

表 8-6　多种波形发生器显示电路所需主要元件

元件名称	属性值	说　明	数　量
AT89C51	—	单片机	1
RES	10 kΩ	电阻	1
POT-HG	1 kΩ	滑动变阻器	1
BUTTON	—	独立按键	4
DAC0832	—	数模转化器	1
UA741	—	通用放大器	1
OSCILLOSCOPE	—	示波器	1
AC VOLTMETER	—	电流表	1

④ 电路设计：图 8-16 所示为生成多种波形发生器仿真电路，图 8-17 显示方波，图 8-18 显示锯齿波，图 8-19 显示三角波，图 8-20 显示正弦波。

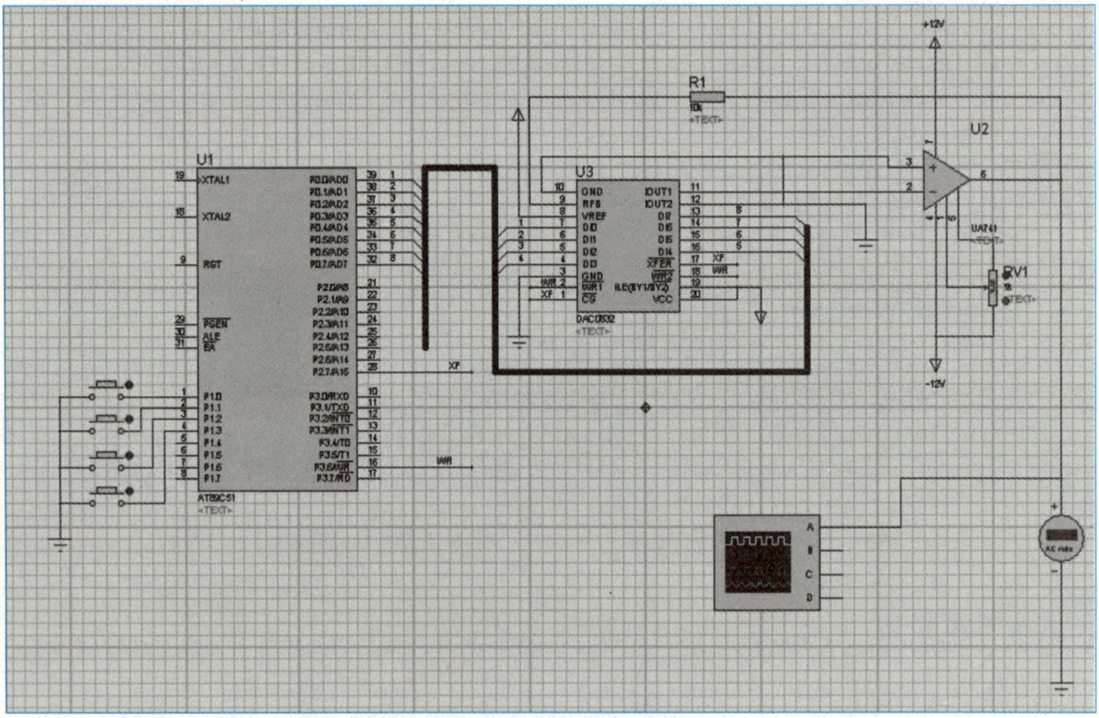

图 8-16　多种波形发生器仿真电路

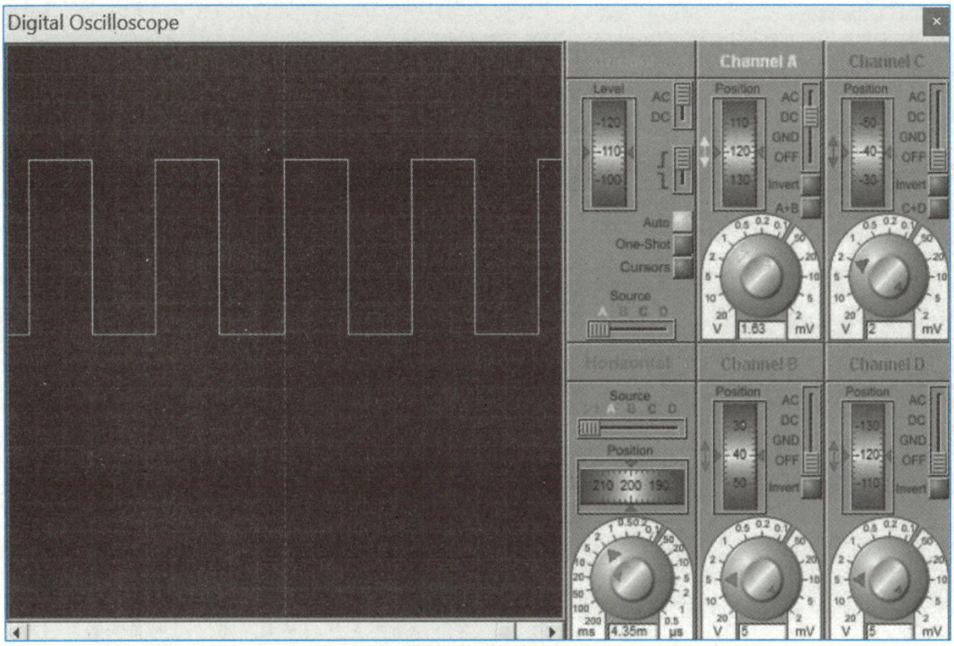

图 8-17　显示方波

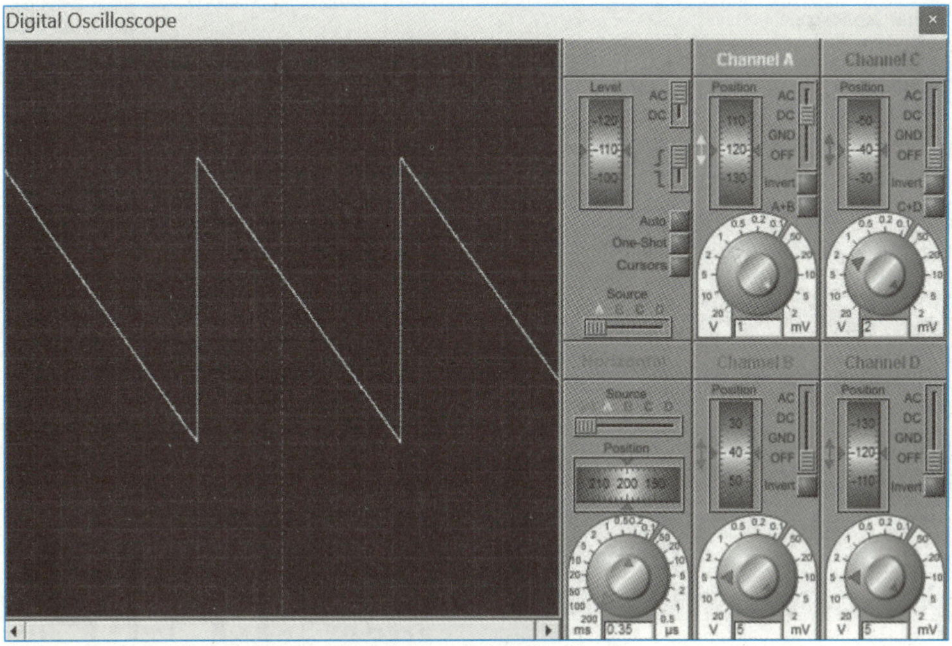

图 8-18　显示锯齿波

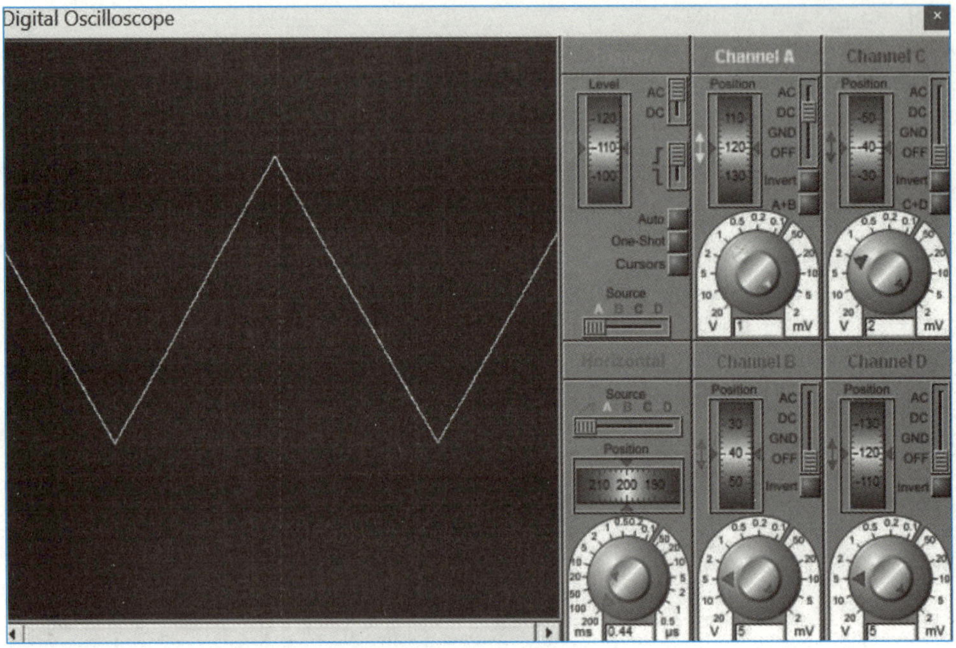

图 8-19　显示三角波

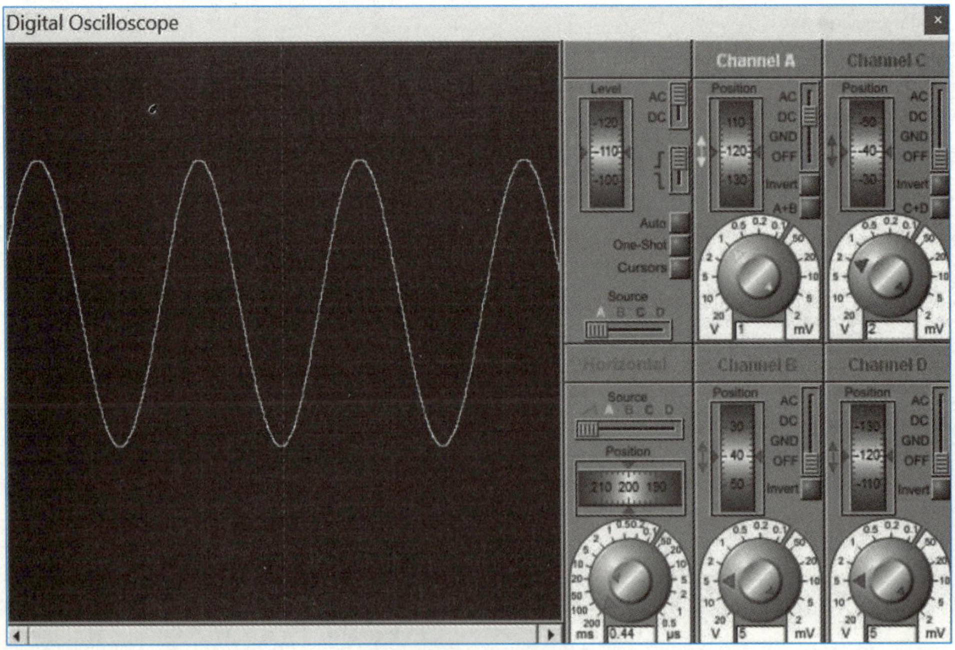

图 8-20　显示正弦波

⑤ 源程序设计：

```
#include<reg51.h>
#include<absacc.h>
#define DAC0832 XBYTE[0x7FFF]       //DAC0832 地址
sbit k1=P1^0;                       //方波按钮
sbit k2=P1^1;                       //锯齿波按钮
sbit k3=P1^2;                       //三角波按钮
sbit k4=P1^3;                       //正弦波按钮
unsigned char wave_flag=0;          //等于不同的值输出不同的波形
unsigned char code sin[256]={       //256 点正弦查找表
0x80,0x83,0x86,0x89,0x8d,0x90,0x93,0x96,
0x99,0x9c,0x9f,0xa2,0xa5,0xa8,0xab,0xae,
0xb1,0xb4,0xb7,0xba,0xbc,0xbf,0xc2,0xc5,
0xc7,0xca,0xcc,0xcf,0xd1,0xd4,0xd6,0xd8,
0xda,0xdd,0xdf,0xe1,0xe3,0xe5,0xe7,0xe9,
0xea,0xec,0xee,0xef,0xf1,0xf2,0xf4,0xf5,
0xf6,0xf7,0xf8,0xf9,0xfa,0xfb,0xfc,0xfd,
0xfd,0xfe,0xff,0xff,0xff,0xff,0xff,0xff,
0xff,0xff,0xff,0xff,0xff,0xff, 0xfe,0xfd,
0xfd,0xfc,0xfb,0xfa,0xf9,0xf8,0xf7,0xf6,
0xf5,0xf4,0xf2,0xf1,0xef,0xee,0xec,0xea,
0xe9,0xe7,0xe5,0xe3,0xe1,0xdf,0xdd,0xda,
0xd8,0xd6,0xd4,0xd1,0xcf,0xcc,0xca,0xc7,
0xc5,0xc2,0xbf,0xbc,0xba,0xb7,0xb4,0xb1,
0xae,0xab,0xa8,0xa5,0xa2,0x9f,0x9c,0x99,
0x96,0x93,0x90,0x8d,0x89,0x86,0x83,0x80,
0x80,0x7c,0x79,0x76,0x72,0x6f,0x6c,0x69,
0x66,0x63,0x60,0x5d,0x5a,0x57,0x55,0x51,
0x4e,0x4c,0x48,0x45,0x43,0x40,0x3d,0x3a,
0x38,0x35,0x33,0x30,0x2e,0x2b,0x29,0x27,
0x25,0x22,0x20,0x1e,0x1c,0x1a,0x18,0x16,
0x15,0x13,0x11,0x10,0x0e,0x0d,0x0b,0x0a,
0x09,0x08,0x07,0x06,0x05,0x04,0x03,0x02,
0x02,0x01,0x00,0x00,0x00,0x00,0x00,0x00,
0x00,0x00,0x00,0x00,0x00,0x00,0x01,0x02,
0x02,0x03,0x04,0x05,0x06,0x07,0x08,0x09,
0x0a,0x0b,0x0d,0x0e,0x10,0x11,0x13,0x15,
0x16,0x18,0x1a,0x1c,0x1e,0x20,0x22,0x25,
0x27,0x29,0x2b,0x2e,0x30,0x33,0x35,0x38,
0x3a,0x3d,0x40,0x43,0x45,0x48,0x4c,0x4e,
0x51,0x55,0x57,0x5a,0x5d,0x60,0x63,0x66,
0x69,0x6c,0x6f,0x72,0x76,0x79,0x7c,0x7e};
void delay(unsigned char ms)        //延时程序
{
    int  i;
    while(ms--)
    for(i=0;i<120;i++);
}
```

```
void key_scan(void)              //函数 key_scan()用于扫描按键,判断输出何种波形
{
    if(k1==0)                    //按键去抖动
    {
        delay(10);
        if(k1==0)                //通过赋值 wave_flag 选择波形
        wave_flag=1;
    }
    if(k2==0)
    {
        delay(10);
        if(k2==0)
        wave_flag=2;
    }
    if(k3==0)
    {
        delay(10);
        if(k3==0)
        wave_flag=3;
    }
    if(k4==0)
    {
        delay(10);
        if(k4==0)
        wave_flag=4;
    }
}
unsigned char i=0;
void wave(void)                  //函数 wave()用于产生选择好的波形
{
    static bit flag=0;
    switch(wave_flag)
    {
      case 1:                    //产生方波
          if(flag==0)
          DAC0832=0x00;
          else
          DAC0832=0xff;
          flag=~flag;
          break;
      case 2:                    //产生锯齿波
          DAC0832=i;
          i++;
          break;
      case 3:                    //产生三角波
          DAC0832=i;
          if(flag==0)
          i++;
```

```
        else
            i--;
            if(i==255 ||i==0)        //在最高点和最低点切换波形方向
            flag=~flag;
            break;
        case 4:
            DAC0832=sin[i];
            i++;
            break;
            default:
            break;
    }
}
void main()
{
    unsigned char key,recentkey;
    P1=0xff;
    TMOD=0x01;                       //定时器方式 1,定时 10 ms
    TH0=0xd8;
    TL0=0xf0;
    TR0=1;
    ET0=1;
    EA=1;
    while(1)
    {
        key=P1;
        if(key!=recentkey)           //检测按键,如果按键时钟按下,则跳过检测
        {
            key_scan();
            recentkey=P1;
        }
    }
}
void INT_T0() interrupt 1
{
    TH0=0xd8;
    TL0=0xf0;
    wave();
}
```

经验总结及提高

本关口通过波形发生器的制作，让读者学习在单片机应用系统中进行 D/A 转换的技术，主要介绍了 D/A 转换器原理，DAC0832 的特性、引脚功能、内部结构及使用方法，以及在不同工作方式下 DAC0832 应用的方法。

延伸阅读

我国光刻机的发展

光刻机是半导体制造中的关键设备，它通过投影曝光的方式，将设计好的电路图案精确地复制到硅片上，是实现集成电路微细化的关键技术。我国在光刻机领域的发展经历了从引进技术、消化吸收到自主研发的过程。

20 世纪 90 年代，我国开始引进国外的光刻机技术，主要集中在中低端市场。这一时期，国内企业主要通过引进国外成熟技术，实现对光刻机的初步了解和应用。

进入 21 世纪，随着国内半导体产业的快速发展，对高端光刻机的需求日益增加。我国开始加大对光刻机技术的消化吸收力度，通过与国际知名企业合作，引进先进的光刻机技术，并在此基础上进行二次开发。

近年来，我国在光刻机领域取得了一系列重要突破。主要包括以下几方面：

① 90 nm 光刻机的自主研发与交付：2020 年，由上海微电子装备有限公司（SMEE）生产的 90 nm 光刻机首次交付使用，标志着我国在光刻机领域实现了重要的里程碑。

② 28 nm 光刻机的研发：2021 年，我国自主研发的 28 nm 光刻机首次亮相，由 SMEE 生产，中芯国际（SMIC）使用，表明我国在光刻机领域实现了新的技术突破。

③ 高速超精密激光干涉仪的研制：哈尔滨工业大学研发的高速超精密激光干涉仪获得了首届“金燧奖”中国光电仪器品牌榜金奖，这种设备对实现光刻机在光刻过程中对晶圆、物镜系统、工作台位置的超精准定位具有重要意义，为高端光刻机设备国产化创造了条件。

④ SAQP 技术的研发：我国科研人员潜心研究的 SAQP 技术（四重曝光技术），可以在不需要 EUV 光刻机的前提下实现 7 nm 工艺，进一步还可实现 5 nm 工艺，为中国在先进芯片制造上提供了可能的方案。

⑤ 双工件台技术的突破：华卓精科成功研制出双工作台样机，成为世界第二家掌握这项技术的企业，为国产光刻机的发展提供了重要支持。

⑥ 光源系统的自主研发：科益虹源公司研发的高能准分子激光器填补了国内在该技术领域的空白，为 28 nm 光刻机提供了光源系统。

⑦ 光学镜头的进步：奥普光学提供的镜头技术可达 90 nm 工艺水平，尽管与国际领先水平存在差距，但已取得一定的进展。

⑧ 产业链的逐步完善：在国家政策的大力支持下，中国光刻机产业链在一些领域已经实现了从 0 到 1 的突破，初步打破国外巨头完全垄断的局面。

这些突破显示了我国在光刻机技术领域的自主研发能力和取得的进展，虽然与国际最先进技术还存在一定差距，但已经展现出追赶的决心和潜力。未来，随着国家政策的支持和企业自身的努力，我国光刻机产业有望实现更大的突破，为我国半导体产业的发展做出更大的贡献。

习　题

一、选择题

1. 下列型号的芯片中，(　　) 是数模转换器。

   A. 74LS273　　B. ADC0809　　C. 74LS373　　D. DAC0832

2. DAC0832是 (　　) 位的D/A转换器。

   A. 4　　B. 8　　C. 16　　D. 10

3. 下列关于DAC0832的描述中，(　　) 是错误的。

   A. DAC0832是一个8位电压输出型数模转换器

   B. 它由一个8位输入锁存器、一个8位DAC寄存器和一个8位D/A转换器组成

   C. 它的数模转换结果取决于芯片参考电压 V_{REF}、待转换数字量和内部电阻网络

   D. DAC0832可以选择直通、单缓冲和双缓冲3种工作方式。

二、简答题

1. 简述DAC0832的用途。
2. 简述模数转换的基本过程。
3. DAC0832的主要特性有哪些？

项目九

单片机应用系统综合设计

通过前面各项目的学习，我们已经掌握了单片机的硬件结构、工作原理，熟悉了仿真软件 Keil 和 Proteus 的使用，能够完成每一个关卡任务及进阶任务。在此基础上，进入终极关卡，完成一个单片机应用系统的综合设计与开发。

终极关卡　设计电子抢答器

闯关要求

电子抢答器广泛应用于知识竞赛、文娱活动、电视节目录制等场合，通常基于微控制器设计，使用电子按钮作为输入。本关卡使用 AT89C51 单片机、电子按钮及数码管设计制作一个电子抢答器，要求具备以下几项主要功能：

① 抢答器可同时供 8 组选手使用。

② 主持人可以控制系统清零和抢答开始。

③ 具有数据锁存和显示功能，抢答开始后，若有选手按动抢答器按钮，编号立即锁存，并在 LED 数码管上显示选手的编号，同时扬声器给出音响提示。此外，要封锁输入电路，禁止其他选手抢答。

④ 主持人可自行设置抢答或回答时间。

⑤ 当主持人启动“开始”按钮后，要求定时器立即倒计时，并用数码管显示时间，同时扬声器发出短暂的声响，声响持续时间 0.5 s 左右。

⑥ 参赛选手在设定的时间内抢答，抢答有效，定时器停止工作，显示器上显示选手的编号和抢答时刻的时间，并保持到主持人将系统清零为止。

⑦ 如果定时抢答的时间已到，却没有选手抢答时，本次抢答无效，系统短暂报警，并封锁输入电路，禁止选手超时后抢答，时间显示器上显示 00。

⑧ 选手如果在主持人按开始键之前违规抢答，则系统报警，LED 显示违规选手号码和 FF，直到主持人按下停止键。

一、电子抢答器硬件设计

根据功能分析，需要用数码管显示抢答时间和选手编号，因此需要 3 位数码管，选用 7 段 4 位共阴极数码管作为显示器。使用 P0 口做数码管段选端，P2 口低 3 位做位选端。

抢答器的输入按钮使用常开开关，这些开关组成了抢答器的抢答按键和功能按键。使用单片机的 P3 口控制功能键，其中 P3.0 接“开始”功能键，P3.1 接“停止”功能键，P3.2 接时间“加 1”功能键，P3.3 接时间“减 1”功能键，P3.4 接“确定”功能键，用 P1.0~P1.7 接 8 路抢答按键。按键去抖动采用软件去抖动即延时。

蜂鸣器是一种广泛使用的电子设备，主要用于产生声音信号。它通过电磁作用使膜片或振铃振动，从而发出声音。常见的蜂鸣器主要有电磁蜂鸣器和压电蜂鸣器。蜂鸣器的工作原理基于法拉第定律的电磁感应。当电流通过线圈时产生磁场，磁场的快速变化引起膜片振动，从而发出声音。蜂鸣器可以通过微控制器的数字输出引脚直接控制，也可以通过可变电阻或电压控制声音大小。

在单片机编程中，控制蜂鸣器的代码通常非常简单。例如：

```
// 假设蜂鸣器连接到 P1.0 端口
P1.0 = 0;            //使蜂鸣器发声
delay(500);          //延时 500 ms
P1.0 = 1;            //停止发声
```

电子抢答器所需要的电子元件见表 9-1。

表 9-1　电子抢答器所需元件

元件名称	属性值	说明	数量
AT89C51	—	单片机	1
7SEG-MPX4-CC-BLUE	—	7 段 4 位共阴极数码管（蓝色）	1
RES	1 kΩ	电阻	1
BUTTON	—	独立按键	13
2N3906	—	晶体管	1
74LS05	—	反相器	3
BUZZER	—	蜂鸣器	1
RESPACK-7	—	排阻	1

电子抢答器的电路图如图 9-1 所示。

二、电子抢答器软件设计

根据电子抢答器的功能设计要求，主程序的流程如图 9-2 所示，定时器中断服务程序流程如图 9-3 所示。

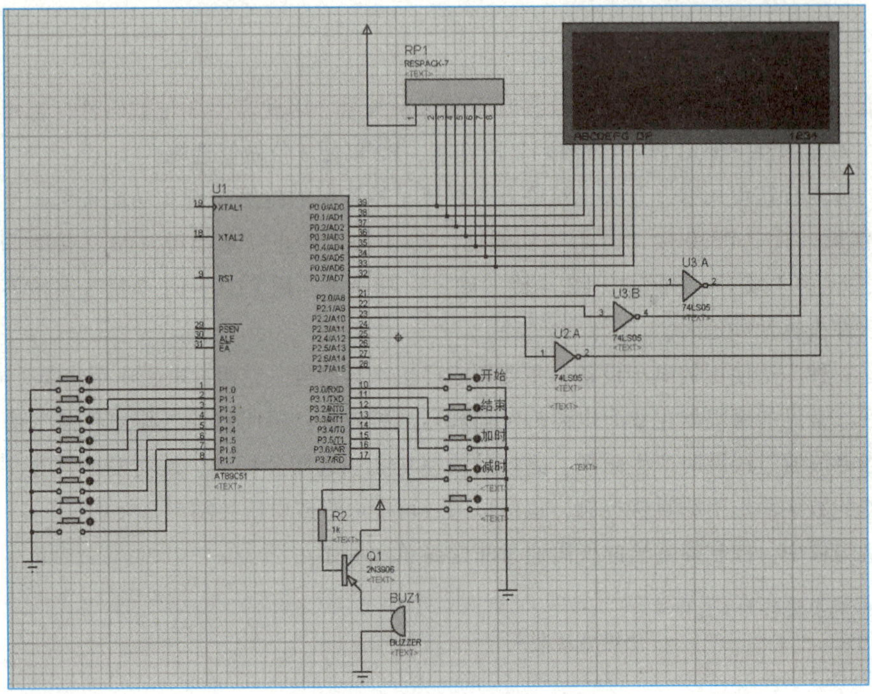

图 9-1　电子抢答器电路图

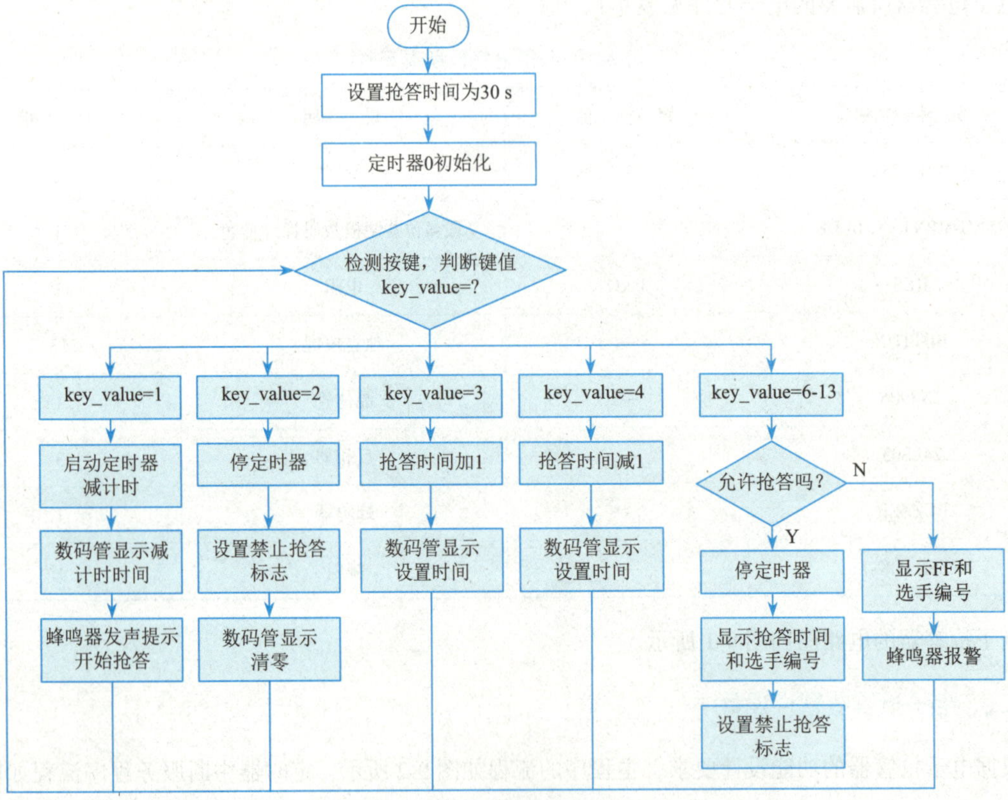

图 9-2　主程序流程

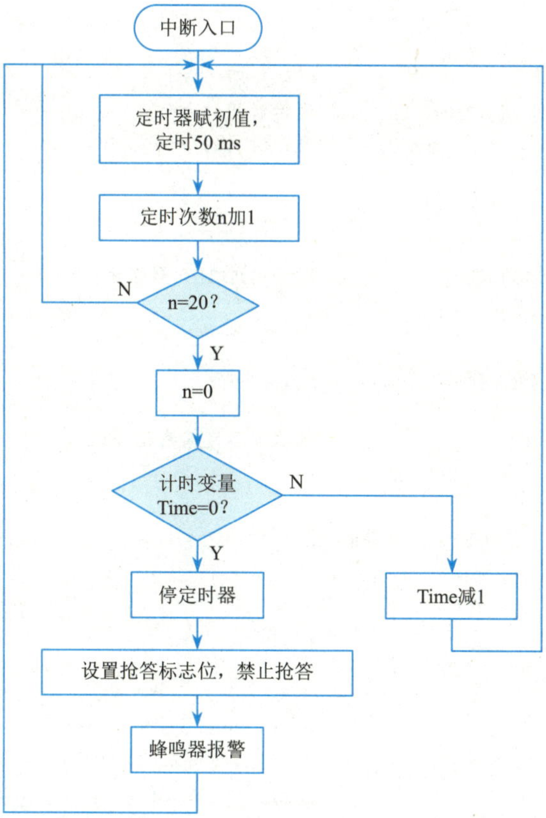

图 9-3　定时器中断服务程序流程

参考程序如下：

```
    #include <reg51.h>
    #define uchar unsigned char
    #define uint  unsigned int
    sbit SOUND=P3^6;
    uchar dispcode[ ]={0x3f,0x06,0x5b,0x4f,0x66,0x6d,0x7d,0x07,0x7f,0x6f,0x77,0x7c,
0x39,0x5e,0x79,0x71};                    //定义数码管 0~9,A~F 字型码
    uchar display_data[3]={0,0,0};
    uchar m,Time=30,number=0;            //抢答时间为 30 s
    uchar n=0,sec=0,Key_Value=0;         //设置计数及按键变量
    uchar a,Flag=0,Error=0;
    void delay_ms(uint x)                //延时 1 ms
    {
        uchar i;
        uint j;
        for(j=x;j>0;j--)
            for(i=0;i<120;i++);
    }
    void display_test()                  //数码管显示
    {
```

```
    uchar m,k;
    if(Time<100)
    {
        display_data[0]=Time/10;    //显示时间的十位
        display_data[1]=Time%10;    //显示时间的个位
    }
    else
    {
        display_data[0]=15;         //时间超过 100 则显示 F
        display_data[1]=15;
    }
    display_data[2]=number;
    k=0x01;
    for(m=0;m<3;m++)                //依次显示定时和选手编号
    {
        P2=0;
        P0=dispcode[display_data[m]];
        P2=~P2;
        P2=k;
        k=k<<1;
        delay_ms(5);
    }
    P2=0;
}
void KeyScan()                      //按键扫描,每一个 if 判断一个按键是否被按下
{
    if(~P3&0x01)
    {
        delay_ms(5);                //按键消除抖动
        if(~P3&0x01)
        {Key_Value=1;Time=a;TR0=1;Flag=1;}        //按"开始"
    }
    if(~P3&0x02)
    {
        delay_ms(5);
        if(~P3&0x02)
            Key_Value=2;                          //按"结束"
    }
    if(~P3&0x04)
    {
        delay_ms(300);
        if(~P3&0x04)
        {a+=1;Key_Value=3;}                       //按"加时"
    }
    if(~P3&0x08)
    {
        delay_ms(300);
        if(~P3&0x08)
```

```
    {a-=1;Key_Value=4;}           //按"减时"
}
if(~P3&0x10)
{
    delay_ms(5);
    if(~P3&0x10)
        Key_Value=5;              //按"设定"P3.4
}
if(~P1&0x01)
{
    delay_ms(5);
    if(~P1&0x01)
    Key_Value=6;                  //第一组
}
if(~P1&0x02)
{
    delay_ms(5);
    if(~P1&0x02)
        Key_Value=7;              //第二组
}
if(~P1&0x04)
{
    delay_ms(5);
    if(~P1&0x04)
        Key_Value=8;              //第三组
}
if(~P1&0x08)
{
    delay_ms(5);
    if(~P1&0x08)
        Key_Value=9;              //第四组
}
if(~P1&0x10)
{
    delay_ms(5);
    if(~P1&0x10)
        Key_Value=10;             //第五组
}
if(~P1&0x20)
{
    delay_ms(5);
    if(~P1&0x20)
        Key_Value=11;             //第六组
}
if(~P1&0x40)
{
    delay_ms(5);
```

```
        if(~P1&0x40)
            Key_Value=12;           //第七组
    }
    if(~P1&0x80)
    {
        delay_ms(5);
        if(~P1&0x80)
            Key_Value=13;           //第八组
    }
}
void timer0_init()                  //定时器初始化函数
{
    TMOD=0x01;                      //设置定时器0工作在方式1下,16位工作方式
    TH0=(65535-15535)/256;          //设置定时器0初值,定时时间为10 ms
    TL0=(65535-15535)%256;
    ET0=1;                          //打开定时器0
    EA=1;                           //打开总中断
}
void main(void)
{
    uchar i=0,j=0,count=0;
    SOUND=1;
    a=30;                           //初始化抢答时间
    timer0_init();
    while(1)
    {
        KeyScan();                  //调用按键扫描函数,根据按键值进行不同的操作
        switch(Key_Value)
        {
            //抢答开始,倒计时开始
            case 1:
                number=0;           //编号清0
                TR0=1;
                count=1;            //启动按键按动标志
                display_test();
                if(i==0)
                {SOUND=0;delay_ms(500);SOUND=1;i=1;}
                break;
            case 2:
                TR0=0;
                Flag=0;
                Time=0;
                number=0;
                i=0;
                count=0;
                SOUND=1;
                display_test();
```

```
        break;          //停止,清零
    case 3:Time=a;
        break;
    case 4:Time=a;
        break;
    case 5:Time=a;
        number=0;
        break;
    case 6:
        if(Flag==1)
        {
            TR0=0;
            number=1;
            Flag=0;
        }
        if(count==0)
        {
            Time=255;
            number=1;
            SOUND=0;
        }
        break;
    case 7:
        if(Flag==1)
        {
            TR0=0;
            number=2;
            Flag=0;
        }
        if(count==0)
        {
            Time=255;
            number=2;
            SOUND=0;
        }
        break;
    case 8:
        if(Flag==1)
        {
            TR0=0;
            number=3;
            Flag=0;
        }
        if(count==0)
        {
            Time=255;
            number=3;
```

```
                SOUND=0;
            }
            break;
        case 9:
            if(Flag==1)
            {
                TR0=0;
                number=4;
                Flag=0;
            }
            if(count==0)
            {
                Time=255;
                number=4;
                SOUND=0;
            }
            break;
        case 10:
            if(Flag==1)
            {
                TR0=0;
                number=5;
                Flag=0;
            }
            if(count==0)
            {
                Time=255;
                number=5;
                SOUND=0;
            }
            break;
        case 11:
            if(Flag==1)
            {
                TR0=0;
                number=6;
                Flag=0;
            }
            if(count==0)
            {
                Time=255;
                number=6;
                SOUND=0;
            }
            break;
        case 12:
            if(Flag==1)
```

```
            {
                TR0=0;
                number=7;
                Flag=0;
            }
            if(count==0)
            {
                Time=255;
                number=7;
                SOUND=0;
            }
            break;
        case 13:
            if(Flag==1)
            {
                TR0=0;
                number=8;
                Flag=0;
            }
            if(count==0)
            {
                Time=255;
                number=8;
                SOUND=0;
            }
            break;
        default:
            Time=0;
            break;
        }
        display_test();
    }
}
//定时器 0 中断
void timer0_IRQ(void) interrupt 1          //定时器 0 中断
{
    TH0=(65535-50000)/256;                 //重新加载定时器 0 初始值
    TL0=(65535-50000)%256;
    n++;                                   //每 50 ms 计数一次,n 加 1
    if(n==20)                              //定时够 1 s
    {
        n=0;
        Time--;                            //时间减 1
        if(Time==0)                        //如果时间到 0
        {
            TR0=0;                         //停止定时器
            Flag=0;                        //清除标志
```

```
        SOUND=0;                    //声音输出为低电平
        delay_ms(500);              //延时
        SOUND=1;
      }                             //30 s 抢答时间到,禁止超时抢答
    }
}
```

三、 电子抢答器系统运行效果

① 系统默认时间为 30 s，如图 9-4 所示。

视频

电子抢答器效果说明

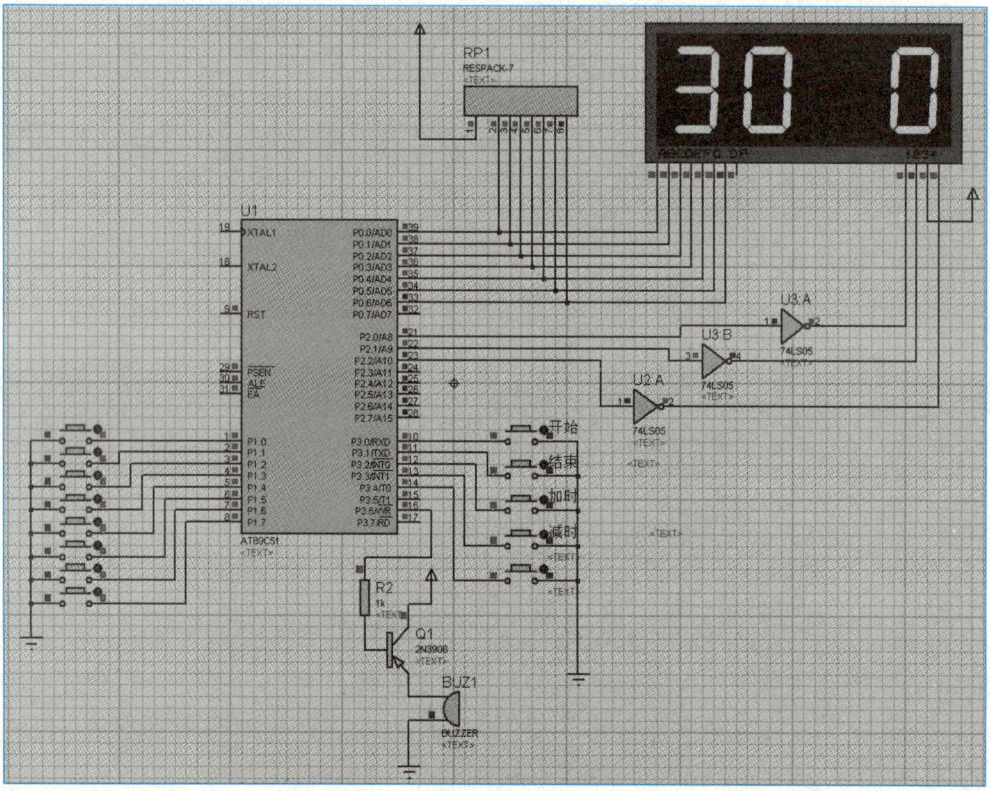

图 9-4　系统默认抢答时间

② 主持人可自行修改抢答或回答时间，如图 9-5 所示，将抢答时间设置为 25 s。

③ 抢答时间设置好后，主持人按下“开始”按键，8 组选手开始抢答。若在主持人按“开始”按键前抢答则为违规抢答，系统会报警，并在数码管上显示违规选择的号码和 FF，直到主持人按下“停止”键，如图 9-6 所示。

④ 抢答开始后，定时器立即减计时，若有选手按下抢答键，编号立即锁存，并在数码管上显示选手编号及抢答时刻的时间，同时扬声器给出声音提示，此时，输入电路被封存，禁止其他选手抢答，如图 9-7 所示。

⑤ 如果定时抢答的时间已到，还有没有选手抢答，则本轮抢答无效，系统短暂报警，并封锁输入电路，禁止选手超时抢答，数码管显示 FF 0，如图 9-8 所示。

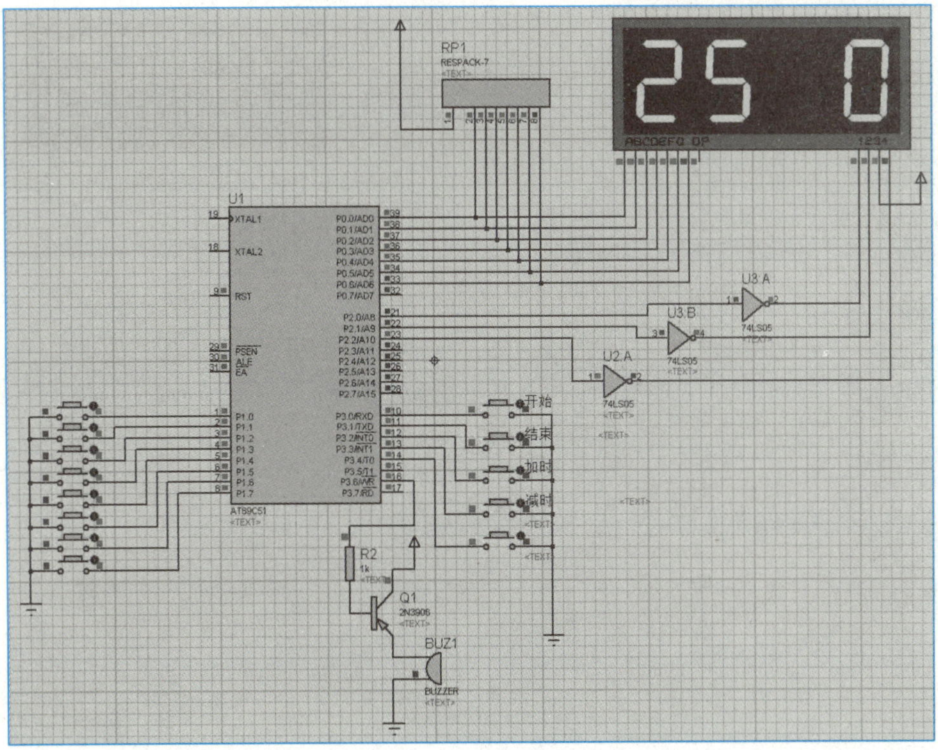

图 9-5　修改抢答时间

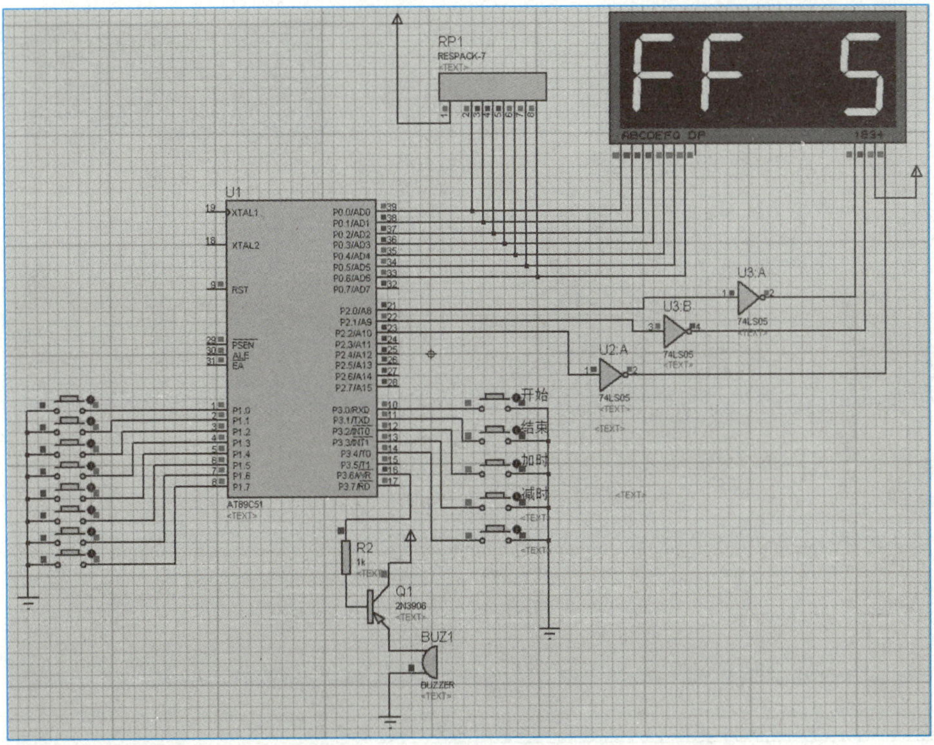

图 9-6　5 号选手违规抢答

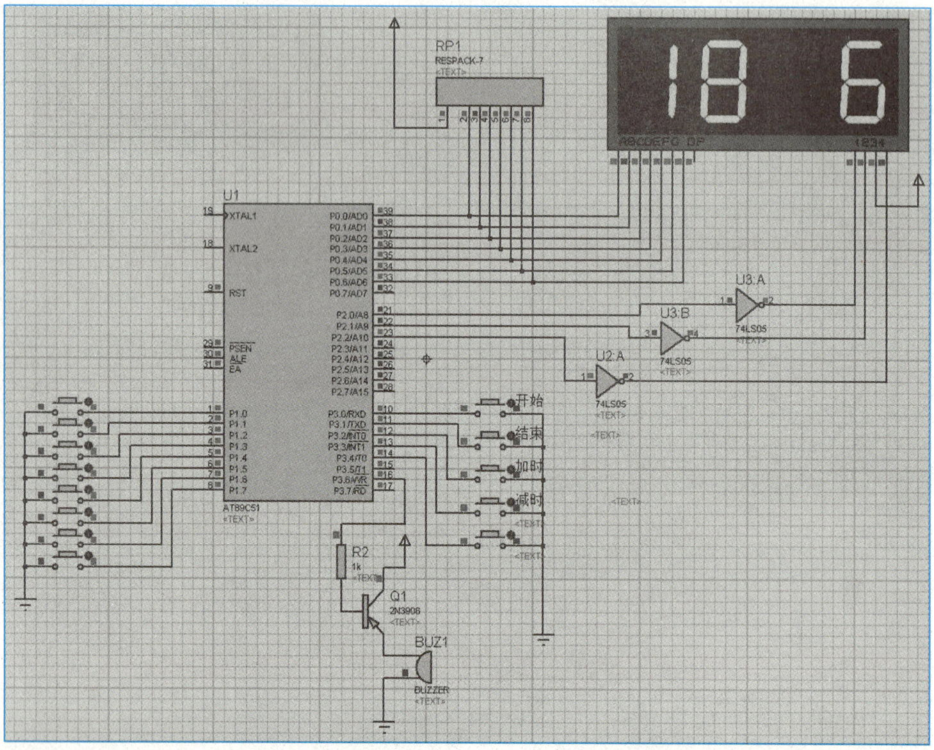

图 9-7　6 号选手在倒计时 18 s 时抢答成功

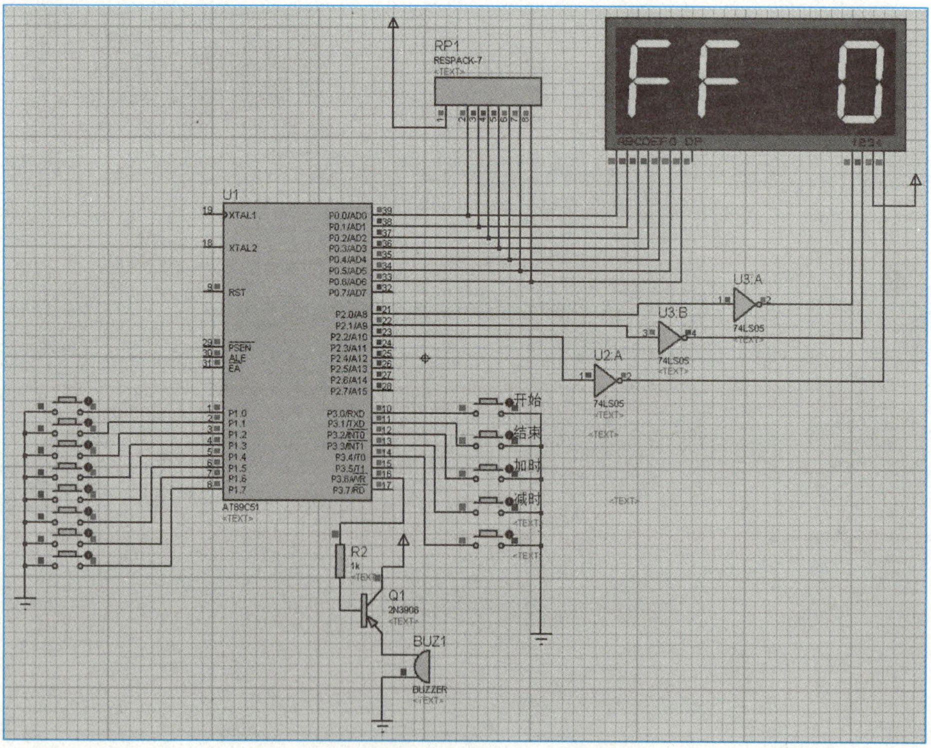

图 9-8　时间到无人抢答

经验总结及提高

电子抢答器系统涵盖了单片机的输入/输出端口、数码管显示、按键、定时器及中断等知识的综合运用，知识点覆盖全面、电路设计难度适中，程序设计难度适宜，在系统的设计制作中很好地将所学单片机的知识点进行了复习巩固，并锻炼了学生综合应用所学知识的实战能力。

延伸阅读

人工智能

人工智能（artificial intelligence，AI）是指由人造系统所表现出来的智能行为。它涵盖了多种技术，旨在使计算机系统能够执行通常需要人类智能才能完成的任务，如视觉识别、语言理解、决策和学习。

1. 人工智能的起源

人工智能的概念最早可以追溯到20世纪40年代和50年代，当时的科学家开始探索机器模拟人类智能的可能性。1956年，在达特茅斯会议上，这个领域被正式命名为“人工智能”。

2. 人工智能的分类

人工智能可以分为几个不同的类型：

① 窄义AI（弱AI）：设计用于执行特定任务的AI，如语音识别或棋类游戏。

② 通用AI（强AI）：拥有接近或等同于人类智能的AI，能够执行任何认知任务。

目前，大多数实际应用的AI都属于窄义AI。

3. 关键技术

① 机器学习：AI的一个核心分支，使系统能够从数据中学习并改进其性能。

② 深度学习：一种特殊的机器学习技术，使用神经网络模拟人脑的工作方式，用于处理复杂的数据模式。

③ 自然语言处理（NLP）：使计算机能够理解和生成人类语言。

④ 计算机视觉：使计算机能够理解和解释视觉信息。

4. 应用领域

人工智能的应用非常广泛，包括：

① 医疗保健：AI在疾病诊断、个性化治疗和药物发现中的应用。

② 金融服务：用于风险管理、欺诈检测和算法交易。

③ 自动驾驶汽车：结合感知、决策和执行系统，实现无人驾驶。

④ 智能家居：通过智能设备提高家庭的舒适性和安全性。

⑤ 客户服务：使用聊天机器人和虚拟助手提供自动化服务。

5. 面临的挑战

尽管人工智能技术取得了巨大进步，但仍面临一些挑战：

① 数据隐私和安全：保护个人数据不被滥用。

② 偏见和公平性：确保AI系统不会因数据偏见而产生歧视。

③ 伦理和责任：确定AI决策的道德标准和责任归属。

④ 技术限制：目前的AI系统仍然存在理解和推理能力的限制。

6. 未来展望

人工智能被认为是技术发展的未来方向之一。随着计算能力的提升和数据量的增加，AI预计将在更多领域发挥更大的作用，提高效率、降低成本并创造新的业务模式。同时，社会也需要就AI的伦理、法律和社会影响进行深入讨论，以确保其积极和负责任的发展。

人工智能的发展正在不断推动科技的边界，为人类社会带来前所未有的机遇和挑战。

综合实训

制作简易电子日历，使用单片机、液晶显示面板及典型的时钟芯片DS1302，完成简易电子日历的制作。要求显示年月日、星期和时分秒。

附录A

软件中的符号与国家标准符号对照表

序　号	软件中的符号	国家标准符号
1		
2		
3		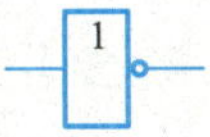
4		
5	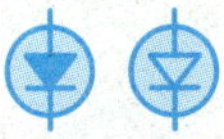	
6		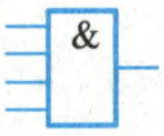
7	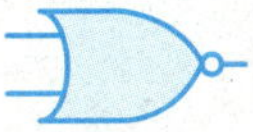	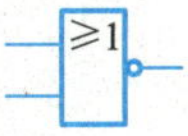
8		

参 考 文 献

[1] 王静霞. 单片机应用技术（C语言版）[M]. 4版. 北京：电子工业出版社，2019.
[2] 陈希球. 单片机应用 [M]. 北京：高等教育出版社，2017.
[3] 林立. 单片机原理及应用（C51语言版）[M]. 北京：电子工业出版社，2018.
[4] 王云. 51单片机C语言程序设计教程 [M]. 北京：人民邮电出版社，2018.
[5] 禹定臣. 单片机原理及应用案例教程 [M]. 北京：电子工业出版社，2017.
[6] 束慧. 单片机应用与实践教程 [M]. 北京：人民邮电出版社，2014.
[7] 郭志勇. 单片机应用技术项目教程（微课版）[M]. 北京：人民邮电出版社，2019.